乡镇供电所实用技术问答丛书

变配电设备安装与运行维护

刘宏新　主编

U0300063

中国电力出版社
CHINA ELECTRIC POWER PRESS

内 容 提 要

《乡镇供电所实用技术问答丛书》是为了更好地配合国家各项农网改造升级工程的有效推进，进一步做好农村供电所人员培训工作，规范培训内容，提高培训质量，切实提高供电所人员综合素质和业务水平，策划出版的系列图书，共分为四册，分别为《农电人员基础知识》《配电线路施工与运行维护》《变配电设备安装与运行维护》和《营销管理》。本分册为《变配电设备安装与运行维护》，共分为六章，分别为配电变压器、配电设备、电力无功补偿、配电系统接地、配电系统保护、配电网智能化。

本书可作为供配电专业技术人员的培训教材和相关专业考核出题的参考用书，也可供专业技术人员和管理人员参考使用。

图书在版编目（CIP）数据

变配电设备安装与运行维护/刘宏新主编 . —北京：中国电力出版社，2017. 12（2025.2 重印）
（乡镇供电所实用技术问答丛书）
ISBN 978 - 7 - 5198 - 1169 - 3

Ⅰ . ①变…　Ⅱ . ①刘…　Ⅲ . ①变电所—电气设备—设备安装—问题解答②变电所—电力系统运行—问答解答　Ⅳ . ①TM63 - 44

中国版本图书馆 CIP 数据核字（2017）第 232743 号

出版发行：中国电力出版社
地　　　址：北京市东城区北京站西街 19 号（邮政编码 100005）
网　　　址：http：//www. cepp. sgcc. com. cn
责任编辑：王杏芸（010-63412394）安　鸿
责任校对：马　宁
装帧设计：张俊霞　左　铭
责任印制：杨晓东

印　　刷：北京世纪东方数印科技有限公司
版　　次：2017 年 12 月第一版
印　　次：2025 年 2 月北京第六次印刷
开　　本：787 毫米×1092 毫米　16 开本
印　　张：15.25
字　　数：318 千字
定　　价：62.00 元

乡镇供电所实用技术问答丛书
变配电设备安装与运行维护

编　委　会

主　　　编　刘宏新

副　主　编　刘永奇　安彦斌　武登峰　张　涛

编委会成员　刘建国　张冠昌　曹明德　栗国胜

　　　　　　潘力志　杨　澜　焦广旭　张　宇

　　　　　　陈　嘉　郭红颖　王　超

编　写　组

组　　　长　张建军

副　组　长　厉卫娜　韩俊秀

成　　　员　杜远远　刘建月

乡镇供电所实用技术问答丛书

——变配电设备安装与运行维护

前 言

　　《乡镇供电所实用技术问答丛书》是为了更好地配合国家各项农网改造升级工程的有效推进，进一步做好农村供电所人员培训工作，规范培训内容，提高培训质量，切实提高供电所人员综合素质和业务水平，策划出版的系列图书。丛书编委会和编写人员由国网山西省电力公司具有丰富理论知识和实践经验的人员组成，丛书分为四册，分别为《农电人员基础知识》《配电线路施工与运行维护》《变配电设备安装与运行维护》和《营销管理》。

　　丛书以问答形式编写，读者可以针对自己在现场中遇到的疑难问题，随时翻阅本书，从问题中寻求答案，寻找现场工作中的解决办法；问答的编写形式对供电所来说便于组织集中培训，也方便出题组卷。本套丛书的特点是：①专业全。覆盖了基础知识、线路、变电、配电及营销等各专业。②内容新。尽量反映最新技术。为了便于使用，突出实用性，各分册在编写时针对各问题的回答短小简洁，对于专业操作的问题注重配以图表；介绍专业系统时，配以直观的图形；述及系统的设备参数、型号时尽量配以表格。书中没有介绍太多的专业理论、计算公式，这样对于文化水平有限、没有太多专业基础的读者来说，学习没有太多的障碍，保障学习和培训效果。本丛书可作为农网培训的辅助教材，也可用于电力企业专业技术人员拓展专业知识、提升专业素质，同时可作为农村供电所人员上岗前学习教材和在职员工转岗、轮岗适应性培训教材及农网岗位知识和技能竞赛出题考核用书。

　　《变配电设备安装与运行维护》主要内容包括：配电变压器及其安装与运行维护、箱式变电站、新型配电网变压器；配电电气接线、配电设备（开关电器、熔断器、避雷器、配电装置、环网柜和电缆分支箱等）；无功补偿原理、容量选择和安装、运行维护等；配电系统接地概念、中性点运行方式、高低压系统接地装置等；配电系统保护和配电网智能化等内容。

　　《变配电设备安装与运行维护》全书共分六章，第一章由国网山西省电力公司技能培训中心韩俊秀编写，第二章由国网山西省电力公司技能培训中心刘建月编写，第三章和第五章由国网山西省电力公司技能培训中心张建军编写，第四章由国网山西省电力公司技能培训中心杜远远编写，第六章由国网山西省电力公司技能培训中心厉维娜编写。

全书由国网山西省电力公司技能培训中心张建军统稿。

限于编者水平，书中疏漏和不足之处敬请广大读者批评指正。

编者

2017 年 12 月

第一章

配 电 变 压 器

第一节 配 电 变 压 器

1 什么是变压器？ 它有哪些类型？ 变压器有哪些用途？

答： 变压器是一种静止的电气设备，主要运用电磁感应原理，把输入的交流电压降低或升高为同频率的交流输出电压，满足低压配电、高压送电及其他用途的需要。

在电力系统中，变压器是一种重要的电气设备，可以将发电厂发出的电能高压输送到远方的用电区域，这时需要升压变压器；而将高压电降为低压电分配到企业和其他家庭用户，需要降压变压器。所以，变压器对电能的传输、分配和使用具有重要的意义。

电力变压器主要用于电力系统的升压或降压，以大电流和恒定电流为特征的特殊工艺需要装备用变压器，如弧焊变压器、整流变压器等。

变压器在电力系统中的作用是变换电压等级，有利于功率的传输。经升压变压器升压后，可以减少线路损耗，提高电能输送的经济性，达到远距离送电的目的；而降压变压器则能把高电压变为各级使用的低电压，从而满足用户用电需求。

2 变压器的基本原理是什么？ 依据的基本定律有哪些？

答： 变压器的原理如图 1-1 所示，其中一次绕组接交流电源，其匝数为 N_1；二次绕组接负载，其匝数为 N_2。当变压器一次绕组通以交流电流时，在铁芯中会产生交变磁通

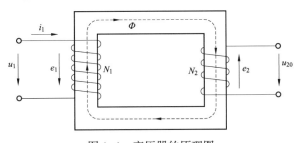

图 1-1　变压器的原理图

Φ，根据电磁感应原理，一、二次绕组都产生感应电动势，二次绕组的感应电动势相当于新的电源。

在一次绕组中加上交变电压，产生交链一、二次绕组的交变磁通，在两绕组中分别产生感应电动势，一、二次绕组中的感应电动势瞬时值分别为

$$e_1 = -N_1 \frac{\mathrm{d}\Phi}{\mathrm{d}t}$$

$$e_2 = -N_2 \frac{\mathrm{d}\Phi}{\mathrm{d}t}$$

$$\frac{e_1}{e_2} = \frac{E_1}{E_2} = \frac{N_1}{N_2}$$

只要一、二次绕组的匝数不同，就能达到改变电压的目的。其规律可总结如下：

升压变压器：若 $N_2 > N_1$，则有 $U_2 > U_1$；

等压变压器：若 $N_2 = N_1$，则有 $U_2 = U_1$；

降压变压器：若 $N_2 < N_1$，则有 $U_2 < U_1$。

变压器的基本原理主要建立在法拉第电磁感应定律、电路定律、电磁力定律的基础上。

3 电力变压器有哪些组成部分？

答： 以图 1-2 所示的油浸式电力变压器结构为例进行说明。电力变压器由铁芯、绕组两个主要部分组成，铁芯是变压器的磁路部分，一般采用 0.35mm 厚的硅钢片叠装而成；绕组是变压器的电路部分，是由电磁线绕制而成的。其他附件有油箱、储油柜、气

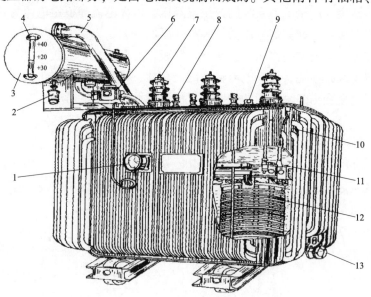

图 1-2 油浸式电力变压器结构

1—信号式温度计；2—吸湿器；3—储油柜；4—油表；5—安全气道；6—气体继电器；
7—高压套管；8—低压套管；9—分接开关；10—油箱；11—铁芯；12—线圈；13—放油阀门

体继电器、防爆管、分接头开关、绝缘套管等。油浸式电力变压器的器身浸在变压器油的油箱中，变压器油既是冷却介质，又是绝缘介质。油箱侧壁有冷却用的管子（散热器或冷却器）。绝缘套管可以将线圈的高、低压引线引到箱外，使引线对地绝缘，也起到固定的作用。变压器油有热胀冷缩的物理现象，加装储油柜后，变压器油受热膨胀不会使油从变压器中溢出，冷缩时不会导致变压器油不足。另外，有了储油柜后，绝缘油和空气的接触面积大大减小，使变压器内不易有潮气的侵入，避免变压器油变质。其他附件对绕组和铁芯可起到散热、保护、绝缘等作用，能保证电力变压器安全可靠地运行。

4 常用变压器类型有哪些？

答：（1）按相数可分为：

1）单相变压器，如图1-3（a）所示。主要用于单相负荷和三相变压器组。

2）三相变压器。主要用于三相系统的升、降电压。

（2）按冷却方式可分为：

1）干式变压器，如图1-3（b）所示。主要依靠空气对流进行冷却，一般适用于局部照明、电子线路等小容量变压器。

2）油浸式变压器，如图1-3（c）所示。主要依靠变压器油作为冷却介质，如油浸自冷、油浸风冷、油浸水冷、强迫油循环冷却等。油浸自冷适用于容量为31500kVA及以下、电压等级为35kV及以下的产品；容量为50000kVA及以下、电压等级为110kV的产品。油浸风冷适用于容量为12500～63000kVA、电压等级为35～110kV的产品；容量为75000kVA以下、电压等级为110kV的产品；容量为40000kVA及以下、电压等级为220kV的产品。强迫油循环风冷适用于容量为50000～90000kVA、电压等级为220kV的产品。强迫油循环水冷适用于一般水力发电厂的升压变压器电压等级为220kV及以上、容量为60MVA及以上的产品。

（3）按用途可分为：

1）电力变压器。主要用于输配电系统的升压和降压。

2）仪用变压器。如电流互感器、电压互感器，其主要用于测量仪表和继电保护装置。

3）试验变压器。能产生高电压，对电气设备可进行高压试验。

4）特种变压器。如调整变压器、整流变压器［如图1-3（d）所示］、电炉变压器等。

（4）按绕组形式可分为：

1）双绕组变压器。主要用于连接电力系统中两个不同的电压等级。

2）三绕组变压器。一般用于电力系统区域变电站中，连接三个不同的电压等级。

3）自耦变电器。主要用于连接不同电压的电力系统，也可作为普通的升压或降压变压器。

（5）按容量不同可分为：小型变压器容量为630kVA及以下；中型变压器容量为800～6300kVA；大型变压器容量为8000～63000kVA；特大型变压器容量为900000kVA及以上。

   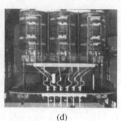

　　(a)　　　　　　(b)　　　　　　(c)　　　　　　(d)

图1-3　常用变压器类型

(a)单相变压器；(b)干式变压器；(c)油浸式变压器；(d)整流变压器

5　按照调压绕组的位置不同，电力变压器调压的接线方式可以分为哪几类？　有载调压装置的电动调压失灵时，可以用什么方法调压？

　　答：电力变压器调压的接线方式有：

　　(1)中部调压：调压绕组的位置在变压器绕组的中部。

　　(2)中性点调压：调压绕组的位置在绕组的末端。

　　(3)端部调压：调压绕组的位置在变压器各相绕组的端部。

　　有载调压装置的电动调压失灵时，可以采用手动调压。手动调压前应先切除自动控制调压电源，然后再用手柄调压。依据摇动手柄的圈数（按厂家规定）和分接开关指示的位置，按需调节变压器分接头。如果是单相变压器组，应同时对三相进行调压。

6　按照绝缘材料和绝缘结构，套管可分为哪几种？　对变压器套管有哪些要求？

　　答：变压器套管是将变压器线圈的引线分别引到油箱外面的绝缘装置，它既是引线对油箱的绝缘，又是引线的固定装置，按照绝缘材料和绝缘结构可以分为：

　　(1)单一绝缘套管：可分为纯瓷、树脂套管。

　　(2)电容式套管：可分为油纸电容式、胶纸电容式。

　　(3)复合绝缘套管：可分为充油、充胶和充气套管。

　　油纸电容式变压器套管从载流结构角度可分为穿缆式和导管载流式，导管载流式按油中接线端子与套管的连接方式可分为直接式和穿杆式。

　　在变压器运行中，套管长期通过负载电流，当外部短路时会有短路电流通过，因此对变压器套管有以下要求：

　　(1)必须具有良好的热稳定性，并且能承受短路时的瞬间过热。

　　(2)必须具有规定的电气强度和足够的机械强度。

　　(3)外形小、重量轻、通用性强、密封性能好、便于维修。

7　变压器的主绝缘和纵绝缘分别指什么？

　　答：变压器油箱中的绝缘部分有线圈绝缘、引线绝缘和分接开关的绝缘。变压器内绝缘又分为主绝缘与纵绝缘。线圈与铁芯及油箱之间，高压线圈与低压线圈之间，不同相线圈之间的绝缘称为主绝缘。主绝缘主要由线圈间的纸或胶木的绝缘筒、板、绝缘支架等和引线包覆的绝缘及变压器油之间的间隙构成。变压器主绝缘又分为全绝缘和分级绝缘，全绝缘指线圈本身及两个引出头的绝缘水平一样，即耐电强度一样；而分级绝缘指线圈的两端绝缘水平不一样，又称为半绝缘。

　　线圈层间、匝间绝缘，即同一线圈不同电位的各部分间的绝缘称为纵绝缘。纵绝缘主要由线圈中导线外的包覆材料及层间的绝缘板、垫板及变压器油组成。

8 　变压器铁芯及其他所有金属构件为何要可靠接地？

　　答：小容量变压器的上夹件与小夹件之间不是绝缘，是金属拉螺杆或拉板连接，铁芯接地是在上铁轭的 2~3 级处插一片镀锡铜片，而铜片的另一端则用螺栓固定在上夹件，再由上夹件通过吊螺杆与接地的箱盖相连接或经地脚螺栓接地。

　　中型变压器的上下夹件之间相互绝缘时，必须在上下铁轭的对称位置分别插入镀锡铜片，上铁轭的接地片与上夹件相连接，下铁轭的接地片与下夹件相连接，上夹件经上铁轭接地片接到铁芯，再由铁芯经下铁轭接地片接至下夹片接地。

　　为了对运行中的大容量变压器发生多点接地的故障进行监视，检查铁芯是否存在多点接地，接地回路是否有电流通过，须将铁芯先经过绝缘小套管后再进行接地。

　　在试验或运行过程中，由于静电感应，铁芯和接地金属件会产生悬浮电位，在电场中所处的位置不同，产生的电位也不同，当金属件之间或金属件对其他部件的电位差超过他们之间的绝缘强度时，就会产生放电现象，所以，金属件及铁芯均要可靠接地。

9 　如何定义变压器的型号？

　　答：型号可以表示一台变压器的结构、额定容量、电压等级、冷却方式等内容，变压器型号的含义如图 1-4 所示。

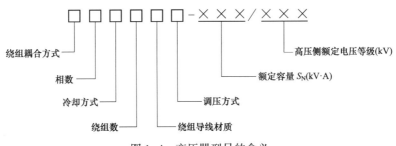

图 1-4　变压器型号的含义

　　如 OSFPSZ-250000/220 表示：自耦变压器，三相强迫油循环风冷，三绕组铜线有载调压，额定容量为 250000kVA，高压额定电压为 220kV 的电力变压器。S9-80/10 表示：三相变压器（D 表示单相），额定容量为 80kVA，高压侧额定电压为 10kV 级的电力变压器。SL7-500/10 表示：低损耗三相油浸自冷双绕组铝线，额定容量为 500kVA，高压侧额定电压为 10kV 的电力变压器。SFPSZ-63000/110 表示：三相强迫油循环风冷三绕组有载调压 110kV 变压器，其中第一个 S 表示三相，F 表示风冷，P 表示强迫油循环，第二个 S 表示三绕组，Z 表示有载调压，63000 表示容量为 63000kVA，110 表示高压侧额定电压为 110kV。

10 **如何定义变压器的额定值?**

答: 额定值是指在额定状态下运行, 可保证变压器长期安全有效地工作。

(1) 额定容量 S_N: 指铭牌规定的变压器, 在额定使用条件下所能输出的视在功率。对三相变压器指三相容量之和。单位为 VA (伏安) 或 kVA (千伏安)。

(2) 额定电压 U_N: 指线电压, U_{1N} 指一次侧绕组额定电压, U_{2N} 是指一次侧加额定电压时, 二次侧开路时的电压。

(3) 额定电流 I_N 是指在额定容量下, 允许长期通过的电流。对于三相变压器指的是线电流。可由 S_N 和 U_N 计算出来。

对于单相变压器: $S_N = U_{1N}I_{1N} = U_{2N}I_{2N}$

对于三相变压器: $S_N = \sqrt{3} U_{1N}I_{1N} = \sqrt{3} U_{2N}I_{2N}$

(4) 额定频率 f_N: 我国规定标准工业用电频率为 50Hz, 有些国家采用 60Hz。

此外, 额定工作状态下变压器的效率、温升等数据均属于额定值。除额定参数外还有四个主要参数: 空载损耗、空载电流、短路损耗、短路电压。

空载损耗是指变压器空载运行时, 一次绕组从电源中吸取了少量的功率 P_0, 用来补偿铁芯中的铁耗以及少量的绕组铜耗, 可以认为 $P_0 \approx P_{Fe}$。空载损耗约占额定容量的 0.2%~1%, 而且随变压器容量的增大而下降。

空载电流 i_0 包含两个分量: 一个是励磁分量 (为无功分量) i_μ, 称为磁化电流, 用来建立磁场, 与主磁通同相; 另一个是铁损耗分量 i_{Fe}, 称为铁耗电流, 主要用来提供铁损耗 (磁滞损耗和涡流损耗), 相位超前于主磁通 90°, 与 E_1 反相。其中无功分量远大于有功分量, 所以空载电流主要是感性无功性质, 也称为励磁电流。空载电流的大小与电源电压和频率、线圈匝数、磁路材质及几何尺寸有关, 用空载电流百分数 $I_0\%$ 来表示为

$$I_0\% = \frac{I_0}{I_N} \times 100\%$$

短路损耗和短路电压应换算到 75℃ 的值, 即

$$P_{kN} = I_{N1}^2 R_{k75℃}$$

$$U_{kN} = I_{N1} Z_{k75℃}$$

其中: $Z_k = \dfrac{U_k}{I_{N1}}$

$$R_k = \frac{P_k}{I_{N1}^2}$$

$$X_k = \sqrt{Z_k^2 - R_k^2}$$

$$R_{k75℃} = R_k \frac{235+75}{235+\theta} \quad (对于铜线而言)$$

$$R_{k75℃} = R_k \frac{228+75}{228+\theta} \quad (对于铝线而言)$$

$$Z_{k75℃} = \sqrt{R_{k75℃}^2 + x_k^2}$$

11　电源电压超过变压器额定电压时会有哪些危害？

答：变压器必须在额定电压的工作环境下运行，如果电源电压超过变压器的额定电压，对变压器本身及其负载，都会产生不利的后果。

一般情况，变压器在额定电压下运行，其磁通密度已接近饱和值。如果电源电压超过额定电压，励磁电流将迅速增加，功率因数下降。此外，电压过高，还可能会烧坏变压器绕组。当电源电压超过了额定电压的105%时，变压器绕组电动势波形会发生较大畸变，含有更多的高次谐波成分，使得破坏绕组绝缘的可能性增大。

另外，供电电压过高，变压器输出电压会相应增加，不仅导致电力设备过负荷、过电压，而且还会缩短电气设备的使用寿命，导致绝缘击穿，甚至还会严重烧毁电气设备。

因此，为了确保变压器及电气设备的安全运行，规定变压器电源电压不得超过额定电压的105%。

12　变压器绕组首尾如何标号？

答：变压器绕组首尾标号的表示方式如表1-1所示。

表1-1　　　　　　　　　　　变压器绕组首尾标号

绕组名称	单相变压器		三相变压器		中性点
	首端	末端	首端	末端	
高压绕组	U1	U2	U1、V1、W1	U2、V2、W2	N
低压绕组	u1	u2	u1、v1、w1	u2、v2、w2	n
中压绕组	U1$_m$	U2$_m$	U1$_m$、V1$_m$、W1$_m$	U2$_m$、V2$_m$、W2$_m$	N$_m$

13　如何识别单相变压器的极性？

答：（1）一、二次绕组的同极性端同标志时，一、二次绕组的电动势同相位，如图1-5所示。

（2）一、二次绕组的同极性端异标志时，一、二次绕组的电动势反相位，如图1-6所示。

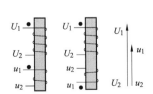
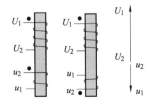

图1-5　同极性端同标志时电动势的相位　　图1-6　同极性端异标志时电动势的相位

14 什么是三相变压器的联结组别？ 如何判定联结组别号？

答：联结组别是指按一、二次侧线电动势的相位关系，把变压器绕组的连接分成各种不同的组合。三相变压器中，一次或二次绕组主要采用星形或三角形两种连接形式。我国生产的三相电力变压器常用的连接形式有 Yyn、Yd、YNd 等。

联结组别号的判定方法为时钟表示法，即将一次侧线电动势的相量作为时钟的分针，始终指向 12（0）点，如图 1-7 所示；二次侧线电动势的相量作为时钟的时针，它所指的钟点数即为变压器的联结组别号。钟表上时间的确定是由分针和时针在顺时针方向的夹角来确定的。

图 1-7 时钟表示法

判定的步骤为：

（1）绕组的连接形式。各相绕组末端连接在一起，首端引出为星形连接。各相绕组首、末端依次连接在一起形成回路，首端引出为星形连接。

（2）相序的判定。

1）对于星形连接 U、V、W 为顺相序，做相量图是按照顺时针方向画图，如图 1-8（a）所示。

2）对于星形连接为逆相序时，做相量图依然按照顺时针方向画图，如图 1-8（b）所示。

3）对于三角形连接 U、V、W 为顺相序，做相量图是按照顺时针方向画图，如图 1-9（a）所示。

对于三角形连接为逆相序时，做相量图是按照逆时针方向画图，如图 1-9（b）所示。

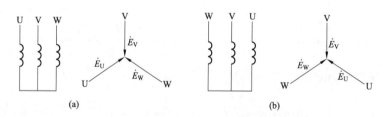

图 1-8 星形连接时的变压器相量图

（a）星形连接为顺相序时；（b）星形连接为逆相序时

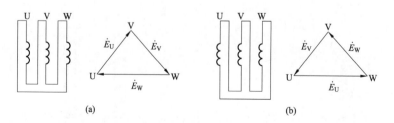

图 1-9 三角形连接时的变压器相量图

（a）三角形连接为顺相序时；（b）三角形连接为逆相序时

（3）同名端的判断：同名端是指一、二次侧绕组相电动势间的极性关系，用"·"标记。极性相同时为同名端，对应相电势同向。反之为非同名端，对应相电势反向，其示意图如图 1-10 所示。

（4）绘制相量图，判定组别号，如图 1-11 所示的判定组别号为：Yy0。

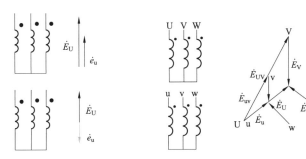

图 1-10　同名端的表示方式
及对应相电动势的方向

图 1-11　相量图判定组别号

15 变压器联结组别号的特点有哪些？

答：（1）当变压器一次侧绕组为星形连接，二次绕组为三角形连接时，可以得到 1、3、5、7、9、11 六个奇数组号。

（2）当变压器一、二次侧绕组都为星形连接时，可得到 0、2、4、6、8、10 六个偶数组号。

为了方便，我国规定 Yyn0、Yd11、YNd11、YNy0、Yy0 等五种作为三相电力变压器的标准联结组别号。

16 什么是变压器的并联运行？ 并联运行的理想条件是什么？ 有哪些优点？

答： 并联运行是指将几台变压器的一次绕组、二次绕组分别接在一次侧、二次侧的公共母线上，共同向负载侧供电的运行方式。并联运行的理想条件如下：

（1）各变压器一次侧、二次侧的额定电压应该分别相等，且各变压器的变比应相同（通常规定并联运行的变压器的变比差不应大于 1%）。

（2）各变压器的短路阻抗或短路电压的标幺值要相等。

（3）各变压器的联结组别必须相同，联结组别不同的绝不允许并联。

（4）容量不能相差太大。一般情况下，变压器的容量相差越大，短路阻抗角相差也越大，因此要求并联运行变压器的最大容量之比不超过 3∶1。

变压器并联运行的优点如下：

（1）可根据负载大小调整投入并联运行变压器的台数，以提高运行效率。

（2）提高供电的可靠性。

（3）提高供电的经济性。

17 什么是半绝缘变压器？ 什么是全绝缘变压器？ 对变压器绝缘电阻值有哪些规定？ 测量时应注意些什么？

答：靠近中性点部分绕组的主绝缘的绝缘水平比端部绕组的绝缘水平低的变压器，可称之为半绝缘变压器；与此相反，首端与尾端绕组绝缘水平一样的变压器，可称之为全绝缘变压器。

新安装、检修后、停运半个月以上的变压器，投入运行前，均应测量其线圈的绝缘电阻值。测量变压器的绝缘电阻时，对线圈运行电压在 500V 以上的应使用 1000~2500V 绝缘电阻表，500V 以下的应使用 500V 的绝缘电阻表。

变压器绝缘状况的好坏按以下要求判定：

（1）变压器使用时测得的绝缘电阻值与变压器在安装或大修干燥后且投入运行前测得的数值相比，不得低于 50%。

（2）吸收比 $R_{60''}/R_{15''}$ 不得小于 1.3。

符合以上条件，则可认为变压器绝缘合格。

测量变压器绝缘时应注意以下内容：

（1）必须在变压器停电时进行，各线圈出线都应有明显断开点。

（2）变压器周围清洁，没有接地物，没有作业人员。

（3）测量前、后均应对地放电。

（4）测量时使用的绝缘电阻表均应符合电压等级要求。

（5）对于中性点接地的变压器，测量前应拉开中性点接地开关，测量后恢复至原位。

18 变压器的损耗有哪些？

答：变压器运行时将产生损耗，可分为铜耗和铁耗两大类。

（1）铜耗包括基本铜耗和杂散铜耗。基本铜耗是指一、二次绕组内电流引起的直流电阻损耗。杂散铜耗主要是由漏磁通引起的集肤效应，使绕组有效电阻增大而增加的铜耗，以及漏磁场在结构部件中引起的涡流损耗等。铜耗与负载电流的平方成正比，因此也称为可变损耗。

（2）铁耗包括基本铁耗和杂散铁耗。基本铁耗指变压器铁芯中磁滞损耗与涡流损耗。杂散铁耗是指铁芯接连处由于磁通密度分布不均匀所引起的损耗，以及主磁通在铁轭夹件、油箱等结构部件中所引起的涡流损耗。由于变压器一侧电压保持不变，故铁耗可视为不变损耗（磁动势 F 不变的前提下）。

19 主磁通与漏磁通的区别是什么？

答：磁通分为主磁通和漏磁通两部分。

主磁通（Φ_0）流经闭合铁芯，磁阻小，同时匝链了一、二次绕组，并感应出电动势 E_1 和 E_2，主磁通是变压器传递能量的主要媒介，具有饱和特性，Φ_0 与 I_0 呈非线性关系。

$\Phi_0 > 99\%$ 总磁通。

一次绕组漏磁通（$\Phi_{1\delta}$），仅仅与一次绕组匝链，通过变压器油或空气形成闭路，磁阻较大，不具饱和特性，$\Phi_{1\delta}$ 与 I_0 呈线性关系，不传递功率，仅起漏抗压降的作用。$\Phi_{1\delta}$ <1%总磁通。

二次绕组的漏磁通（$\Phi_{2\delta}$）由电流 i_2 产生，是仅与二次绕组相匝链的磁通。

磁通与产生它的电流之间符合右手螺旋定则；电动势与感应它的磁通之间符合右手螺旋定则，电流正方向与电动势正方向一致。

20 变压器在实际运行中，中性点有电压的情况有哪些？

答：变压器的中性点是三相绕组引出的公共点。当变压器三相负荷对称时，无论中性点接地方式如何，中性点没有电压。但是，变压器在实际运行过程中，会出现不同的情况，当三相负载严重不平衡时，三相电动势之和不再等于零，在小电流接地系统中，变压器中性点会出现电压；另外，由于输电线路三相对地电容不等造成的三相不对称，也会在变压器中性点处产生电压，通常称之为零序电压。

21 什么是自耦变压器？

答：将普通双绕组变压器的高、低压绕组串联连接，便构成一台自耦变压器，其特点是一、二次绕组之间既有磁的联系，又有电的联系，可以传递能量。自耦变压器原理如图1-12所示。

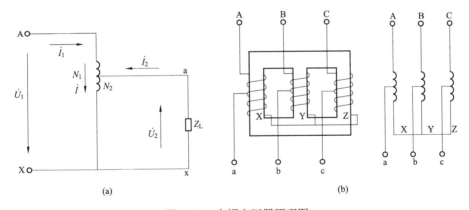

图1-12　自耦变压器原理图

（a）自耦变压器工作原理；（b）自耦变压器原理接线

22 星形连接的自耦变压器为什么常带有角接的第三绕组？ 如何确定它的容量？ 自耦变压器的中性点为什么必须接地？

答：Yn、yn 连接的自耦变压器，为了改善其电动势波形，通常会设置一个独立接成三角形的第三绕组，它与其他绕组之间有电磁感应关系但是没有电的联系，第三组绕组除了用来补偿三次谐波之外，还可以作为带负荷的绕组，它的容量等于自耦变压器的电磁容量。如仅用于改善电动势波形的情况下，其容量等于电磁容量的25%～30%。

当系统中发生单相接地故障时，如果自耦变压器的中性点没有接地，中性点会发生位移现象，非接地相的电压会升高，甚至达到或超过线电压，还会导致中压侧线圈过电压。为了避免这些现象，中性点必须接地。接地后的中性点电位就是大地的电位，发生单相接地故障后中压侧也不会过电压了。

23 什么是变压器的分列运行？

答：变压器的分列运行是指两台变压器一次侧母线并列运行，二次侧母线用联络开关联络。正常运行时，联络开关是断开的，这时变压器通过各自的二次母线带各自的负荷。变压器分列运行的特点是在故障状态下的短路电流小。

24 两台变比不同的变压器为什么不能并列运行？ 不符合并列运行条件的变压器并列运行后会产生什么后果？

答：两台变比不同的变压器并列运行时将产生环流，影响变压器的输出功率。因为在两台变压器中，这两个环流是不相同的。在变比大的变压器中，一次绕组环流小；在变比小的变压器中，一次绕组内环流大，这样两台同容量的变压器并列运行时，不能按其容量分担负荷。当变比小的变压器满负荷运行时，变比大的变压器达不到额定负荷；反之，当变比大的变压器满负荷运行时，变比小的变压器就会过负荷，影响变压器的功率，且总容量不能充分利用。如果变比相差很大时，循环电流可能大到足够破坏变压器的正常工作，因此要把它限制在一个规定的范围内，根据变压器运行规程规定，不得超过±0.5%。

变比不相同的变压器并列运行时，会产生环流，影响变压器的输出功率；短路阻抗不相同的变压器并列运行时，不能按变压器的容量比例分配负荷，会影响变压器的输出功率；接线组别不相同的变压器并列运行时，会引起相当于短路电流的环流，使变压器及其回路电气设备短路。

25 什么是单相变压器的空载运行和负载运行？ 为什么要进行变压器的空载试验和短路试验？

答：空载运行是指一次侧接额定电压 U_N 的电源，二次侧边开路。一次侧绕组电流 I_0 为空载电流，产生空载励磁磁势 $\dot{F}_0 = N_1 \dot{I}_0$，$F_0$ 产生主磁通 Φ_0。

负载运行是指变压器在一次绕组加上额定正弦交流电压，二次绕组接负载 Z_L 的运行状态。

变压器空载试验的目的：

（1）通过测量空载电流、空载损耗，可以计算出变压器的激磁阻抗等参数，并可以求出变比。

（2）能发现变压器磁路中局部和整体的缺陷，例如硅钢片片间绝缘不良，穿心螺杆或压板的绝缘损坏等。

（3）能发现变压器线圈是否存在问题，例如线圈匝间短路、线圈并联支路短路等。

变压器短路试验的目的：

（1）测量短路时的电压、电流、损耗，可计算出变压器的铜耗及短路阻抗等参数。

（2）可以检查线圈结构的正确性。

26 如何选择变压器的容量？

答：变压器容量的选择式为

$$变压器的容量 = \frac{用电设备的总容量 \times 同时率}{用电设备的功率因数 \times 用电设备的效率}$$

式中同时率——在同一时间投入运行设备的实际容量与用电设备的总容量的比值，一般取 0.7 左右；

用电设备的效率——一般取 0.85~0.9；

用电设备的功率因数——一般取 0.8~0.9。

变压器容量的选择很重要，若选择容量偏大会使变压器无法得到充分利用，增加了设备投资，降低了功率因数，增大线路和变压器的损耗，降低效率；若偏小则使变压器出现过载运行的情况甚至会烧毁变压器。在选择变压器的容量时还应注意，一般用电设备的起动电流与其额定电流不相同，比如三相异步电动机的起动电流是额定电流的 4~7 倍，在选择变压器容量时应该考虑到这种电流。一般情况下，直接起动电动机中最大一台电动机的容量最好不要超过变压器额定容量的 30%。

27 对弧焊变压器的要求有哪些？

答：弧焊变压器实质上是一台特殊的降压变压器，对弧焊变压器的要求如下：

（1）焊接电流可在一定范围内调节。

（2）负载运行时有电压迅速下降的外特性，额定负载时输出电压一般在 30V 左右。

（3）为了保证容易起弧，空载电压应为 60~75V。

（4）焊接电流稳定，短路电流不应过大，一般不超过额定电流的两倍。

28 什么是整流变压器？

答：整流分为交流电变为直流电（整流）、直流电变为交流电（逆变）、由一种频率交流电变为另一种频率的交流电（变频）三种方式，其中专门用于整流的变压器称为整流变压器。

整流变压器和各种整流装置组成整流电路系统。为了实现将交流电转变为直流电，整流变压器先将交流电压转变为一定大小和相位的电压，经过整流装置整流，输出给直流电气设备。

29 什么是试验变压器？

答：试验变压器是一种耐压试验用的电气设备，主要用于电气产品的局部放电测量、工频耐压试验、绝缘介质的热稳定试验等，而对于中频、高频电气设备还可以采用特殊频率的试验变压器来进行耐压试验以及相关电气参数的测量。

试验变压器又可称为高压试验变压器，一般为升压变压器，该种变压器具有以下特点：

（1）电压高。其一次侧电压为220V或者380V，单台试验变压器的二次侧电压通常可达到数千伏甚至数万伏，若二次侧电压超过750kV时，通常采用多台串级式结构。

（2）电流小。其额定电流实际是被试品的电容电流，一般会小于1A，若用于外绝缘污秽试验、电缆和大型电机试验、线路电晕试验等情况下时，二次侧电流会达到数安。

（3）对电压波形要求较高。其本身的磁通密度不宜很高。

（4）工作时间较短。被试品的耐压时间较短，因此除了用于电缆试验、线路电晕试验、外绝缘污秽试验之外，其他试验的工作时间均为0.5h或1h。

30 什么是交流弧焊变压器？

答：交流弧焊变压器又可称为电焊变压器、交流弧焊机或者弧焊变压器，是一种特殊的降压变压器，按照结构特点可以分为串联电抗器式、动铁芯式、动线圈式和变换抽头式等。其基本工作原理与普通变压器大致相同，都是依据电磁感应原理制成的，但是也有不同之处：

（1）弧焊变压器是在短路状态下工作的，而普通变压器是在正常状态下工作的。

（2）弧焊变压器要求在焊接时有一定的引弧电压（约为60~75V），焊接电流增大时，输出电压会急剧下降，将至零时，二次侧电流也不会过大，而普通变压器带负载运行时，二次侧电压随负载的变化很小。

（3）弧焊变压器的一、二次绕组分别装在两个铁芯柱上（可以调节磁路间隙，使二次侧得到焊接时所需的工作电流），而普通变压器的一、二次绕组则是同心套在一个铁芯柱上的。

第二节 配电变压器安装

31 新安装或大修后的变压器投入运行前应做哪些试验？

答：（1）变压器及套管绝缘油试验。

（2）变压器线圈及套管介质损耗角的测量。

（3）工频耐压试验。

（4）泄漏电流试验。

（5）变压器绝缘电阻和吸收比的测量。

（6）变压器接线组别及极性。

（7）分接开关变压比的测量。

（8）有载调压开关的动作试验。

（9）变压器直流电阻的测量。

（10）冲击合闸试验。

32 新装或大修后的主变压器投入前，为什么要求做全电压冲击试验？ 冲击几次？

答：新装或大修后的主变压器在投入运行前，要做全电压冲击试验。另外，空载变压器投入电网时，会产生励磁涌流。励磁涌流一般可达到额定电流的 6~8 倍，经 0.5~1s 后可能衰减到 0.25~0.5 倍，但是全部衰减的时间比较长，大容量的变压器可能需要几十秒。由于励磁涌流会产生很大的电动力，所以冲击试验的目的是为了考核变压器的机械强度和继电保护装置动作的可靠程度。

GB 50150—2016《电气装置安装工程 电气设备交接试验标准》规定，新安装的变压器冲击试验为 5 次，而大修后的变压器冲击试验为 3 次，合格后方可投入运行。

33 配电变压器安装时位置的选择应有哪些注意事项？

答：（1）避开易燃、易爆场所。该场所的材料和物质蒸汽易被变压器的电火花点燃，该场所的物质在燃烧、爆炸过程中会对变压器造成损伤和破坏，会对维护、检修人员造成伤害，易燃易爆材料中挥发性物质较多，大多数材料会对变压器的绝缘和电气表面造成影响。

（2）避开污秽场地（指有石灰、水泥、制砖、焦化、化肥等的场地）及低洼地带（正常情况能被雨水淹没的地段）。在生产运作过程中产生细微颗粒与空气中水分或雨水混合会成为电气绝缘表面的沉积。

（3）高压、低压进出线方便。尽量避免高、低压导线交叉、互穿，尽量避免使得导线上枝接过多（可能会导致线路运行状态的改变），尽量避免临近电杆上附加张力；保证导线对周围建筑设施的垂直、水平安全距离。

（4）施工、运行维护方便。尽量满足运输、土建施工及安装的方便；满足在长期运行过程中检查、监视的方便性；满足维护、检修时物资材料和人员设备进出方便；满足维护、检修作业的安全性和便捷性。

34 安装变压器的正常环境是什么？ 安装变压器的基本技术要求有哪些？

答：变压器安装的正常环境如下：

（1）海拔不超过 1000m。

（2）环境温度为最高气温 40℃，最高年平均气温 20℃，最高日平均气温 30℃，最低气温−30℃。

（3）安装环境周围空气较清洁、干净，无严重污染绝缘的尘埃。

（4）安装要避开易燃、易爆、易腐蚀的场所。

安装变压器的基本技术要求如下：

（1）变压器高压引下线、高压母线必须采用铜芯或铝芯橡皮绝缘电线；铜芯线最小截面积不得小于 16mm²，铝芯最小截面积不得小于 25mm²。

（2）高压引下线与低压边线间的距离不得小于 150mm。

（3）高压母线、高压引下线、跌落式熔断器等的不同相间距离不得小于 300mm。

（4）变台应保持水平，台面对角线高差应小于 30mm。

（5）变压器外壳、避雷器地线、断路器及变压器低压侧零线等，应先共接再接地且接地线线径不小于 25mm²。

（6）严禁低压线穿过高压下引线；引上线和引下线的弧度应整齐一致。

35 配电变压器柱上安装与露天落地安装方式的区别有哪些？

答： 柱上安装方式分为单柱安装、双柱安装及三柱安装，对于单柱安装方式，变压器、高压跌落式熔断器和高压避雷器装在同一根电杆上，其特点是结构简单，安装方便，占地少，用料少，适用于安装 50kVA 以下的配电变压器；而双柱安装方式是由高压线终端电杆和另一根副杆（长约 7.5m）组成，且比单柱式坚固，可安装 63～315kVA 的配电变压器；三柱安装方式在变台（指变压器和其附属设备的总称）上维修方便，安装多大容量的都行，但是造价较高。

露天落地安装方式是将变压器直接放在高度不低于 2.5m 砖石垒成的台（墩）上，且拆装方便，其容量也不受限制。

36 柱上安装的配电变压器有哪些安全技术要求？

答：（1）裸露导电部分距地面的高度应在 3.5m 以上。

（2）变压器底座距地面不应小于 2.5m，所有的铁件要接地。

（3）变压器的上引线和下引线均应采用多股绝缘线。高压跌落式熔断器距地面不应小于 4m，高压熔断器中间相与边相距离不应小于 0.5m，高压熔断器的瓷件中心线与垂线间的夹角为 250°～300°。

（4）变压器底座应与台架固定，上部应用金具与电杆固定。

（5）应悬挂"禁止攀登，高压危险！"的警告牌。

37 室内安装的配电变压器有哪些安全技术要求？

答：（1）变压器室的耐火等级应为一级。

（2）室内应有良好的自然通风。

（3）变压器室的门窗均应向外开，且门窗的下方应有百叶窗。

（4）变压器外廓距后墙壁、侧墙壁安全净距不应小于 0.6m，距门安全净距不应小于 0.8m。

38 露天落地安装的配电变压器有哪些安全技术要求？

答：（1）变压器四周设置砖石围墙，其围墙高度不低于 1.8m，围墙的门应采用耐火材料制成，且设计在变压器低压侧一方，门应向外开，并在门上装锁。

（2）落地安装的变压器的基础应高出地面 0.2m，如在积水地区，变压器周围应设置排水沟道。

（3）不宜采用竹、木围栏，变压器外壳应妥善接地。

（4）室外装设两台以上变压器，其外壳相隔的距离不应小于 1.25m。

（5）变压器采用台（墩）式安装，其台（墩）高度不应低于 2.5m。

（6）变压器距可燃性建筑物的距离不应小于 5m，距耐火建筑物的距离不应小于 3m。

（7）在围墙或台（墩）上，悬挂"止步，高压危险"的警告牌。

39 对变压器安装时的安全净距有哪些注意事项？

答： 室内油浸式变压器外廓与变压器室四周墙壁的最小净距应符合表 1-2 的规定，对于就地检修的室内油浸式变压器，室内高度可以按照吊芯所需要的最小高度再加 700mm，而宽度可以按照变压器两侧各加 800mm 来计算。

表 1-2　　　　　　　室内油浸式变压器外廓与变压器室的四壁之间最小净距　　　　　　　mm

变压器的容量	1000kVA 及以下	1250kVA 及以上
变压器与后壁和侧壁之间距离	600	800
变压器与门之间距离	800	1000

对于室内无外壳干式变压器的外廓与四周墙壁的净距不应小于 600mm，干式变压器之间的距离不应小于 1000mm，并且应该满足巡视维修的要求。

建筑物与室外油浸式变压器的外廓之间间距原则上不应小于 10000mm；当间距小于 5000mm 时，需要注意的是，在变压器外廓投影范围外侧各 3000mm 内的室内配电装置楼、主控楼和网络控制楼，不应在面向油浸式变压器的外墙上开设门、窗和通风孔；而当间距为 5000~10000mm 时，在变压器外廓投影范围外侧各 3000mm 内的室内配电装置楼、主控楼和网络控制楼面向油浸式变压器的外墙方向可设甲级防火门；在变压器高度以上可以设置防火窗，且其耐火极限不应该小于 0.9h。

40 对变压器进行直流电阻试验的目的是什么？ 用电桥法测量变压器直流电阻时，有哪些注意事项？

答： 对变压器进行直流电阻试验的目的有：

（1）检查绕组回路是否有短路、开路或接错线等现象。

（2）检查绕组导线焊接点、引线套管以及分接开关有无接触不良现象。

（3）可以核对绕组所用导线的规格是否符合设计要求。

用电桥法测量变压器直流电阻时，应注意：

（1）变压器电感较大，必须等电流稳定后，才可以合上检流计开关。

（2）读数后，在拉开电源开关之前，应该先断开检流计。

（3）在测量 220kV 及以上的变压器时，切断电源之前，不仅要先断开检流计开关，还要断开被试品进入电桥的测量电压线（防止拉闸瞬间反电动势将桥臂电阻间的绝缘和桥臂电阻对地等部位绝缘击穿）。

（4）被测绕组外其他绕组的出线端不能短路。

（5）电流线截面积要足够大。

41 多大容量的配电变压器可采用熔断器保护？高、低压侧熔断器的保护范围是如何规定的？

答：（1）DL/T 1102—2009《配电变压器运行规程》中规定容量在 560kVA 以下的配电变压器可以采用熔断器保护。

（2）低压熔断器可担当变压器过负荷及低压电网短路的保护；高压熔断器可担当变压器套管处短路及内部严重故障时的保护，低压熔断器的熔断时间应该小于高压熔断器的熔断时间。

42 变压器试验项目包括哪些内容？

答：变压器试验项目可以分为绝缘试验和特性试验。

（1）绝缘试验的内容有：绝缘电阻和吸收比试验、泄漏电流试验、测量介质损耗角正切值试验、变压器油试验以及工频耐压和感应耐压试验。对于 U_m 不小于 220kV 的变压器还需做局部放电试验；对于 U_m 不小于 300kV 的变压器应在其线端做全波及操作波冲击试验。

（2）特性试验的内容有：接线组别试验、直流电阻试验、变比试验、短路试验、空载试验、温升试验以及突然短路试验。

43 按照变压器使用过程中各阶段试验性质的不同，可以分为哪几种试验？

答：（1）出厂试验。一种比较全面的试验，主要是确定变压器电气性能以及技术参数，比如对介质绝缘、介质损耗角、泄漏电流、直流电阻、油耐压、工频耐压及感应耐压方面进行的试验等；在技术参数方面，通过变比组别试验、空载损耗试验、短路损耗试验等，确定变压器是否符合出厂标准。

（2）预防性试验。对运行中的变压器进行周期性地试验，主要试验项目有绝缘电阻、直流电阻、tanδ、变压器油等。

（3）检修试验。视具体情况确定试验项目。

（4）安装试验。变压器在安装前和安装后的试验，试验项目主要有绝缘电阻、泄漏电流、变比、介质损耗角、接线组别、油耐压及直流电阻等；对于大、中型变压器还必须进行吊芯检查，在吊芯过程中，必须对夹件螺钉、夹件及铁芯进行试验，最后还要做工频耐压试验。

44 配电变压器预防性试验的标准是什么？

答：（1）绝缘电阻测量的标准：折算至同一温度下，与以前测量的绝缘电阻值进行比较，一般不得低于之前测量结果的 70%。

（2）测量绕组直流电阻的标准是：

1）630kVA 及以上容量的变压器各相绕组的直流电阻之间的差别不得大于三相平均值的 2%，换算到同一温度下与以前测量的结果比较，变化量不应大于 2%。

2）630kVA 以下容量的变压器相间差别不应大于三相平均值的 4%，而线间差别不应大于三相平均值的 2%。

（3）交流耐压试验施加电压的标准是：

1）低压 400V 绕组加 4kV。

2）6kV 等级加 21kV。

3）10kV 等级加 30kV。

（4）绝缘油电气强度试验，运行中的油试验对施加电压的标准为 20kV。

（5）泄漏电流测定结果与历年数值进行比较不应有显著变化（一般不做规定）。

45 如何测定配电变压器的变压比？

答：（1）在变压器的某一侧（高压侧或低压侧）施加一个低电压，且其数值为额定电压的 1%~25%。

（2）用仪表或仪器来测量另一侧的电压，通过计算来判断该变压器是否符合技术条件所规定的各绕组的额定电压。

（3）用交流电压表进行测量时，仪表的准确度为 0.5 级。

（4）用电压互感器进行测量，所测得的电压值应尽量选在互感器额定电压的 80%~100%，且互感器的准确度等级为 0.2 级。

（5）用变比电桥测量，可以直接测出变压比。

46 安装配电变压器的作业流程有哪些？

答：①批准工作、接受施工任务；②现场勘察；③召开班前会；④准备材料、设备工器具；⑤出发前检查；⑥安装前准备；⑦安装变压器；⑧检查验收；⑨召开班后会；⑩资料归档。

47 现场勘察有哪些注意事项？

答：（1）由现场施工的负责人和施工的技术人员进行现场勘察，并做好勘察记录，确定现场作业危险点及相应的控制措施，制订好施工方案。

（2）现场勘察的主要内容有查看施工作业的现场环境和条件，比如施工运输道路等。

48 施工作业开始前，需由现场工作负责人召开全体施工人员的会议，请简述要怎样进行技术交底、安全交底并分配工作任务等工作。

答：（1）技术交底要由现场工作负责人向全体施工人员交代施工方案、施工工艺质量要求以及作业注意事项。

（2）安全交底是要由现场工作负责人向全体施工人员交代施工过程的危险点以及相应的控制措施，具体如下：

1）防高空坠落，其控制措施是：

a. 作业人员在登杆前，应该检查登杆工具是否安全可靠，确认无误后方可登杆。

b. 作业人员登杆时要做到"脚踩稳，手扒牢，一步一步慢登高，到达位置第一要，安全皮带系牢靠"。

c. 安全带应该系在牢固可靠的构件上，如果转换工作位置，要重新系好安全带。

2）防电杆倾倒伤人的控制措施是：作业人员在登杆前，需观测并估算电杆的埋深，确认稳固后方可进行登杆作业。

3）防高空坠物伤人的控制措施是：

a. 地勤人员应尽量避免停留在杆下。

b. 地勤人员应该戴好安全帽。

c. 工具材料要用绳索传递，应尽量避免高空坠物。

d. 在操作跌落丝具时，操作人员要选好合适的操作位置，防止丝具管跌落伤人。

4）防变压器坠落或倾倒伤人的控制措施是：

a. 起吊变压器时，需检查并确认起重器具（如横梁、倒链、钢丝套等）安全可靠。

b. 在变压器就位后，未固定牢固之前，不得松开起吊设备，固定牢固后方可松开。

c. 在变压器起吊过程中，变压器的下方禁止有人。

d. 运输变压器时应该保证捆绑牢固。

（3）交代工作任务是要进行人员分工，明确监护人的监护范围和被监护人及其安全责任等。

49 安装配电变压器准备的材料、设备及工器具有哪些？

答：（1）材料：需准备变压器支架杆并运到现场、变压器支架、避雷器支架、丝具、横担及中相丝具横担、铁担抱箍、高压针式绝缘子、螺钉、低压绝缘子、铜芯橡皮线、铜铝设备线夹、接地管及接地引线、并勾线夹、铁丝、扎线等，要求所准备的材料规格型号必须正确、数量满足需要且质量合格。

（2）设备：需准备变压器、避雷器、高压断路器（开关或丝具）、低压断路器或隔离开关，并且要求准备的设备规格型号必须正确、安全可靠、质量合格，需保证变压器、避雷器是经过试验并合格的。

（3）工器具：需要准备下列工器具，并要求其质量合格、数量满足需要且安全可靠。

1）防护用具：绝缘鞋、防护服、手套等。

2）登高工具：脚扣或踩板、安全带、安全帽等。

3）起重工具：吊车或倒链、钢丝绳及钢丝绳套、滑轮、绳索、工具 U 形环等。

4）个人"五小"工具：扳手、电工钳、螺钉旋具、小绳、小锤子等。

5）其他工具：绝缘电阻表、横梁（双槽钢或木檀条）、接地绝缘电阻表、铁镐、铁锹、夯土锤子等。

（4）如果使用吊车起吊变压器时，可以省去滑轮、倒链和横梁。

50 出发前和安装前分别需要检查的内容有哪些？

答：出发前需要检查的内容如下：

（1）检查人数、人员精神状态和身体状况。

（2）检查变压器、避雷器是否经过测试并合格的，运输捆绑是否牢固可靠。

（3）检查所带材料的规格型号是否正确、质量是否合格，数量是否满足需要。

（4）检查所用交通工具是否良好，相应行车证照是否齐全。

（5）检查所带工器具质量是否合格、是否安全可靠，数量是否满足需要。

安装前需要检查的内容如下：

（1）按立杆作业流程立好支架杆（支架杆的直径应该依据变压器的重量来确定），杆的埋深应不小于 2m，特别注意回填时要夯实，做到稳固牢靠。

（2）埋设变压器防雷接地装置时，接地管的数量应该根据土壤电阻率来确定，但是最少不少于两根，且两接地管的水平距离不应小于 5m，接地管的上端及接地引线距离地面应不小于 0.6m，两接地引线的连接板应该与避雷器杆上接地引下线一起用螺钉连接紧固并接在杆下地面处，如果要增加接地管时，必须保证新增加的接地管与其他接地管可靠连接。

51 在安装杆上变压器时有哪些注意事项？

答：（1）登杆前要做冲击试验，检查登高工具是否安全可靠，确认无误后方可进行登杆。

（2）登杆作业。

1）作业人员同时登上两根支架杆，先安装变压器支架，支架距地面高度不小于 2.5m，然后安装横担和绝缘子，再起吊安装横梁。

2）杆上作业人员在将要安装横梁的位置以上挂好滑轮，将绳索穿过滑轮，一头绑在横梁上，另一头握在地勤人员手中，再将横梁提升至预定位置，杆上人员需将横梁固定在杆上，保证做到牢固可靠。

3）作业人员用滑轮将倒链提升至横梁处，再用钢丝绳套将倒链悬挂在横梁中央后，即下至变压器台架上，然后松下倒链挂钩。

4）地勤人员将变压器移至台架下，将倒链挂钩挂在变压器钢丝绳套上，并在变压器两侧栓上控制绳，将变压器钢丝绳套扶在理想位置，必须做到防止钢丝绳套滑动偏移，防止钢丝绳套压坏变压器套管。

5）由指挥人员指挥起吊，地勤人员拉住控制绳，使变压器离开台架缓慢上升到就位，如果受到倒链行程限制不能一次到位时，应该加长钢丝绳套，分多次完成起吊。

6）台架上的作业人员将变压器固定在台架上后，便可拆除起吊器具、控制绳和横梁，待横梁拆除后，杆上作业人员安装高压丝具、低压断路器（隔离开关）、避雷器。台架上作业人员做变压器高、低压引线，连接外壳接地线、零线，杆上作业人员做避雷器、丝具、低压断路器引线并扎线，地勤作业人员连接接地引下线并保证绑扎牢固。

7）待变压器稳定后，用 2500V 绝缘电阻表测量变压器绝缘，用接地绝缘电阻表测量接地电阻，两项测试合格后，便可等待供电。

8）如果当日不能供电，则安装变压器工作结束；如果当日供电，则应对线路办理停电手续，停电后再连接丝具上引线，但是在合上丝具管之前，应该按照恢复供电程序进行，合上丝具后，仔细听变压器声音是否正常，若正常即可结束工作。

52 施工作业完成后还有哪些工作要做?

答:(1)施工作业结束后,工作负责人应依据施工验收规范对施工工艺和质量进行自查验收,检查合格后,命令作业人员撤离现场。

(2)通知运行单位进行验收,变压器开始带电起,24h 后无异常情况,应该办理验收手续。

(3)工作结束后,工作负责人需要组织全体施工人员召开班后会,总结工作经验,查找存在的问题,并制订今后改进措施,清理剩余的材料,办理退库手续,整理、保养工器具。

(4)整理并完善施工记录资料,验收时,应移交变更设计证明,试验报告单、产品说明书、合格证及安装图纸,安装检查及调整记录等资料于运行部门归档并妥善保管。

53 变压器送电前需做哪些准备?

答:(1)试运行前要对变压器做全面检查,确认符合试运行条件时方可投入运行。

(2)试运行前,必须由质量监督部门检查合格。

(3)试运行前的检查内容如下:

1)各种交接试验单据需齐全。

2)变压器应清理、擦拭干净,顶盖上没有遗留杂物,本体及附件没有缺损,且不渗油。

3)通风设施安装完毕,工作过程无异常,事故排油设施完好,消防设施齐备。

4)变压器一、二次引线相位正确,保证绝缘良好,接地线良好。

5)油浸式变压器的电压切换装置、干式变压器的分接头位置放置于正常电压挡位。

6)应该打开油浸式变压器油系统门,油门指示正确,油位指示正常。

7)干式变压器护栏安装完毕,挂好各种标示牌,门要装锁。

8)保护装置整定值要符合设计要求,操作及联动试验正常。

54 变压器送电试运行有哪些注意事项?

答:(1)变压器第一次投入时,可以全压冲击合闸,冲击合闸时可以由高压侧投入。

(2)应该对变压器进行 3~5 次全压冲击合闸,并且没有异常情况,励磁涌流不能引起保护装置误动作。

(3)变压器第一次受电后,持续时间不应少于 10min,且保证没有异常情况。

(4)变压器并列运行前,应该检查相位,阻抗值以及联结组别号。

(5)油浸式变压器带电后,检查油系统不能有渗油现象。

(6)变压器试运行时要注意冲击电流、空载电流、一次电压、二次电压、温度,并做好详细记录。

(7)变压器空载运行 24h 后没有异常情况,才可以投入负荷运行。

55 一般工业与民用建筑电气安装工程在安装 10kV 及以下室内变压器时需要准备的主要机具有哪些？ 安装时对设备及材料有哪些要求？

答：（1）搬运吊装所需机具有：汽车、汽车吊、卷扬机、三步搭、道木、带子绳、钢丝绳、滚杠。

（2）测试所需器具有：钢板尺、钢卷尺、水平仪、线坠、万用表、绝缘电阻表、电桥及试验仪器。

（3）安装所需机具有：台钻、砂轮、气焊工具、电焊机、台虎钳、电锤、套丝板、活扳子、锤子。

安装时对设备及材料的要求有：

（1）变压器应设有铭牌，且铭牌上应注明制造厂商名字、额定容量，一、二次侧额定电压，一、二次侧额定电流，阻抗电压百分比及接线组别等技术数据。

（2）变压器的容量、规格及型号必须符合设计要求，且附件、备件齐全，必须有出厂合格证以及技术文件。

（3）若是带有防护罩的干式变压器，则防护罩与变压器的距离应该符合标准的规定。

（4）干式变压器局放试验的 PC 值以及噪音测试器的 dB（A）值应符合设计及标准要求。

（5）除地脚螺栓以及防震装置螺栓之外，均应采用镀锌螺栓，并且需要配备相应的平垫圈和弹簧垫。

（6）各种规格的型钢应该符合设计要求，并且无明显锈蚀。

（7）其他材料如耐油塑料管、蛇皮管、电焊条、调和漆、防锈漆以及变压器油，均应符合设计要求，并必须有产品合格证。

56 工业与民用建筑电气安装工程 10kV 及以下室内变压器安装时，作业的条件和工艺流程分别是什么？

答：（1）安装时作业的条件有：

1）施工图及相关技术资料需齐全无误。

2）土建工程基本施工完毕后，其尺寸、标高、结构及预埋件焊件强度均应符合设计要求。

3）变压器轨道安装完毕，且必须符合设计要求（此项工作应由土建做，安装单位配合完成）。

4）墙面、屋顶喷浆完毕，保证屋顶无漏水，门窗及玻璃安装要完好。

5）室内的地面工程结束，场地需清理干净，保证道路畅通。

6）安装干式变压器的室内应无灰尘，且相对湿度宜保持在 70% 以下。

（2）安装时工艺流程是：①对设备的点件检查；②变压器的二次搬运；③变压器稳装；④附件的安装；⑤对变压器吊芯检查以及交接试验；⑥送电前检查；⑦送电运行

验收。

57 设备点件检查有哪些注意事项？

答：（1）设备点件检查应该由安装单位、供货单位与建设单位代表共同进行，并做好相应记录。

（2）按照设备清单、施工图纸以及设备技术文件对变压器本体以及附件备件的规格型号进行核对，看是否符合设计图纸要求、是否齐全，检查有无丢失及损坏现象。

（3）对变压器本体进行外观检查，确保无损伤及变形、油漆完好无损伤、无脱落。

（4）检查油箱封闭是否良好，有无漏油、渗油现象，油标处的油面是否正常，若发现问题应立即进行处理。

（5）检查绝缘瓷件以及环氧树脂铸件有无损伤、缺陷及裂纹。

58 变压器二次搬运时有哪些注意事项？

答：（1）变压器二次搬运应由起重工作业、电工配合，最好采用汽车吊吊装，也可以采用吊链吊装。距离较长时最好用汽车运输，且运输时必须用钢丝绳固定牢固，保证行车平稳，尽量减少震动；距离较短且路况良好时，可采用卷扬机、滚杠运输。变压器的重量及吊装点高度可参照表1-3和表1-4。

表1-3　　　　　　　　　　　树脂浇铸干式变压器重量

序号	容量（kVA）	质量（t）
1	100～200	0.71～0.92
2	250～500	1.16～1.90
3	630～1000	2.08～2.73
4	1250～1600	3.39～4.22
5	2000～2500	5.14～6.3

表1-4　　　　　　　　　　油浸式电力变压器重量及吊装点高度

序号	容量（kVA）	重量（t）	吊装点高度（m）
1	100～180	0.6～1.0	3.0～3.2
2	200～420	1.0～1.8	3.2～3.5
3	500～630	2.0～2.8	3.8～4.0
4	750～800	3.0～3.8	5.0
5	1000～1250	3.5～4.6	5.2
6	1600～1800	5.2～6.1	5.2～5.8

（2）变压器吊装时，必须检查索具是否合格，钢丝绳必须挂在油箱的吊钩上，上盘的吊环仅在吊芯时用，不能用此吊环吊装整台变压器。

（3）在变压器搬运时，应注意保护绝缘子，最好用纸箱或木箱将高低压绝缘子罩住，使其不受损伤。

（4）在变压器搬运过程中，不应该有冲击或严重震动情况发生，采用机械牵引时，牵引的着力点应该在变压器重心以下，防止倾斜，运输倾斜角不得超过15°，以防内部结构变形。

（5）采用千斤顶顶升大型变压器时，应该将千斤顶放在油箱专门部位。

（6）在大型变压器搬运或装卸前，应该核对高、低压侧方向，以免安装过程调换方向时有困难。

59 对变压器进行器身检查时有哪些注意事项？

答：（1）器身检查可以分为吊罩或不吊罩直接进入油箱内进行。当变压器到达现场后应该按照产品技术文件要求进行器身检查，如果造制厂规定不做器身检查时，可以不做器身检查；或者就地生产且仅作短途运输的变压器，运输过程中监督有效，没有紧急制动、冲撞或严重颠簸等异常情况时，也可以不做器身检查。

（2）器身检查时，环境气温应不低于0℃，器身温度应不低于周围空气温度，空气的相对湿度不大于75%，且器身暴露在空气中的时间不得超过16h。

（3）保证所有螺栓紧固，并应该有防松措施，铁芯不能有变形，表面漆层保持良好，铁芯应接地良好。

（4）保证线圈的绝缘层完整，表面没有变色、击穿、脆裂等缺陷，高、低压线圈没有移动变位情况。

（5）保证线圈之间、线圈与铁芯、铁芯与轭铁之间的绝缘层完整无松动。

（6）保证引出线绝缘良好，包扎紧固没有破裂现象，引出线固定要牢固可靠，固定支架要紧固，引出线与套管连接要牢靠，接触良好且紧密，引出线接线必须正确。

（7）所有能接触到的穿心螺栓必须连接紧固，用绝缘电阻表测量铁芯与铁轭之间、穿心螺栓与铁芯及铁轭之间的绝缘电阻，并做1000V的耐压试验。

（8）保证油路畅通，油箱底部清洁无油垢杂物，且油箱内壁无锈蚀。

（9）器身检查完毕后，要用合格的变压器油冲洗，并从箱底将油放净，吊芯过程中，保证芯与箱壁不发生碰撞。

（10）器身检查后如果没有发现异常，应该立即将芯复位并注油至正常油位，并且要保证吊芯、复位、注油必须在16h内完成。

（11）器身检查完毕后，对油系统密封进行全面仔细的检查，不能有漏油、渗油现象。

60 在变压器稳装时有哪些注意事项？

答：（1）变压器就位的方式可以是用汽车吊直接放进变压器室内，也可以用道木搭设临时轨道，再用三步搭、吊链吊至临时轨道上，然后用吊链拉入室内合适位置。

（2）变压器就位时，应注意变压器的方位以及距墙尺寸应与图纸相符，允许误差范围为±25mm。若图纸上没有标注，则纵向按轨道定位，而横向距离不得小于800mm，距门的距离不得小于1000mm，并且要适当估计屋内吊环的垂线位于变压器中心，以方便吊芯。

（3）变压器基础的轨道应该水平，轨距与轮距应该相互配合，对于装有气体继电器的变压器，应该使其顶盖沿气体继电器气流方向有 1%～1.5% 的升高坡度（规定不需安装坡度的除外）。

（4）当变压器宽面推进时，低压侧应向外；而窄面推进时，一般储油柜侧向外；若是在装有开关的情况下，操作方向应留有 1200mm 以上的宽度。

（5）油浸式变压器的安装，应该考虑能在带电的情况下操作，便于检查储油柜和套管中的油位、上层的油温、气体继电器等。

（6）装有滚轮的变压器，滚轮应该能灵活转动，而在变压器就位后，应该将滚轮用能拆卸的制动装置来固定。

（7）变压器的安装应采取抗地震措施。

61 安装气体继电器有哪些注意事项？

答：（1）气体继电器安装前要经过检验鉴定。

（2）气体继电器应该水平安装，其观察窗应该装在便于检查的一侧，箭头方向要指向储油柜，与连通管的连接要密封良好，截油阀应该要位于储油柜和气体继电器之间。

（3）打开放气嘴，放出空气，等到有油溢出时将放气嘴关上，防止有空气使继电保护器误动作。

（4）当操作电源是直流电源时，必须将电源正极接到水银侧的接点上，防止接点断开时产生飞弧。

（5）安装事故喷油管时，其安装方位应考虑到事故排油时不致危及其他电气设备，且喷油管口应换为割划有"十"字线的玻璃，以便发生故障时气流能顺利冲破玻璃。

62 变压器防潮呼吸器的安装过程有哪些注意事项？

答：（1）在防潮呼吸器安装前，需检查硅胶是否已失效，若已经失效，应在 115～120℃ 温度下烘烤 8h，使其复原或更新；以颜色作为判断依据，当浅蓝色硅胶变为浅红色，即表明已失效，若是白色硅胶，不加鉴定一律进行烘烤。

（2）在对防潮呼吸器进行安装时，必须将呼吸器盖子上的橡皮垫去掉，保证其通畅，并在下方隔离器具中装上适量变压器油，可起到滤尘作用。

63 变压器温度计的安装过程有哪些注意事项？

答：（1）在套管温度计安装时，应该直接安装在变压器上盖的预留孔内，并在孔内加适当的变压器油，且刻度的方向应考虑到是否便于检查。

（2）在电接点温度计安装前应对其进行校验，油浸式变压器的一次元件应该安装在变压器顶盖上的温度计套筒内，并且要加适当的变压器油；而二次仪表则挂在变压器一侧的预留板上。

（3）干式变压器的一次元件应该按照厂家说明书的位置进行安装，而二次仪表安装在便于观测的变压器护网栏上，且软管不得有压扁或死弯现象，弯曲半径不得小于50mm，富余部分应该做盘圈处理，并固定在温度计附近。

（4）干式变压器的电阻温度计，一次元件应该预埋在变压器内，而二次仪表应安装在值班室或操作台上，其导线应符合仪表要求，并加适当的附加电阻校验调试后方可使用。

64 电压切换装置的安装过程有哪些注意事项？

答：（1）变压器电压切换装置各分接点与线圈的连线要紧固且保证是正确的，接触紧密并接触良好，转动点应正确停留在各个位置上，并与指示位置保持一致。

（2）应该保证电压切换装置的拉杆、小轴销子、分接头的凸轮等完整无损，转动盘要动作灵活，且密封良好。

（3）牢固地固定电压切换装置的传动机构（包括有载调压装置），传动机构的摩擦部分应保证有足够的润滑油。

（4）应保证有载调压切换装置调换开关的触头以及铜辫子软线完整无损，且触头间要有足够的压力（一般为 8~10kg）。

（5）当有载调压切换装置转动到极限位置时，应该装有机械连锁与带有限位开关的电气连锁。

（6）有载调压切换装置的控制箱一般应该安装在值班室或操作台上，保证连线正确无误，必要时调整，手动、自动工作正常，挡位指示正确。

（7）对电压切换装置吊出检查进行调整时，暴露在空气中的时间要符合表 1-5 的规定。

表 1-5　　　　　　　　调压切换装置露空时间

空气相对湿度（%）	65 以下	65~75	75~85	不控制
环境温度（℃）	>0	>0	>0	<0
续时间不大于（h）	24	16	10	8

65 对变压器的连线有哪些要求？

答：（1）变压器的一、二次侧连线、地线、控制管线都应符合相应的各项工艺标准的规定。

（2）变压器一、二次引线的施工不能使变压器的套管直接承受应力。

（3）要分别敷设变压器工作零线与中性点接地线，工作零线要用绝缘导线。

（4）在变压器中性点的接地回路中，靠近变压器处，需要做一个可拆卸的连接点。

（5）油浸式变压器附件的控制导线，应采用具有耐油性能的绝缘导线；靠近箱壁的导线，应采用金属软管保护，并且保证排列整齐，接线盒应该密封良好。

66 变压器交接试验的内容有哪些？

答：（1）测量绕组连同套管的直流电阻。

（2）测量绕组连同套管的绝缘电阻、吸收比（或极化指数）。

（3）检查变压器的三相接线组别以及单相变压器引出线的极性。

（4）检查所有分接头的变压比。

（5）测量与铁芯绝缘的各紧固件及铁芯接地线引出套管对外壳的绝缘电阻。

（6）绕组连同套管的交流耐压试验。

（7）绝缘油试验。

（8）有载调压切换装置的检查和试验。

（9）额定电压下的冲击合闸试验。

（10）检查相位。

（11）测量噪声。

67 变压器安装后检查时应注意哪些质量问题？

答：（1）铁件焊渣没有清理干净；刷漆不够均匀；有漏刷现象；同时要加强工作责任心，做好工序搭接的自检互检工作。

（2）管线排列不整齐，不美观。

（3）防震装置安装不牢，要求加强防震认识，严格按照工艺标准施工。

（4）变压器一、二次瓷套管损坏，应该在安装完毕后加强防护。

（5）不将变压器中性线、中性点接地线及零线分开敷设，要提高安装质量意识，做好工序搭接的自检互检。

（6）变压器一、二次引线，螺栓没拧紧，压接不牢靠。

（7）变压器附件安装后，有渗油现象，则需在附件安装时垫好密封圈，拧紧螺栓。

68 为了防止电力变压器火灾，可以采取哪些措施？

答：（1）安装变压器前，应检查其绝缘和使用条件是否符合变压器的有关规定。

（2）要正确安装保护装置，当发生故障时要迅速切断电源，对于大容量变压器还要装设气体继电器。

（3）变压器应该安装在一、二级耐火的建筑物内，并保持通风良好。

（4）变压器安装在室内时，应该有挡油设施或蓄油坑，蓄油坑之间要有防火分隔。

（5）安装在室外的变压器，油量在 600kg 以上的，要有卵石层作为贮油池。

（6）大型变压器可以设置专用灭火装置，比如由 1211 灭火剂组成的固定式灭火装置。

（7）对于大容量超高压变压器，可以安装变压器自动灭火装置（这种装置可以在 15s 内把火扑灭）。

（8）注意巡视、监视油面的温度不能超过 85℃。

第三节　配电变压器运行与维护

69 如何对变压器进行空载试运行？

答：（1）变压器投入运行前，必须确认变压器符合运行条件。

（2）试运行时，首先将分接开关置在中间一挡上，进行空载试运行，再切换到其他各挡的位置，观察其接触是否良好，工作是否可靠。

（3）变压器在第一次投入运行时可以全压冲击合闸，冲击合闸时一般由高压侧投入，如果有条件可以从零逐渐升压。

（4）变压器第一次带电运行时，运行时间应不少于10min，仔细监听变压器内部有无不正常的杂音（可以用干燥的细木棒或绝缘杆一端触在变压器外壳，一端放耳边监听变压器送电后的声响是否均匀且轻微）。如果有断断续续的爆炸声或突发的剧烈声响，应该立即切断变压器的电源停止试运行。

（5）新装或大修后的变压器均应进行5次全压冲击合闸，没有异常现象发生，且励磁涌流不能引起继电保护装置误动作，以便于考验变压器绕组的绝缘性能、继电保护、熔断器等是否合格。

（6）对于强油循环或强风冷却变压器，要检测其在空载状态下的温升。具体做法：不开动冷却装置，变压器空载运行12~24h，记录变压器上部油温和环境温度，当油温升高到75℃时，起动1~2组冷却器进行散热，继续测量并记录油温，直到油温稳定。

70 变压器为什么要进行检修？怎样规定其检修周期？

答： 新安装或长期运行的变压器，由于受到热应力、电磁力、化学腐蚀、受潮、运输震动等因素的影响，可能导致变压器发生各种故障。为保证变压器能安全稳定运行，需要对不符合规定和要求的部件进行更换、修复或检修。

变压器的检修分为大修和小修，也会有临时检修，以是否吊芯（吊出变压器的器身）来进行区分。凡需对变压器进行吊芯的检修均为大修，又称为吊芯检修，是指将变压器器身从油箱中吊出后，所进行的各项检修；凡不需要吊芯的检修均为小修，又称为不吊芯检修，是指需要将变压器停运，不需要吊芯而进行的检修。

变压器正常运行时，一般在投入运行5年内且之后每间隔10年进行一次大修，若发现异常状况或经验判断有内部故障时，需提前进行大修。对于焊接的全封闭式变压器，仅在试验时发现有问题，且有必要时才进行大修。

小修周期需依据其重要程度、运行条件、运行环境等因素来决定。一般可一年进行一次。若变压器运行于严重污染以及高寒、高原、高温等恶劣环境时，可以适当缩短小修周期。

71 变压器大修的项目有哪些？

答：（1）对外壳进行清洗、试漏、补漏及重新喷漆。

（2）对储油柜、散热器、气体继电器、套管等所有附件进行必要的试验。

（3）对变压器油进行油化验工作。

（4）吊出器身进行检查、缺陷处理以及必要的检修。

（5）对绕组、引线以及电（磁）屏蔽装置进行检修。

（6）检修铁芯及其紧固件（夹件、穿心螺杆、拉带等）、压钉以及接地片。

（7）检修油箱及其套管等附件。

（8）检修冷却系统、水泵、油泵、风扇、阀门等附属设备。

（9）检修安全保护装置、油保护装置、检温装置。

（10）试验、检修操作控制箱。

（11）检修有载调压分接开关或无励磁分接开关。

（12）更换所有密封胶垫、组件试漏。

（13）对器身的绝缘进行干燥处理。

（14）换油或滤油。

（15）对箱体内部进行清理并涂漆。

（16）对变压器进行总装配。

（17）按规定进行测量和试验。

72 变压器小修的项目有哪些？

答：（1）对已发现的缺陷进行处理。

（2）检查铜铝接头是否良好、铜铝接头有无过热变色现象、导电排螺钉有无松动现象，如果发现接头接触不良、接触面发生腐蚀或过热变黑现象，应该及时修理或更换。

（3）清扫套管的灰尘、污垢，并检查有无裂痕、放电痕迹。

（4）检查箱体接合处有无漏油现象，找出漏油处，并依据具体情况更换密封垫或进行焊补。

（5）检查储油柜的油位计是否正常，油位是否出现异常，若发现缺油要及时补充。储油柜的积污器中有污油或水分时要及时放掉。

（6）检查防爆膜、安全气道的密封性能，检查其是否有破裂。

（7）检查吸湿器内的干燥剂是否还能吸潮，若发现已失效，应及时更换。

（8）检查气体继电器的阀门开闭是否灵活、动作是否可靠正确，继电器是否有漏油现象、接线绝缘是否良好。

（9）检修冷却装置、测温装置、测量装置、调压装置及控制箱，并进行必要的调试。

（10）清扫散热片、油箱及附件，铲锈并涂漆。

（11）检查接地线是否完整，连接是否牢固，是否有腐蚀现象。

（12）检查变压器的绝缘情况，测量高压对地、低压对地、高压对低压之间的绝缘电阻。

（13）检查分接头接触情况以及回路的完整性，测量每一组分接头绕组的直流电阻。

73 如何区分绕组绝缘老化的级别？

答：绕组绝缘老化的级别特征如下：

第一级，绝缘弹性良好，色泽新鲜均匀。

第二级，绝缘稍微变硬，但是按下无变形，不裂不脱色，色泽略变暗，但是尚可使用。

第三级，绝缘变硬变脆，按下有轻微裂纹，但变形不大，颜色较暗，此时绝缘不可靠，需酌情进行更换。

第四级，绝缘碳化变脆，按下便裂开或脱落，此绕组已不能再使用。

74 变压器在出现哪些故障应停止运行？

答：变压器有以下情况之一者，应立即停运，投入备用变压器：

（1）变压器音响明显很高，出现异常，内部有爆裂声时。

（2）漏油和喷油，使油面下降到低于油位计的指示限度时。

（3）套管有严重破损和放电现象时。

（4）变压器冒烟着火时。

（5）当发生危及变压器安全故障，而变压器有关保护拒动时。

（6）当变压器附近的设备着火、爆炸或发生其他情况，对变压器构成严重威胁时。

（7）在正常负荷和冷却条件下，变压器温度不正常且不断上升，并且经验证温度指示正确，则认为变压器内部发生故障。

75 突然短路对变压器有何危害？　变压器过负荷时应注意哪些问题？

答：变压器突然短路时绕组会受到强大的电磁力作用，可能被毁坏；绕组会出现严重发热的现象。变压器过负荷时应将所有的冷却系统投入，密切监视变压器温度和负荷情况，及时汇报，以便调整负荷。变压器过负荷运行时应该增加巡视次数，并密切注意冷却系统的工作情况、变压器油位及各触点是否发热。

76 什么是变压器温升和允许温升？　为什么将变压器绕组的温升规定为65℃？

答：变压器的温度与周围环境温度的差值叫作变压器的温升。当变压器的温度升高时绕组的电阻会增大（使铜损增加），因此对变压器在额定负荷时各部分的温升做出规定，称为允许温升。

变压器在运行中会产生铁损和铜损，这两部分损耗全部转化为热量，会使铁芯和绕组发热、绝缘老化，影响变压器的使用寿命，变压器温度会由于损耗而增加，同时变压器也会散热使温度降低，当二者平衡时，变压器温度就会稳定在某一数值。当环境温度降低时，变压器散热良好，温度会下降，但如果此时变压器温度没有下降或下降不多，反映到温升上即温升增大，则表明变压器内部有缺陷。因此变压器既要监视温度，也要监视其温升。由于变压器绕组的绝缘多采用 A 级绕组，A 级绕组耐受最高温度为105℃，GB/T 1094.2—2013《电力变压器　第 2 部分：液浸式变压器的温升》规定变压器温升为65℃。

77 怎样判断变压器的温度是否正常？　运行中的变压器为什么会发热？

答：巡视检查变压器时，应记录环境温度、上层油温以及负荷，并与以前的数值对照、分析，判断变压器是否运行正常。如发现在相同条件下，油温比平时高出10℃以上，或出现负荷不变但温度不断上升的情况，而冷却装置又运行正常、温度表无误差及失灵时，则可认为变压器内部出现了异常。温升为上层油温与环境温度的差。

变压器在运行中，电能在铁芯和绕组中的损耗转变为热能，引起各部位发热，使变压器温度升高。当热量向周围辐射传导，发热和散热达到平衡时，各部位的温度趋于稳定。变压器运行时各部位的温度是不相同的，绕组的温度最高，其次是铁芯，绝缘油的温度最低，而上层油温大于下层油温，一般监视上层油温。

78 变压器油位显著升高或降低时，应如何处理？

答：正常情况下，变压器的油位随着油温的变化而变化，且油温的变化会直接影响变压器油的体积，从而使油标内的油面上升或下降。另外，影响油温变化的因素有环境温度的变化、负荷的变化、内部故障及冷却装置的运行情况等。

油位升高，但是并没有超过储油柜规定的油标高度，值班人员应该进行如下处理：

（1）检查变压器的负荷变化情况。

（2）检查冷却装置是否有问题。

（3）检查冷却器周围环境温度变化情况（看是否过大）。

（4）如果是因为温度升高而使油位上升，应及时联系检修人员进行放油处理。

若发现油位下降或在储油柜中已看不到油位，值班人员应该进行如下处理：

（1）检查负荷是否减少。

（2）检查是否存在大量漏油的情况。

（3）检查冷却器周围环境温度是否降低。

（4）如果变压器发生大量漏油，应尽快切换到备用变压器运行，并准备检修。

（5）如果是因为冷却环境、负荷影响油位降低，油位不能达到规定的油标高度，应及时联系检修人员给变压器加油到标准位置。

79 变压器缺油对运行有什么危害？ 缺油的原因有哪些？

答：变压器油面过低会使轻瓦斯保护动作，当严重缺油时，铁芯和绕组暴露在空气中容易受潮，有可能造成绝缘击穿。导致变压器缺油的原因可能是：

（1）修试变压器时，放油后未及时补油。

（2）变压器长期渗油或大量漏油。

（3）气温过低、储油柜的储油量不足。

（4）储油柜的容量小，不能满足运行的要求。

强迫油循环变压器停了油泵不能继续运行，因为这种变压器外壳是平的，其冷却面积小，甚至无法将变压器空载损耗所产生的热量散出去。因此，强迫油循环变压器停了油泵后运行是非常危险的。

80 对装有隔膜的储油柜注油时有哪些步骤？

答：（1）储油柜注油应在变压器本体注油之后进行，首先要检查隔膜是否有损伤。

（2）对储油柜进行清刷、检查。

（3）安装储油柜上部的放气塞，当油从放气塞中溢出时便停止注油，并关闭放气塞。

（4）从阀门放油至正常油面。

（5）也可以直接注油至正常油位，再由三通接头向胶囊中充气，使其膨胀，当放气塞出油之后，便可关闭入气塞。

81 对变压器油箱涂底漆和一、二道漆时有哪些要求？

答：（1）油箱清理干净后，先在其表面涂底漆，漆膜一般在 0.05mm 左右，不宜太厚，要求光滑均匀。

（2）待底漆干透后，涂第 1 道漆，其厚度为 0.05mm 左右，要求均匀光滑。

（3）待漆膜干透后，涂第 2 道漆，其厚度为 0.01~0.02mm。

（4）涂漆后如果有斑痕垂珠，可以用竹片或小刀轻轻刮除，用砂纸打光，再薄薄地补一层漆即可。

82 变压器在运行时，出现油面过高或有油从储油柜中溢出时，应如何处理？

答：应该首先检查变压器的负荷及温度是否正常，如果负荷和温度均正常，可以判断是因为呼吸器或油标管堵塞造成的假油面，应该经过当值调度员同意后，将重瓦斯保护改接信号，然后疏通呼吸器或油标管即可。如果因为是环境温度过高引起储油柜溢油，应该进行放油处理。

83 如何判断变压器压力释放阀已动作？

答：（1）压力释放阀护盖上粉红色标示杆凸起，突出盖 30~46cm，则说明压力释放阀动作过。

（2）变压器压力释放阀动作时会有油伴随气体喷出，若检查时发现有油迹则说明压力释放阀可能动作。

（3）检查声光信号，若压力释放阀动作后，在保护盘上"压力释放"灯亮；在控制盘上"非电量动作"光字牌亮，且同时警铃响。

84 变压器的铁芯为什么必须接地，且只允许一点接地？

答：变压器在运行或试验时，铁芯及零件等金属部件均处于强电场之中，由于静电感应作用在铁芯或其他金属结构上会产生悬浮电位，造成对地放电，会损坏零件，这是不被允许的。因而，除了穿芯螺杆之外，铁芯及其所有金属构件都必须可靠接地。然而，如果有两点或两点以上的接地，在接地点之间会形成了闭合回路，变压器运行时，主磁通穿过此闭合回路，就会产生环流，会造成铁芯局部过热烧损部件及绝缘，从而造成事故，所以只允许一点接地。

85 为什么要保持变压器的绝缘件清洁？　为什么在绝缘上做标记时不能用铅笔而用红、蓝笔？

答：保持变压器绝缘件清洁的原因是：①如果变压器绝缘件上有灰尘，容易引起其表面放电；②若这些杂质分散到变压器油中，会降低油的电气绝缘强度。

在绝缘件上做标记不用铅笔是因为铅笔芯是导体，在绝缘零件上用铅笔做标号容易引起其表面放电；红、蓝笔是非导体，不会引起放电。

86 变压器在什么情况下进行核相？

答：在以下情况时，必须先做好核相工作，相序相同才能并列运行，否则会造成相间短路：

（1）在新装、大修后、异地安装变压器。

（2）变动过变压器内外接线或接线组别。

（3）电缆线路、电缆接线变动或架空线路走向发生变化。

（4）变压器在需要与其他变压器或不同电源线路并列运行时，或与中、低压侧有关线路并列运行时。

核相时，应先用运行的变压器校对两母线上电压互感器的相位，然后用新投入的变压器向一级母线充电，再进行核相，一般使用相位表或电压表，如测得结果为两同相电压等于零，非同相为线电压，则说明两变压器相序一致。

87 电力变压器无励磁调压的分接开关有哪几种？ 我国对变压器有载装置的调压次数是如何规定的？

答：电力变压器无励磁调压的分接开关有：

（1）三相中部调压无励磁分接开关为 SWJ 型。

（2）三相中性点调压无励磁分接开关可以分为 SWX 型和 SWXJ 型两种。

（3）单相中部调压无励磁分接开关可分为 DW 型、DWJ 型和 DWX 型三种（此处 X 代表楔形）。

我国对变压器有载装置的调压次数规定如下：

（1）35kV 变压器，每天调节次数不超过 20 次；110kV 及以上变压器，每天调节的次数不超过 10 次，且每次调节间隔的时间不少于 1min。

（2）当电阻型调压装置的调节次数超过 5000~7000 次时应及时报检修，电抗型调压装置的调节次数超过 2000~2500 次时应报检修。

在下列情况时不许调整变压器有载调压装置的分接开关：

（1）调压装置发生异常时。

（2）有载调压装置的油标中无油时。

（3）有载调压装置的轻瓦斯保护频繁出现信号时。

（4）调压次数超过规定值时。

（5）变压器过负荷运行时（特殊情况除外）。

88 变压器的异常运行状态有哪些？

答：变压器的异常运行状态有：

（1）严重渗油。

（2）正常负载和冷却条件下，油温却不正常升高。

（3）油位不正常升高。

（4）储油柜内看不到油位或油位过低。

（5）变压器油出现碳化现象。

（6）变压器的瓷件有异常放电声或有火花现象。

（7）变压器高低压套管引线的线夹过热。

（8）变压器套管有裂纹或出现严重破损。

（9）变压器内部有异常声音。

（10）气体继电器内气体不断集聚且连续地动作发信号。

（11）冷却器装置出现故障。

89 变压器差动保护动作跳闸后，应如何检查处理？

答：变压器差动保护动作的现象是：事故喇叭响，"变压器差动保护动作"信号发出；变压器高压侧、低压侧断路器跳闸，绿灯闪光，表针指示到零。

（1）检查故障变压器各侧断路器是否跳闸，否则可手动拉开，将其他设备调整至正常运行；对差动范围内的所有电气设备进行检查，如检查绝缘子是否有闪络、破损等现象，引线是否有短路，检查变压器本体有无异常。

（2）外部检查未发现异常时，则应测量变压器的绝缘油，化学分析油质。

（3）如果变压器差动保护范围内的设备没有明显故障，应该检查继电保护及二次回路是否有故障，检查直流回路是否有两点接地。

（4）重瓦斯保护和差动保护同时动作导致变压器跳闸时，若不经过内部检查和试验不能将变压器投入运行。

（5）如果是因为继电器或二次回路故障、直流两点接地造成的误动，应该将差动保护退出，给变压器送电后，再处理二次回路故障及直流接地。

（6）检查差动保护是否误动，若确认为误动，则恢复变压器运行。

（7）经过上述检查没有异常，应该在切除负荷后立即试送一次，主变压器可从零升压，若试送后再跳闸，则不得再送。

90 在什么情况下需要将运行中的变压器差动保护停用？

答：（1）差动二次回路及电流互感器回路有变动或进行校验时。

（2）差动电流互感器一相断线或回路发生开路时。

（3）差动回路出现明显的异常现象时。

（4）继电保护人员在测定差动保护相量图及差压时。

（5）差动保护误动作跳闸时。

91 主变压器差动保护与瓦斯保护的作用有哪些区别？

答：（1）主变压器差动保护是按循环电流原理设计制造的，其动作条件是：①主变压器及套管引出线故障；②保护二次侧线路故障；③电流互感器出现开路或短路故障；④主变压器发生内部故障。

瓦斯保护是根据变压器内部故障时会产生或分解出气体而设计制造的。

（2）差动保护是变压器的主保护，瓦斯保护是变压器发生内部故障时的主保护。

（3）保护范围不同，差动保护的保护范围是：①主变压器引出线及变压器线圈发生相间短路；②单相发生严重的匝间短路；③在大电流接地系统中保护线圈及引出线上发生接地故障。

瓦斯保护的保护范围是：①变压器内部相间短路；②匝间短路，绕组与铁芯或外壳短路；③铁芯故障（发热烧损）；④油面下降或漏油；⑤分接开关接触不良或导线焊接不良。

92 变压器差动保护回路中，引起不平衡电流的因素有哪些？

答：变压器的不平衡电流指三相变压器绕组之间的电流差。对于三相三线制变压器，各相负荷的不平衡度不允许超过 20%；而在三相四线制变压器中，不平衡电流引起的中性线电流不允许超过低压绕组额定电流的 25%。如果不符合上述规定，应该进行调整负荷。

变压器的不平衡电流系统指三相变压器绕组之间的电流差，引起不平衡电流的因素有：

（1）变压器励磁涌流。可以采用 BCH 型具有速饱和变流器的继电器，或者采用内部短路电流和励磁涌流波形的差别来躲过励磁涌流，也可以利用二次谐波制动来减小励磁涌流。

（2）变压器高、低压侧绕组接线方式不同，为了消除由于变压器 Yd11 接线而引起的不平衡电流的影响，可采用相位补偿法，即将变压器星形侧的电流互感器二次侧接成三角形，而将变压器三角形侧的电流互感器二次侧接成星形，从而把电流互感器二次电流的相位校正过来。

（3）变压器各侧的电流互感器型号和变比不同，可以采用增大保护动作电流的办法或者利用磁平衡原理在差动继电器中设置平衡线圈的方法加以消除。

（4）变压器有载调压的影响，为了避免该影响，可在整定保护的动作电流时提高保护的动作值。

93 变压器运行过程中，在进行哪些工作时，重瓦斯应由跳闸改信号，工作结束后立即改跳闸？

答：进行下列工作时，应将重瓦斯改投信号：

（1）对变压器的呼吸器进行疏通工作时。

（2）对变压器进行注油和滤油时。

（3）气体继电器上部放气阀放气时。

（4）对气体继电器连接管上的阀门进行开关操作时。

（5）对气体继电器的二次回路进行相关操作时。

94 引起轻瓦斯保护动作的原因有哪些？轻瓦斯保护装置动作后该怎么做？

答：轻瓦斯保护动作的原因有：

（1）变压器内部进入空气。

（2）变压器内部有较轻微故障而产生气体。

（3）油位严重下降至气体继电器以下，使气体继电器动作。

（4）直流多点接地，二次回路发生短路。

（5）受到强烈震动。

（6）气体继电器本身出现问题。

轻瓦斯保护动作的现象是：警铃响，"轻瓦斯动作"信号发出。轻瓦斯动作后处理方法：

（1）监视变压器的电压、电流变化情况，检查变压器的油位，是否因漏油引起。

（2）检查安全释放阀是否动作，有无破裂及喷油现象。

（3）检查温度，内部有无异常声音，气体继电器内有无气体。

（4）检查有无接地信号以及各相电压是否平衡，二次回路是否有故障。

（5）若外部检查不能确定轻瓦斯动作原因，应立即取样分析。

如果是空气进入，变压器可以继续运行，但应该注意轻瓦斯继电器动作的时间间隔，若间隔时间逐次缩短，则重瓦斯有动作的可能性，此时应及时汇报领导将重瓦斯改信号，但如果有备用变压器，则可倒为备用变压器运行，且不能将运行变压器重瓦斯改投信号。

如果是可燃气体，无论有无备用变压器都必须停电处理。必须迅速鉴别气体颜色，否则颜色会很快消失。

95 在现场怎样依据气体判断变压器的故障性质？

答：在现场可以根据气体的颜色及可燃性粗略判断变压器的故障性质：

（1）无色、无味、不可燃气体为空气。

（2）灰色、可燃气体是因变压器绝缘性能降低、接触不良、放电打火而产生的。

（3）黄色、可燃气体是因变压器内部绝缘过热产生的。

（4）黑色、不可燃气体是因变压器铁芯接地放电而产生的。

从运行中的变压器取瓦斯气体时必须由两人进行，一人操作，一人监护；攀登变压器取气时应保持足够的安全距离；注意防止误碰探针。

96 变压器的重瓦斯保护动作跳闸时，应如何检查和处理？

答：重瓦斯保护的现象有：事故喇叭响，"重瓦斯保护动作"信号发出；变压器的高低压侧断路器跳闸，绿灯闪，表针指示到零；压力释放阀有可能喷油。变压器重瓦斯保护动作跳闸后应该：

（1）复归音响及闪光，检查变压器各侧断路器处于跳闸位置，否则应手动断开，检查备用变自投良好。收集气体继电器内的气体做色谱分析，如果没有气体，应该检查二次回路和气体继电器的接线柱以及引线接线是否良好。

（2）检查油位、油温、油色是否有变化（若有油从放气孔溢出则说明主变压器瓦斯保护放气完毕）。

（3）检查变压器外壳是否有变形，焊缝是否开裂喷油。

（4）检查防爆管是否破裂喷油。

（5）若经过检查未在外部发现任何异常，应依据具体现象判断保护是否误动，并测量变压器的绝缘，做相应的各种实验分析。确定是因二次回路故障引起误动作时，可以在差动保护及过电流保护投入的情况下将重瓦斯保护退出，再试送变压器并加强监视。

（6）在变压器换油后，瓦斯保护定校后，冷却器检修后，变压器放油滤油后，要将瓦斯保护由"投跳"改"投信"。主变压器经滤换油后，重瓦斯保护一般投信24h，至少投信12h。在瓦斯保护的动作原因未查清前，不能合闸送电。若经检查测试未发现异常，主变压器可从零进行升压，升压过程中应密切注意电流变化情况，正常时即可投入运行，否则应停电处理。

变压器瓦斯保护原理接线如图1-13所示。

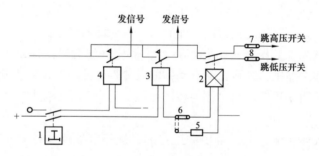

图1-13　变压器瓦斯保护原理接线图

1—气体继电器；2—出口中间继电器；3—重瓦斯信号继电器；4—轻瓦斯信号继电器；

5—重瓦斯试运回路电阻；6—切换片；7、8—连接片

97 如何根据气体继电器里气体的颜色、气味、可燃性来判断是否有故障以及故障的部位？

答：（1）无色、无味、不可燃的是空气。

（2）黄色、不易燃的是木质故障产生的气体。

（3）淡灰色、可燃并有强烈臭味的是纸质或纸板故障产生的气体。

（4）灰黑色、易燃的是铁质故障使绝缘油分解产生的气体。

98 变压器零序电流保护起什么作用？ 变压器零序保护在什么情况下投入运行？

答：一般在中性点直接接地电网中运行的变压器都装设有零序电流保护，当变压器高侧或高压侧线路发生接地时（这里认为变压器低压侧绕组为三角形接线），会产生零序电流，零序电流保护便会动作。它可以作为变压器高压绕组引出线，母线接地短路的

保护，同时还以可作为相邻线路及变压器本身主保护的后备保护。

变压器零序保护一般安装在变压器中性点直接接地侧，用来保护绕组内部以及引出线上的接地短路，还可以作为防止相应母线和线路接地短路的后备保护，因此在变压器中性点接地时，均应投入零序保护。

99 为什么在三绕组变压器三侧都装有过电流保护？ 它们的保护范围各是什么？

答：当变压器任意一侧的母线发生短路故障时，过电流保护会动作。三侧都装有过电流保护，可以有选择地切除故障，不需要将变压器停运。各侧的过电流保护均可以作为本侧母线、线路的后备保护，主电源侧的过电流保护可以作为其他两侧和变压器的后备保护。

100 变压器正常巡视的项目有哪些？

答：（1）声音正常，无异音、杂音。

（2）套管是否清洁，无放电现象、无放电痕迹、无裂纹。

（3）套管、储油柜的油位是否在标准线内，油色是否正常。

（4）压力释放阀、防爆管隔膜是否完整无裂纹。

（5）冷却装置运行良好，正常应保持有备用。散热器散热均匀不偏热。

（6）油门全在打开位置，油泵运转正常，转向正确，无异音，无臭味，没有振动过大现象。上层油温正常，前后对比没有显著变化。

（7）变压器外壳是否清洁无渗漏。

（8）呼吸器是否畅通，吸潮剂是否有潮解，在更换变压器呼吸器内的吸潮剂时应该注意将重瓦斯保护改接信号；在取下呼吸器时需要将连管堵住，防止回吸空气；在换上干燥的吸潮剂后，应该使油封内的油没过呼气嘴将呼吸器密封。

（9）引线接头是否良好，是否有过热现象，导线弛度是否适当。

（10）气体继电器是否充满油。

（11）负荷是否正常，有载调压装置的运行是否正常，分接开关的位置有无异常，是否符合电压的要求。

（12）事故排油坑的情况符合要求。

101 在哪些情况下对运行中的变压器进行特殊检查？ 检查哪些项目？

答：发生下列情况时应对变压器进行特殊检查：

（1）发生过负荷时，应监视负荷、油温和油位的变化，检查接头接触是否良好，冷却系统是否运行正常。

（2）大风时：应检查各部引线有没有剧烈摆动，且周围无杂物有无被吹到带电部分的可能。

（3）雷雨时：检查各部分有无放电痕迹。

（4）大雪天：检查各接触点有无过热现象，各部分有无放电情况，有无结冰现象。

（5）大雾天：检查各部分有无严重火花，有无放电现象。

（6）气温骤变：及时检查储油柜、油面及油温变化情况。

102 当运行中变压器发出过负荷信号时，应如何检查处理？

答：变压器过负荷运行，是指变压器在运行时传输的容量超过了变压器的额定容量。若变压器过负荷程度不大，变压器顶部油温并不高，变压器绕组的热点温度未达到有危害的程度，这种过负荷是变压器容许的。若变压器的过负荷程度较大，使顶部油温升高，且变压器绕组的热点温度可能会达到有害的程度，但还未达到危险的程度，此时变压器虽能继续运行，但会使绝缘强度下降威胁到变压器的安全，影响变压器的寿命，这种过负荷必须加以限制。

若变压器绕组的热点温度已达到危险程度，这时变压器若继续运行，热点周围的绝缘油会分解产生气泡，绝缘强度会严重下降，可能会导致变压器的重大故障，这种过负荷现象是必须禁止的。运行中的变压器发出过负荷信号时，值班人员应该检查变压器的各侧电流是否超过规定值，并应该将变压器过负荷数量报告给当值的调度员，然后再检查变压器的油位、油温是否正常，同时将冷却器全部投运，对过负荷的数量值及时间要按现场规程的规定执行，并按照规定时间巡视检查，必要时可增加特巡。

103 变压器运行中发生火灾事故时，如何处理？

答：变压器着火的现象是：气体继电器内充满或有一部分可燃气体、压力释放阀可能会喷油烟或压力释放器动作；外部或盖上可能发生冒烟着火。变压器着火的处理方法如下：

（1）依次断开故障变压器的各侧断路器、隔离开关，停止交直流电源，厂用变压器故障可以倒为备用变压器运行，并采取相应的安全措施。

（2）对装有水自动灭火装置的变压器，应该先启动高压水泵，将水压提高到 0.7～0.9MPa，再打开电动喷雾阀门用喷雾灭火，如果着火可能引起油系统爆炸，需将油放干净，放出的油着火时，禁止用水灭火。

（3）若变压器油溢出到顶盖上着火时，应立即打开变压器底部的放油门，使油位低于着火点，用二氧化碳、四氟化碳、泡沫灭火器灭火（使用泡沫灭火器时，必须确认无电压）；如果是变压器内部着火，严禁放油，以防止变压器爆炸，应设法使油面低于着火点，采取合适的灭火措施，如使用 1211 灭火剂等。

（4）为了防止火灾蔓延，应将着火变压器和相邻的设备隔离，如果相邻设备受火灾威胁或者有碍于救火时，应将其停电。停电操作应由当值值班人员进行，禁止非值班人员进行操作，非值班人员操作时，应取得当值值长的同意。必要时报告消防队。

104 现场对变压器进行检修时，为了防止低压触电，需注意哪些事项？

答：（1）在拆、接电源时，必须有两人进行，并确认电源隔离开关已经被拉开，如果有怀疑，可以用试电笔或仪表进行检查，确认没有电之后，才可以进行工作。

（2）拉、合电源隔离开关时，必须大声呼喊，只有在听到对方回应后，才可以合上被拉开的隔离开关，并立即挂上"有人工作，禁止合闸"的警告牌。

（3）禁止在两个工作现场合用一个隔离开关。

（4）现场使用的电气设备绝缘必须良好，且外壳必须良好接地，电源线绝缘不能破损漏电。

（5）禁止用保护地线作工作地线使用。

第四节　箱 式 变 电 站

105 什么是箱式变电站？

答：箱式变电站，又称为预装式变电站，它是一种将高压开关设备、低压配电装置和配电变压器，按照一定接线方案排成一体的工厂预制的户内或户外紧凑式配电设备，即将变压器降压和低压配电等功能组合在一起，安装在一个防尘、防潮、防锈、防鼠、防盗、隔热、防火、全封闭且可移动的钢制结构箱内，其外形如图 1-14。箱式变电站特别适用于城网建设与改造，主要适用于工厂企业、矿山、油气田和风力发电站，替代了原有的土建配电房、配电站，是一种新型的成套变配电装置，是土建变电站之后崛起的一种新式变电站。

图 1-14　箱式变电站

106 箱式变电站的交接试验，必须符合哪些规定？

答：箱式变电站以及落地式配电箱的基础应该高于室外地坪，排水畅通，保证用地脚螺栓固定的螺栓齐全，拧紧牢固，且自由安放的应垫平放正；金属箱式变电站及落地式配电箱，箱体应该可靠接地（PE 端）或接零（PEN 端），并且有标识；交接验收时可以观察并检查试验记录，过程中应注意：

（1）由低压成套开关柜、高压成套开关柜和变压器三个独立单元组合成的箱式变电站高压电气设备部分要按照 GB 50150—2016《电气装置安装工程电气设备交接试验标准》的规定交接试验并合格。

（2）高压开关熔断器等与变压器组合在同一个密闭油箱内的箱式变电站，交接试验应该按照产品提供的技术文件要求执行。

（3）低压成套配电柜交接试验应该符合以下规定：

1）每一路配电变压器及保护装置的规定型号，应该符合设计要求。

2）相间、相对地间的绝缘电阻值应该大于 0.5MΩ。

3）电气装置的交流耐压试验的电压为 1kV，当绝缘电阻值大于 10MΩ 时，可以采用 2500V 绝缘电阻表替代，试验持续时间隔 1min，没有击穿闪络现象。

107 预装式变电站的型号及其含义是什么？

答：预装式变电站的型号中，定义的字母有 Y、X、B，含义分别为：Y 表示预装式，X 表示箱式，B 表示变电站，横线前为布置方式，斜线前为高压侧额定电压，斜线后为低压侧额定电压。

布置方式如图 1-15 所示，"目"字形布置用 M 表示，"品"字形布置用 P 表示。

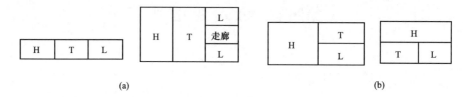

(a)   (b)

图 1-15　布置方式

(a)"目"字形布置；(b)"品"字形布置

H—高压室；T—变压器室；L—低压室

如 YBM-12/0.4-30 * 50-Z，YB 表示预装式变电站；M 表示布置方式为"目"字形，一次侧额定电压为 12kV，二次侧额定电压为 0.4kV，额定容量为 30 * 50kVA，Z 表示有载调压。

108 国产箱式变电站在总体结构上有哪些特点？

答：国产箱式变电站同美式箱式变电站相比增加了接地开关和避雷器，接地开关与主断路器之间有机械联锁，用以保证在对箱式变电站进行维护时的人身安全。国产箱式变电站每相用一只熔断器代替了美式箱式变电站的两只熔断器作保护，其最大特点是当任一相熔断器熔断之后，会保证负荷断路器跳闸而切断电源，且只有更换熔断器后，主断路器才可以合闸，这一特点是美式箱式变电站不具备的。

一般情况下，国产箱式变电站采用各单元相互独立的结构，分别设有高压开关室、低压开关室、变压器室，通过导线将其连成一个完整的供电系统。

国产卧式箱式变电站可称为欧美一体化箱式变电站。卧式箱式变电站的变压器、负荷断路器及低压出线方式与美式箱式变电站大致相同，但它有独立的变压器室。高、低压出线均在侧壁，因而变压器室不需考虑防护栏等设施。卧式箱式变电站的外观形同欧式箱式变电站，但体积大小在欧式箱式变电站与美式箱式变电站之间。

109 国产箱式变电站在变压器、高低压开关柜、外壳等方面有哪些特点？

答：一般将变压器室放在后部，方便用户维修、增容和更换的需要，变压器可以很容易地从箱体内被拉出来或从上部吊出来。变压器放在外壳内，可以防止阳光直接照射变压器而产生温升，也可以有效地防止外力碰撞、冲击或发生触摸电感事故，但是也对变压器的散热提出了较高的要求。

高压开关室内安装有独立封闭的高压开关柜，柜内一般安装有产气式、压气式或真空式负荷开关——熔断器的组合电器，且安装的高压熔断器可以保证任一相熔断器熔断都可以使其主断路器跳闸，以免出现缺相运行。此外接地开关与主断路器相互连锁，也就是说只有断开主断路器后，才可以合上接地开关，而合上接地开关后，主断路器便不能关合，保证维护时的人身安全。高压避雷器的操作十分方便，只需要使用专用配套手柄，就可以实现全部开关的分合，还可以通过透明窗口观察到主断路器的分合状态。

低压开关柜：柜内装有总断路器和各配电分支断路器、低压避雷器、电压和总电流仪表、分支电流仪表，为保证变压器安全运行，需要监视变压器上层油温。当油温达到危险温度时，可以自动断开低压侧负荷，停止低压侧工作，其动作值可依据实际情况自行设定。

外壳及防护：国产箱式变电站的各开关柜分别制成独立柜体，并安装到外壳内，以便更换和维护，提高了防护能力和安全性。钢板外壳均采用特殊工艺进行防腐处理，可防护 20 年以上，双层上盖可减少阳光的热辐射，外观颜色可以按照用户要求更换为与使用环境相匹配的颜色。

其他方面：国产箱式变电站的变压器一般采用 S9 全密封低损耗变压器，而国外有的产品已经采用非晶合金做变压器铁芯，以求得降低损耗。非晶合金变压器一次性投资较大，但是效益可观，国内已经有小批量生产。

110　箱式变电站的形式有哪些？

答：箱式变电站可以分为紧凑型和普通型两类，紧凑型箱式变电站有 ZB1-336 型和 GE 箱式变电站等，普通型箱式变电站有 ZBW 型和 XWB 型等。箱式变电站 10kV 配电装置一般不用断路器，常用的有 FN7-10 型或 FN5-10 型负荷断路器加熔断器和环网供电装置。

ZBW-10/0.4kV 型户外组合式箱式变电站是由高压室、低压室和变压器室三者组成的一体预装式成套变配电设备，主要适用于环网、终端、双线供电方式，且此三种方式互换性很好。高压室设计紧凑，具有全面的防误操作连锁功能，可靠性较高，操作检修也比较方便。低压室设有计量和无功补偿，可以根据用户需要设计二次回路及出线数，以满足不同需求。变压器室采用温度控制方式，可以自然通风或顶部强迫通风。

GE 箱式变电站与国内组合式箱式变电站有所不同，它是在变压器的基础上发展而成的。GE 箱式变电站是将变压器芯体、熔断器、高压负荷断路器等设备结构简化，放入同一注油铁箱中。体积较小，结构紧凑，占地面积仅为同容量箱式变电站的 1/3 左右，是全密封、全绝缘结构，因为不需要绝缘距离，可以可靠地保证人身安全。高压电缆接入绝缘性能良好的套管，套管与肘型电缆插头相接，将带电部分密封在绝缘体内。在箱体外壳上焊有一些壁挂，用来固定支座式绝缘套管接头，当拔下肘型电缆插头时可插到支座式套管接头上。

111　箱式变电站内变压器的运行过程有哪些注意事项？

答：（1）变压器在额定使用条件下，全年可按照额定容量运行。

（2）变压器各绕组负荷均不得超过额定值。

（3）变压器上层油温不宜超过 85℃，温升限值为 60℃。

（4）变压器三相负荷不平衡时，应该监视最大电流相的负荷。

112 箱式变电站内断路器、隔离开关的运行过程有哪些注意事项？

答： 箱式变电站内断路器在运行时应注意：

（1）观察断路器内部有无异常响声、有无严重发热等异常现象，若发现有问题，需查明原因，必要时及时请求调度退出运行，进行清查检修。

（2）观察分、合闸位置是否正确无误，机构动作情况是否正常，并且做好记录。

（3）电动储能机构完成一次储能后，便将储能开关断开，此次储能只用于当下合闸，下次合闸前需再进行储能；停电时需要检修试验合闸，可以使用手动储能。

（4）运行中断路器的机构箱不得擅自打开，可利用停电机会进行检查、清扫及缺陷处理，且维护项目均应记入相关记录。

箱式变电站内隔离开关在运行时应注意：

（1）观察隔离开关的支持绝缘子是否清洁、无裂纹及破损，是否完整、无放电痕迹。

（2）检查各引线是否无变色、无过热、无氧化、无断裂等现象。

（3）观察机械连锁装置是否完整可靠。

（4）当隔离开关卡涩时，不可以用强力拉合，以免隔离开关损伤或损坏接地连锁装置。

113 使用箱式变电站的环境条件是什么？

答：（1）安装地点应无剧烈震动，垂直斜度不大于 3°。

（2）使用地点不应有导电灰尘及对金属、绝缘物有害的易燃、易爆、腐性的危险物品。

（3）地震水平加速度不大于 0.4m/s，垂直加速度不大于 0.2m/s。

（4）环境温度：−25～+40℃。

（5）海拔：1000m 及以下。

（6）风速：不超过 35m/s。

（7）空气相对湿度：不超过 90%（+25℃）。

第五节 新型配电变压器

114 什么是 S11 型变压器？ 什么是 S11 型有载调容配电变压器？

答： S11 型普通配电变压器采用高导磁、低损耗的高性能优质硅钢片，高导磁硅钢片主要利用外加磁化力使得取向硅钢片的磁畴方向变得整齐，在硅钢片表面制造拉应力，可使得磁化和磁畴交变更加容易，因而单位损耗较低。卷铁芯全密封型配电变压器，是一种低噪声、低损耗型变压器，其铁芯无接缝，减少了空载损耗及空载电流，可使空载电流降低 60%~80%，高、低压线圈在芯柱上连续绕制，且绕组紧实，同心度好，加增强了产品的防盗性能。由于铁芯连续卷绕，可充分利用硅钢片的取向性，使空载损耗降低了 20%~30%。

S11 型有载调容配电变压器在结构设计和功能上有所改善，具有两种不同的额定容量，可以根据负载情况通过特定的调容开关对高压绕组进行三角形—星形（或者并联—串联）的变换，对低压绕组进行并联—串联方式变换，从而可实现两种不同额定容量下运行方式的转换。

115 S11 型变压器比 S9 型变压器有哪些方面的改进？

答：（1）S11 变压器的器身增加了定位结构，使其在运输过程中不会产生位移，且其所有紧固件加装了扣紧螺母，可以确保产品在长期运行过程中紧固件不会松动。

（2）该变压器采用波纹油箱，取消了储油柜，或将箱盖与箱沿完全焊死，或用螺栓紧固，延长了变压器油的使用寿命。

（3）变压器表面经过去锈、去油、磷化处理后喷涂底漆、面漆，可以满足特殊环境条件下使用，如冶金、石化系统及潮湿污秽地区等。

（4）变压器采用了全密封变压器油箱，按标准要求安装有压力释放阀、气体继电器、信号温度计等，可以确保变压器安全运行。

（5）该系列产品外形美观，体积小，减少安装占地面积，是免维护、抗短路能力强的优质产品。

116 对于 S11 型有载调容配电变压器有哪些主要特点？

答：（1）依据实际负荷的大小，可以有两种不同大小的额定容量。

（2）变压器不停电状态下，可以自动切换容量的运行方式。

（3）在季节性较强的配电区域，可以大幅度降低负荷低谷期的空载损耗。

（4）有载调容配电变压器的综合控制器，有运行监视、报警、故障判断、闭锁等功能，还可以统计数据，对变压器的相关操作进行实践记录等功能。

117 什么是非晶合金铁芯变压器？

答：非晶合金变压器是采用新型导磁材料——非晶合金带材来制作铁芯的新型高效节能变压器，传统配电变压器一般采用硅钢片作为铁芯材料，而用来制造非晶合金铁芯配电变压器的是一种极薄的非晶导磁材料，其磁滞损耗和涡流损耗都明显低于硅钢片。

以 S9 型变压器为基础，空载损耗每降低 10%，损耗水平提高一级，则 S10 型比 S9 型配电变压器的空载损耗降低 10%，S11 型比 S9 型降低 20%，非晶合金变压器的最突出的特点就是空载损耗和空载电流非常小，目前非晶合金铁芯变压器基本统一为 SH15 型，SH15 型非晶合金变压器比用硅钢片作为铁芯的 S9 型变压器空载损耗下降了 70% 以上，空载电流下降约 80%，其参数表见表 1-6。

表1-6   S9、S11 型系列配电变压器与 SH15 非晶合金变压器的性能参数比较

容量 （kVA）	空载损耗（铁损） （W）			负载损耗（铜损） （W）	空载电流 （%）			短路阻抗 （%）
	S9	S11	SH15	S9、S11、SH15	S9	S11	SH15	
30	130	100	33	600	2.80	2.80	1.70	
50	170	130	43	870	2.50	2.50	1.30	
63	200	150	50	1040	2.40	2.40	1.20	
80	250	180	60	1250	2.20	2.20	1.10	
100	290	200	75	1500	2.10	2.10	1.00	
125	340	240	85	1800	2.00	2.00	0.90	
160	400	280	100	2200	1.90	1.90	0.70	4.0
200	480	340	120	2600	1.80	1.80	0.70	
250	560	400	140	3050	1.70	1.70	0.70	
315	670	480	170	3650	1.60	1.60	0.50	
400	800	570	200	4300	1.50	1.50	0.50	
500	960	680	240	5150	1.40	1.40	0.50	
630	1200	810	320	6200	1.30	1.30	0.30	
800	1400	980	380	7500	1.20	1.20	0.30	
1000	1700	1150	450	10300	1.10	1.10	0.30	4.5
1250	1950	1360	530	12000	1.00	1.00	0.30	
1600	2400	1640	630	14500	0.90	0.90	0.20	

118   什么是非晶合金材料?

答: 非晶合金是一种新型节能材料,它以铁、硅、硼、钴和碳等元素为原料,是采用急速冷却等特殊工艺使内部原子呈现无序化排列的合金。非晶合金带材生产时,在铁、镍、钴、铬等金属中添加硼、硅、碳等非金属,于 1400℃ 高温下将一定比例的铁、硼、硅等混合热熔液,冷却速度为 $10^5 \sim 10^7 K/s$,冷却底盘的转动速度大约为 30m/s,从溶液到薄带成品一次成形。高速旋转和冷却时的高温骤降,合金箔的原子结构呈无序排列,类似于玻璃,没有金属合金通常表征的晶体结构,故称之为"非晶合金",可以减少 CO、SO、NO_x 等有害气体的排放,也被称为"绿色材料"。非合金材料具有单位损耗低、厚度薄、硬度高、磁致伸缩程度高、退火后韧性大、耐腐蚀性好等优点;其缺点是脆性大,对机械应力敏感性强,不便于加工,热稳定性欠佳(局部过热并超出一定范围,会使材料的导磁性能严重恶化)。

119   非晶合金配电变压器的产品型号有哪些?

(1) 油浸式非晶合金铁芯配电变压器的型号为: S(B)H15-M-□/□。

S 表示相数(D 为单相,S 为三相);B 表示低压为箔式绕组(箔式绕组只是低压绕组并且只在 100kVA 及以上容量才有,2500kVA 及以下的高低压绕组均为线绕,若为线绕则无字母表示）；H 表示铁芯材料为非晶合金；15 为性能水平的代号；M 表示密封式油箱；斜线前的数字表示额定容量（kVA）；斜线后的数字表示电压等级（kV）。

（2）干式非晶合金铁芯配电变压器的型号为：SCBB15-□/□。

S 表示相数（D 为单相，S 为三相）；C 为成形固体浇注（G 为敞开式空气绝缘）；第一个 B 表示低压为箔式绕组；B 表示铁芯材料为非晶合金；15 表示性能水平代号；斜线前的数字表示额定容量（kVA）；斜线后的数字表示电压等级（kV）。

120 非晶合金铁芯变压器的主要分类有哪些？

答：目前非晶合金铁芯变压器可以分为多种形式，主要有单相、三相油浸式非晶合金铁芯配电变压器，地下式非晶合金铁芯路灯变压器，地下式非晶合金铁芯配电变压器，分箱组合式非晶合金铁芯配电变压器，共箱组合式非晶合金铁芯配电变压器，三相干式非晶合金铁芯配电变压器等。路灯变压器的负荷类型为非居民照明，电价相对较高，会相应缩短投资回收年限。在预装箱式变电站和组合式变压器中，采用非晶合金铁芯配电变压器增加的投资较小，比较容易被用户接受。

121 单相油浸式非晶合金铁芯配电变压器的适用范围是什么？

答：单相油浸式非晶合金铁芯配电变压器可以深入负荷中心，可有效降低低压网损并提高供电电压质量，国内使用较少但有一定市场前景，国外应用较多，其性能参数见表 1-7。

表 1-7　　　　5~160kVA 单相油浸式非晶合金铁芯配电变压器性能参数

额定容量（kVA）	电压组合			联结组别号	短路阻抗（%）	空载损耗（W）	空载电流（%）	负载损耗（W）
	低压（kV）	高压（kV）	高压分接范围（%）					
5						15	2.4	130
10						18	2.2	235
16						22	2.0	330
20						25	1.8	385
30						30	1.6	560
40	2×(0.22~0.24) 或者 0.22~0.24	6 6.3 10 10.5 11	±5 ±2×2.5	Yy6、Yy0	3.5	35	1.4	700
50						40	1.2	855
63						50	1.0	1020
80						60	0.9	1260
100						70	0.8	1485
125						85	0.7	1755
160						100	0.7	2130

注　1. 除并联使用之外，当低压为 0.22~0.24kV 时，容量减半。

2. 对短路阻抗值有其他要求的，要求其他容量产品的性能参数的，由用户与制造商协商确定。

122 三相油浸式非晶合金铁芯配电变压器适用于什么情况？

答：三相油浸式非晶合金铁芯配电变压器适用于负载率偏低、轻载或空载时间较长、日负荷或季节性负荷变化明显的农村电网或者负荷波动较大的商业区、工业区等及日常维护较困难地区。若10kV馈线上大部分或全部采用三相油浸式非晶合金铁芯变压器，可降低线损，提高功率因数和电能质量，其性能参数见表1-8。

表1-8　　　30～2500kVA 三相油浸式非晶合金铁芯配电变压器性能参数

额定容量（kVA）	电压组合			联结组别号	短路阻抗（%）	空载损耗（W）	空载电流（%）	负载损耗（W）
	低压（kV）	高压（kV）	高压分接范围（%）					
30						33	1.7	600
50						43	1.3	870
63						50	1.2	1040
80						60	1.1	1250
100						75	1.0	1500
125					4.0	85	0.9	1800
160						100		2200
200						120	0.7	2600
250		6				140		3050
315		6.3				170		3650
400	0.4	6.6 10	±5 ±2×2.5	Dyn11		200	0.5	4300
500		10.5 11				240		5150
630						320		6200
800						380	0.3	7500
1000					4.5	450		10300
1250						530		12000
1600						630	0.2	14500
2000						750		17400
2500					5	900		20200
2000						750	0.2	19140
2500						900		22220

注　当变压器铁芯为三相三柱式时，也可依据实际情况采用联结组别号 Yyn0。

123 地下式非晶合金铁芯路灯变压器和地下式非晶合金铁芯配电变压器适用什么场合？

答：中压输电系统地下式非晶合金铁芯路灯变压器可以作为大型桥梁、隧道供配电优化方案的选择，配电变压器、高低压电缆均安装于地下，有利于城市整体景观，路灯变压器应该采用环网供电或者双电源供电方式，可以提高供电可靠性，还可以缩短故障处理时间。

地下式非晶合金铁芯配电变压器具有全密封、防水、免维护、耐腐蚀的结构，可以安装于地下，可以配合城网架空线入地等工程，且短期内可以浸泡在水中，适用于高档住宅区的配电系统和桥梁、隧道、道路等照明系统，还可以用于防护要求较高的地区。

124 分箱组合式非晶合金铁芯配电变压器的适用什么场合？

答：分箱组合式非晶合金铁芯配电变压器将器身和高压元件分箱安装，变压器和低压部分与共箱组合式变压器相同，取消了变压器油箱内部的高压负荷断路器和熔断器，在油箱外安装 SF_6 环网柜（由 3 组或 4 组 SF_6 气体绝缘负荷断路器组成，且任何一组负荷断路器分合均不会影响另外几组开关的正常运行，一般情况下不会出现变压器瞬间断电现象），该类型变压器具有结构紧凑、体积小、节能、散热好等特点，比较适用于环网、住宅小区或者比较重要的区域。

125 共箱组合式非晶合金铁芯配电变压器适用什么场合？

答：共箱组合式非晶合金铁芯配电变压器将器身、高压断路器元件、熔断器等共同装在一个油箱内，也可称之为美式箱式变压器。比较适用于沿海和高污染地区，还可用于电能不足、负荷波动较大的地区，也可以用于环网或配电终端。但是该类型变压器没有接地开关，且其高压负荷开关看不到明显的断开点，如果负荷开关在油中频繁分合，产生的电弧会污染变压器油，增加了维护的工作量。

126 三相干式非晶合金铁芯配电变压器的适用什么场合？

答：三相干式非晶合金铁芯配电变压器空载损耗低，具有阻燃自熄性能，耐潮、无油、抗裂、免维护等特点，适合安装在高层建筑、地铁、车站、机场、发电厂或工矿企业等室内区域，对防火较高区域、易燃、易爆场所来说是比较理想的节能型配电设备，其性能参数见表 1-9。

表 1-9　　　　30~2500kVA 三相干式非晶合金铁芯配电变压器性能参数

额定容量（kVA）	电压组合			联结组别号	短路阻抗（%）	空载损耗（W）	空载电流（%）	负载损耗（W）		
	低压（kV）	高压（kV）	高压分接范围（%）					100℃（B级）	100℃（B级）	100℃（B级）
30					70	1.6		670	710	760
50					90	1.4		940	1000	1070
80		6；6.3；6.6；10；10.5；11；			120	1.3		1290	1380	1480
100	0.4		±5；±2×2.5	Dyn11	4.0	130	1.2	1480	1570	1690
125					150	1.1		1740	1850	1980
160					170	1.1		2000	2130	2280
200					200	1.0		2370	2530	2710

续表

额定容量（kVA）	电压组合			联结组别号	短路阻抗（%）	空载损耗（W）	空载电流（%）	负载损耗（W）		
	低压（kV）	高压（kV）	高压分接范围（%）					100℃（B级）	100℃（B级）	100℃（B级）
250						230	1.0	2590	2760	2960
315						280	0.9	3270	3470	3730
400					4.0	310	0.8	3750	3990	4280
500						360	0.8	4590	4880	5230
630						420	0.7	5530	5880	6290
630	0.4	6；6.3；6.6；10；10.5；11；	±5；±2×2.5	Dyn11		410	0.7	5610	5960	6400
800						480	0.7	6550	6960	7460
1000						550	0.6	7650	8130	8760
1250					6.0	650	0.6	9100	9690	10370
1600						760	0.6	11050	11730	12580
2000						1000	0.5	13600	14450	15560
2500						1200	0.5	16150	17170	18450
1600						760	0.6	12280	12960	13900
2000					8.0	1000	0.5	15020	15960	17110
2500						1200	0.5	17760	18890	20290

127 **非晶合金铁芯配电变压器的性能特点有哪些？**

答：（1）非晶合金铁芯配电变压器的空载损耗比 S11 型变压器降低 65% 左右，负载损耗与 S9 型和 S11 型变压器基本相当。

（2）非晶合金铁芯的额定磁通密度一般为（1.3～1.4T）比冷轧硅钢片（1.6～1.7T）低，非晶合金铁芯一般卷制成三相五柱式结构，因而变压器的高度比三相三柱低，铁芯的截面为矩形，且其下轭可以打开便于线圈的套装。

（3）由于非晶合金带材的厚度为 0.02～0.03mm，只有硅钢片的 1/10 左右，非常薄、脆，对机械应力很敏感，装配时要注意轻拿轻放，避免因外力而增加产品的空载损耗和噪声。

（4）低压绕组除小容量（160kVA 以下）采用铜导线外，通常采用铜箔绕制的圆筒式结构，高压绕组通常采用多层圆筒式结构，高、低压绕组采用导线张力装置一起绕制成矩形线圈，并将线圈通过热压整形固化成整体，可增强绕组的机械强度和抗短路的能力。

（5）油箱通常采用全封闭结构，没有储油柜、呼吸器等结构，器身装配、油箱结构、保护装置等，并采用真空干燥、真空滤油和注油的工艺，绝缘介质与外界隔离，不受污染，因而可以免维护、无须化验油样，降低了变压器维护成本和延长了使用寿命。

（6）非晶合金铁芯配电变压器的联结组别通常为 Dyn11 接法，减少了谐波对电网的影响，可以改善供电质量。

128 安装前对非晶合金配电变压器有哪些技术性检查？

答：（1）耐压试验，可在规定的工频电压下检验配电变压器的主绝缘是否符合 GB/T 1094.3—2003《电力变压器　第 3 部分：绝缘水平、绝缘试验和外绝缘空气间隙》，为保证准确性，工频耐压试验过程应使用电容分压器来测量试验电压值。

（2）测量绕组对地绝缘，可以检验变压器是否整体受潮或存在贯通式绝缘缺陷等问题。

（3）测量电压比，检测联结组别号，可以用来验证变压器是否达到预计的变换电压的效果，检查联结组别号是否与铭牌一致。

（4）测量短路阻抗、负载损耗、空载电流和空载损耗符合 GB/T 25446—2010《油浸式非晶合金铁心配电变压器技术参数和要求》的规定。

（5）检查导线的焊接是否符合要求，分接开关及动、静触头的接触是否良好。

（6）检查三相直流电阻的平衡度。

（7）通过对变压器油的耐压、酸值、水分、杂质等的检测来对变压器油进行试验，若测量数据与出厂试验报告不一致，应先分析其原因。

129 安装非晶合金配电变压器有哪些要求？

答：（1）除参考 GB 50148—2010《电气装置安装工程　电力变压器、油浸电抗器、互感器施工及验收规范》之外，安装时还要参考相关专业部门的规定。

（2）安装过程应考虑运输、维护、运行的方便性。

（3）非晶合金配电变压器应水平放置，牢固固定变压器器身，保持其器身平衡。

（4）为保证质量，安装用的紧固件应考虑采用镀锌制品。

（5）安装柱上非晶合金配电变压器时，母线及高低压侧引线应考虑采用绝缘导线。

（6）连接设备端子要符合 GB/T 5273—2016《高压电器端子尺寸标准化》要求。

第二章

配 电 设 备

第一节 配 电 一 次 接 线

1 什么是电气一次接线?

答:一次接线是由发电机、变压器、断路器等电气设备通过连接线,并按功能要求组成的电路。通常也称之为电气主接线或电气主系统。

2 什么是电气一次接线图?

答:电气设备及其连接情况是用一次接线图表示的。用规定的文字和图形符号按实际运行原理排列和连接,详细地表示电气设备的基本组成和连接关系的接线图,称为发电厂或变电站的电气主接线图。电气主接线图不仅表示出各种电气设备的规格、数量、连接方式和作用,而且反映了各电力回路的相互关系和运行条件,构成了发电厂或变电站电气部分的主体。

3 一次接线的作用是什么?

答:电气主接线代表了发电厂(变电站)电气部分的主体结构,是电力系统网络结构的重要组成部分。它对电气设备选择、配电装置布置、继电保护与自动装置的配置起着决定性的作用,也将直接影响系统运行的可靠性、灵活性、经济性。因此,主接线必须综合考虑各方面因素,经技术经济比较后,方可确定出正确、合理的设计方案。

4 电气主接线的基本要求有哪些?

答:(1)可靠性。供电可靠性是电力生产和分配的首要要求,主接线首先应满足这个要求。

(2)灵活性。主接线应满足调度、检修及扩建的灵活性。

(3)经济性。主接线在满足可靠性、灵活性要求的前提下做到经济合理。

另外,电气主接线还应简单清晰、操作方便。复杂的接线不利于操作,往往还会因误操作而发生事故；但接线过于简单，又给运行带来不便，或造成不必要的停电。

5 电气主接线对可靠性的基本要求有哪些?

答： 电气主接线的可靠性应与系统的要求，发电厂、变电站在系统中的地位和作用相适应，还应根据各类负荷的重要性，按不同要求满足各类负荷对供电可靠性的要求。主接线的可靠性在很大程度上取决于设备的可靠程度，采用可靠性高的设备可简化接线。主接线对可靠性的具体要求是：

（1）断路器检修时，不宜影响对系统的供电。

（2）断路器或母线故障以及母线检修时，尽量减少停运的回路数和停运时间，并保证对一级负荷及全部或大部分二级负荷的供电。

（3）尽量避免全厂（站）停运的可能性。

6 电气主接线对灵活性的基本要求有哪些?

答： 主接线应满足调度、检修及扩建的灵活性。

（1）调度灵活性，可以灵活地投入和切除发电机、变压器和线路，调配电源和负荷，满足系统在事故、检修以及特殊运行方式下的系统调度要求。

（2）检修灵活性，可以方便地将断路器、母线及保护装置按计划检修退出运行，进行安全检修而不会影响电力系统运行和对用户的供电。

（3）扩建灵活性，可以容易地从初期接线过渡到最终接线，并考虑便于分期过渡和扩建，使电气一次和二次设备、装置改变连接方式的工作量最小。

7 电气主接线对经济性的基本要求有哪些?

答： 主接线在满足可靠性、灵活性要求的前提下做到经济合理。

（1）投资省。主接线力求简单，以节省断路器、隔离开关、互感器等一次设备；使继电保护和二次回路不过于复杂，以节省二次设备和控制电缆；要能限制短路电流，以便于选择价格合理的电气设备或轻型电器；在满足安全运行和保护要求时，110kV 及以下终端或分支变电站可采用简易电器。

（2）占地面积少。

（3）电能损失少，年运行费用低。

8 电气主接线的基本形式有哪些?

答： 母线是电气主接线和配电装置的重要环节，当同一电压等级配电装置中的进出线数目较多时，常需设置母线，以便实现电能的汇集和分配。所以，电气主接线一般按母线分类，可分为有母线类接线和无母线类接线。

有母线类的电气主接线形式包括单母线类接线和双母线类接线。单母线类接线包括单母线接线、单母线分段接线等形式；双母线类接线包括双母线接线、双母线分段接线等形式。

无母线类的电气主接线主要有单元接线、桥式接线、多角形接线等。

9 单母线接线方式有什么特点?

答:单母线接线的特点是每一回路均装有一个断路器 QF 和隔离开关 QS。断路器用于在正常或故障情况下接通与断开电路,断路器两侧装有隔离开关,用于停电检修断路器时作为明显断开点隔离电压;靠近母线侧的隔离开关称母线侧隔离开关,靠近引出线侧的隔离开关称为线路侧隔离开关。在电源回路中,若断路器断开之后,电源不可能向外送电能时,断路器与电源之间可以不装隔离开关,如发电机出口。若线路侧无电源,则线路侧也可不装设隔离开关。

10 单母线接线的优缺点有哪些?

答:单母线接线的优点是:接线简单、清晰,设备少,操作方便,投资少,便于扩建和采用成套配电装置。

单母线接线的缺点是:不够灵活可靠,在母线和母线隔离开关检修或故障时,均可造成整个配电装置停电;引出线的断路器检修时,该支路要停电。

11 单母线接线适用范围是什么?

答:一般只适用于不重要负荷和中、小容量的水电站和变电站中。主要用于变电站安装一台变压器的情况,并与不同电压等级的出线回路数有关,6~10kV 配电装置的出线回路数不超过 5 回;35~66kV 不超过 3 回。

由于厂用电系统中的母线等设备全部封闭在高低压开关柜中,这些开关柜具有"五防"功能,发生母线短路的可能性极小。因此,单母线接线广泛应用于中小型发电厂的厂用电系统中。

12 单母线分段接线的分段原则是什么?

答:当引出线数目较多时,为了改善单母线接线的工作性能,提高供电可靠性,可利用分段断路器将母线适当分段。当对可靠性要求不高时,也可以用隔离开关进行分段。

母线分段的数目,决定于电源的数目、容量、出线回数、运行要求等,一般分为2~3 段。应尽量将电源与负荷均衡的分配于各母线段上,以减少各分段间的功率交换。对于重要用户,可从不同母线段上分别引出两回及以上回路向其供电。

13 正常运行时,单母线分段接线有哪两种运行方式?

答:(1)分段断路器闭合运行(并列运行)。正常运行时分段断路器闭合,两个电源分别接在两段母线上;两段母线上的电源及负荷应均匀分配,以使两段母线上的电压均衡。在运行中,当任一段母线发生故障时,继电保护装置动作跳开分段断路器和接至该母线段上的电源断路器,另一段则继续供电。有一个电源故障时,仍可以使两段母线都有电,可靠性比较好。但是线路故障时短路电流较大。

(2)分段断路器断开运行(分列运行)。正常运行时分段断路器断开,每个电源只向接至本段母线上的引出线供电。当任一电源出现故障，接该电源的母线停电，导致部分用户停电，为了解决这个问题，可以在分段断路器装设备自投装置，或者重要用户可以从两段母线引接采用双回路供电。分段断路器断开运行的优点是可以限制短路电流。

14 单母线分段的优缺点是什么？

答：单母线分段接线的优点是：

（1）当母线发生故障时，仅故障母线段停止工作，另一段母线仍继续工作。

（2）两段母线可看成是两个独立的电源，提高了供电可靠性，可对重要用户供电。

单母线分段接线的缺点是：

（1）当一段母线故障或检修时，该段母线上的所有支路必须断开，停电范围较大。

（2）任一支路断路器检修时，该支路必须停电。

（3）当出线为双回路时，常使架空线出现交叉跨越。

（4）扩建时需向两个方向均衡扩建。

15 单母线分段接线的适用范围是什么？

答：单母线分段接线与单母线接线相比提高了供电可靠性和灵活性。但是，当电源容量较大、出线数目较多时，其缺点更加明显。因此，单母线分段接线主要用于：

（1）6~10kV 配电装置的出线回路数为 6 回及以上；当变电站有两台主变压器时，6~10kV 宜采用单母线分段接线。

（2）35~66kV 配电装置出线回路数为 4~8 回。

16 双母线接线有哪两种运行方式？

答：双母线接线设置有两组母线，其间通过母线联络断路器相连，每回进出线均经一台断路器和两组母线隔离开关可分别接至两组母线，正是由于各回路设置了两组母线隔离开关，可以根据运行的需要，切换至任一组母线工作，从而大大改善了运行的灵活性。双母线接线有两种运行方式：

（1）双母线同时工作。正常运行时，母联断路器接通运行，两组母线并列运行，电源和负荷平均分配在两组母线上。这是双母线常采用的运行方式。

（2）一组母线运行，一组母线备用。正常运行时，母联断路器断开运行，电源和负荷都接在工作母线上。

17 双母线接线的优点是什么？

答：（1）供电可靠。通过两组母线隔离开关的倒换操作，可以轮流检修一组母线而不影响正常供电；一组母线故障后，能迅速恢复供电；检修任一回路的母线隔离开关，只需要停该回路；可利用母联断路器替代引出线断路器工作，使引出线断路器检修期间能继续向负荷供电。

（2）调度灵活。各个电源和各回路负荷可以任意分配到某一组母线上，能灵活地适应电力系统中各种运行方式调度和潮流变化的需要。

（3）扩建方便。向双母线的左右任一方向扩建，均不影响两组母线的电源和负荷的均匀分配，不会引起原有电路的停电。当有双回架空线路时，可以顺序布置，以致连接不同的母线段时，不会如单母线分段那样导致进出线交叉跨越。

（4）便于试验。当个别回路需要单独进行试验时，可将该回路分开，单独接至一组母线上。

18 双母线接线的缺点是什么？

答：（1）增加了一组母线及母线设备，每一回路增加了一组隔离开关，投资费用增加，配电装置结构较为复杂，占地面积较大。

（2）当母线故障或检修时，隔离开关为倒闸操作电器，容易误操作。

（3）检修出线断路器时该回路仍然需要停电。

19 配电网什么情况下采用双母线接线方式？

答：我国具有丰富的双母线运行和检修经验。当出线回路数或母线上电源较多、输送和穿越功率较大、母线故障后要求迅速恢复供电、母线或母线设备检修时，以及不允许影响对用户的供电、系统运行调度对接线的灵活性有一定要求时，采用双母线接线方式。各级电压采用的具体条件为：

（1）6~10kV 配电装置，短路电流较大、出线需要带电抗器时。

（2）35~66kV 配电装置，出线回路数超过 8 回及以上或连接的电源较多，负荷较大时。

20 照明和动力施工图的阅读方法有哪些？

答：（1）阅读标题栏及目录。了解工程名称、项目内容等。阅读图纸说明。了解工程总体概况、设计依据及图纸中未表达清楚的有关事项。阅读电气系统图，包括照明系统和动力系统图，了解各分项工程中所有系统图。

（2）熟悉电路图和接线图。按设备的功能关系从上到下，从左到右逐个回路依次阅读。特别是接线端子图上线路与接线柱的对应关系不得弄错。熟悉设备性能特点及安装要求。安装前要阅读有关技术规范，要阅读相关的结构图和构造图。

（3）阅读平面图。要弄清楚设备的安装位置，线路敷设部位，敷设方法，所用导线型号、规格、数量及管径大小等；结合平面图阅读安装大样图，弄清具体部位设备安装的相互关系。

（4）阅读设备材料表。了解性阅读土建平面图；弄清电气设备安装部位，线路走向与土建工程的衔接关系；了解建筑物的基本概况。

21 什么是重要电力用户？

答：重要电力用户指在国家或者一个地区（城市）的社会、政治、经济生活中占有重要地位，意外停电将可能引起人身伤亡、环境污染、社会公共秩序混乱，造成较大政治影响、经济损失的用户或对供电可靠性有特殊要求的用户。

22 什么是双电源？

答：双电源分别来自两个不同变电站，或来自不同电源进线的同一变电站内两段母线，为同一用户负荷或公用变电站供电的两路供电电源，称为双电源。其中来自不同变电站，为同一用户负荷或公用变电站供电的两路供电电源，又称为双侧电源。

23 380/220V 配电网有什么基本要求？

答：（1）380/220V 配电网实行分区供电，应结构简单、安全可靠，一般采用放射式结构。当供电可靠性要求较高或有其他特殊情况时，可采用双电源供电，必要时 380/220V 电缆线路可采用环式结构。其设备选用应标准化、序列化。

（2）380/220V 配电网为直接接地系统，可采用 TN、TT、IT 接地方式，其中 TN 接地方式主要采用 TN-C-S、TN-S。380/220V 配电网应根据用户用电特性、环境条件或特殊要求等具体情况，正确选择接地系统。

（3）居民户应采用"一户一表"的计量方式。电能表应安装在具有防窃电功能的计量柜（箱）内，计量柜（箱）安装位置应接近进户点，并根据不同的 380/220V 接地方式装设适当的剩余电流动作保护装置。

（4）有条件时，配电变压器宜配置无功自动补偿及运行数据采集一体化装置。

24 重要电力用户对供电电源配置有什么技术要求？

答：（1）重要电力用户供电电源应采用多电源、双电源或双回路供电，当任何一路或一路以上电源发生故障时，至少仍有一路电源应能满足保安负荷持续供电。

（2）特级重要电力用户宜采用双电源或多电源供电；一级重要电力用户宜采用双电源供电；二级重要电力用户宜采用双回路供电。

（3）重要电力用户供电电源的切换时间和切换方式宜满足重要电力用户允许断电时间的要求。切换时间不能满足重要负荷允许断电时间要求的，重要电力用户应自行采取技术手段解决。

（4）重要电力用户供电系统应当简单可靠，简化电压层级。如果用户对电能质量有特殊需求，应当自行加装电能质量控制装置。

25 什么是网供负荷？

答：网供负荷是指由电网供给的负荷。网供负荷一般按电压等级统计，为该级电网总负荷扣减接入下级电网的电源供给的负荷以及上级电网向该级及以下电网直供的专线负荷。

26 什么是饱和负荷？

答：区域经济社会水平发展到一定阶段后，电力消费增长趋缓，总体上保持相对稳定，负荷呈现饱和状态，此时的负荷称为该区域的饱和负荷。

27 什么是容载比？

答： 容载比一般分电压等级计算，指某一供电区域、同一电压等级电网的变电设备总容量与对应的总负荷（网供负荷）的比值，一般用于35kV及以上电网规划及评估。

28 什么是供电安全水平？

答： 电网在元件退出、负荷不正常波动情况下维持连续供电的能力称为供电安全水平。

29 什么是10kV配电室？

答： 10kV配电室是指设有10kV进线（亦可有少量出线）、配电变压器和380/220V配电装置，主要为380/220V用户供电的户内配电场所。

30 什么是10kV箱式变电站？

答： 10kV箱式变电站是将10kV断路器、配电变压器、380/220V配电装置等设备共同安装于一个封闭箱体内的户外配电装置，也称预装式变电站或组合式变电站。

31 什么是10kV开关站？

答： 10kV开关站是指设有10kV配电进出线、对功率进行再分配的配电设施。起到变电站母线延伸的作用，可用于解决变电站进出线间隔有限或进出线走廊受限，并在区域中起到电源支撑的作用。10kV开关站内必要时可附设配电变压器。

32 什么是10kV环网单元？

答： 10kV环网单元用于10kV电缆线路分段、联络及分接负荷的配电设施，按结构可分为整体式和间隔式，按使用场所可分为户内环网单元和户外环网单元（户外环网单元安装于箱体中时也称开闭器），也可称为环网柜。

33 配电网规划对电能质量中供电电压允许偏差有什么规定？

答：（1）110～35kV供电电压正负偏差的绝对值之和不超过额定电压的10%。

（2）如供电电压上下偏差为同符号（均为正或负）时，按较大的偏差绝对值作为衡量依据。

（3）10kV及以下三相供电电压允许偏差为额定电压的±7%。

34 10kV配电网对电网结构有什么要求？

答：（1）10kV配电网网架结构宜简明清晰，以利于配电自动化的实施。不同供电区域10kV配电网应采用不同的目标电网结构。

（2）10kV配电网应依据变电站的位置、负荷密度和运行管理的需要，分成若干个相对独立的分区。

 **35** 什么情况宜采用单相配电方式？

答： 从技术经济性上看，单相配电方式在负荷密度低、负荷分散等条件下具有一定优势，以下区域可考虑采用单相配电方式：

（1）用户呈分散或者呈团簇式分布区域，地形狭窄或狭长的区域。

（2）纯单相负荷的农村居住区。

（3）城镇低压供电系统需改造的老旧居住区。

（4）单相供电的公共设施负荷，如路灯。

（5）其他一些具有特别条件的区域。

第二节　高压开关电器

36 高压开关电器的作用是什么？

答： 开关电器是用来控制电路的电器。在发电厂和变电站中运行的发电机、变压器、进出线等回路，经常需要进行投入和退出；在电力系统发生事故时也需要退出故障设备，因此在发电厂和变电站中需要装设必要的开关电器。

37 导体和配电设备的温升会产生哪些不良影响？

答：（1）绝缘性能降低。绝缘材料在高温和电场作用下会逐渐变脆和老化，温度越高老化的速度越快，致使绝缘材料失去弹性和绝缘性能下降，使用寿命缩短。

（2）接触电阻增加。如果金属导体的温度在较长的时间内超过一定的数值，导体表面的氧化速度会加快，会使导体表面金属氧化物增多，造成温度过高接触电阻增大。导体接触电阻增大后又引起自身功率损耗加大，其结果导致导体温度再升高，导体的接触电阻再增大，恶性循环下去，会使接头松动或烧熔，造成事故发生。

（3）机械强度下降。金属材料在使用温度超过一定数值之后，会使材料退火软化，机械强度下降，影响设备的安全运行。

38 什么是配电设备的最高允许温度？

答： 为限制电气设备因发热而产生不利影响，保证电气设备正确使用，必须使其发热且温度不得超过一定数值，这个限值称为最高允许温度。

导体的正常最高允许温度一般不超过+70℃；在计及太阳辐射（日照）的影响时，钢芯铝绞线及管形导体，可按不超过+80℃来考虑；当导体接触面处有镀（搪）锡的可靠覆盖层时，可提高到+85℃。导体通过短路电流时，短时最高允许温度可高于正常允许温度，对硬铝及铝锰合金可取220℃，硬铜可取320℃。

39 电弧对电力系统和电气设备有哪些危害？

答：（1）电弧的高温，可能烧坏电器触头和触头周围的其他部件；对充油设备还可能引起着火甚至爆炸等危险，危及电力系统的安全运行，造成人员的伤亡和财产的重大损失。

（2）由于电弧是一种气体导电现象，所以在开关电器中，虽然开关触头已经分开，但是在触头间只要有电弧的存在，电路就没有断开，电流仍然存在，直到电弧完全熄灭，电路才真正断开，电弧的存在延长了开关电器断开故障电路的时间，加重了电力系统短路故障的危害。

（3）电弧在电动力、热力作用下能移动，易造成飞弧短路、伤人或引起事故扩大。

40 开关电器中熄灭交流电弧的基本方法有哪些？

答：开关电器中熄灭交流电弧的基本方法有：吹弧；采用多断口串联灭弧；提高分闸速度；用耐高温金属材料制作触头；采用优质灭弧介质；短弧原理灭弧；利用固体介质的狭缝灭弧装置灭弧。

41 采用提高分闸速度灭弧的工作原理是什么？

答：迅速拉长电弧，有利于迅速减小弧柱内的电位梯度，增加电弧与周围介质的接触面积，加强冷却和扩散作用。现代高压开关中都采取了迅速拉长电弧的措施灭弧，如采用强力分闸弹簧，其分闸速度已达 16m/s。

42 采用耐高温金属材料制作触头灭弧的工作原理是什么？

答：触头材料对电弧的去游离也有一定影响，用熔解点高、导热系数和热容量大的耐高温金属制作触头，可以减少热电子发射和电弧中的金属蒸气，减弱游离过程，利于电弧熄灭。

43 高压断路器的作用是什么？

图 2-1　高压断路器实物图

答：高压断路器的作用是控制和保护。高压断路器实物如图 2-1 所示。

控制：正常运行时接通和开断电路。即根据电网运行要求，将一部分电气设备及线路投入或退出运行状态、转为备用或检修状态。

保护：电力系统故障时与继电保护配合自动断开故障。即在电气设备或线路发生故障时，通过继电保护装置及自动化装置使断路器动作，将故障部分从电网中迅速切除，防止事故扩大，保证电网的无故障部分得以正常运行，还能实现自动重合闸的功能。

44 高压断路器的基本要求有哪些?

答:(1)工作可靠性高。

(2)足够断路能力、足够动、热稳定。

(3)尽可能短的切断时间。

(4)实现自动重合闸。

(5)结构简单、价格低廉。

45 高压断路器的分类有哪些?

答:(1)高压断路器按灭弧介质分为:

1)油断路器,又分为多油断路器、少油断路器。

2)压缩空气断路器。

3)真空断路器。

4)六氟化硫断路器。

(2)按安装地点可分为:

1)户内式。

2)户外式。

46 高压断路器的技术参数包括哪些?

答:(1)额定电压 U_N(kV):长时间运行能承受的正常工作电压(线电压)。

(2)最高工作电压 U_{wmax}(kV):考虑线路电压损耗,线路供电端母线电压高于受电端母线电压,断路器可能在高于额定电压下长期工作,因此要规定线路的最高工作电压。

(3)额定电流 I_N(A):在额定容量下允许长期通过的工作电流,在该电流下断路器各部分的温度和温升不会超过允许值。决定 QF 的触头及导电部分的截面积、结构。

(4)额定开断电流 I_{Nbr}(kA):在额定电压下,QF 能可靠开切的最大电流。

(5)动稳定电流(峰值)i_{ds}(kA):额定峰值耐受电流,指断路器在闭合状态允许通过的最大短路电流峰值,又称极限通过电流。

(6)热稳定电流(有效值)I_r(kA):额定短时耐受电流,指断路器在某一定热稳定时间内允许通过的最大短路电流有效值,表明断路器承受短路电流热效应的能力。

(7)额定关合电流 I_{NCL}(kA):断路器能可靠接通的最大电流,一般为额定开断电流的 $1.8\sqrt{2}$ 倍。

(8)合闸时间 t_{on}(s):从发出合闸命令(合闸线圈通电)起至 QF 接通为止所经过的时间。

(9)分闸时间 t_{off}(s):从发出分闸命令(分闸线圈通电)起至三相电弧完全熄灭所经过的时间。它是反映断路器开断快慢的参数,是断路器固有分闸时间和熄弧时间之和。

(10)自动重合闸性能。装设在输配电线路上的高压断路器,如果配备自动重合闸装置则能明显提高供电可靠性。

47 高压断路器型号中各个符号的含义是什么？

答：国产的高压断路器的型号主要由 7 个单元组成：

$$\boxed{1}\,\boxed{2}\,\boxed{3}-\boxed{4}\,\boxed{5}/\boxed{6}-\boxed{7}$$

1——代表产品名称。用字母表示为：S——少油断路器；D——多油断路器；K——空气断路器；L——六氟化硫断路器；Z——真空断路器；Q——产气断路器；C——磁吹断路器。

2——代表安装地点。N——户内式；W——户外式。

3——代表设计序号。用数字表示。

4——代表额定电压或最高工作电压（kV）。

5——代表补充工作特性，用字母表示。G——改进型；F——分相操作；C——手车式；W——防污型；Q——防震型。

6——代表额定电流（A）。

7——代表额定开断电流（kA）。

例如，ZN28-12/1250-25 表示户内式真空断路器，设计序号为 28，最高工作电压为 12kV，额定电流为 1250A，额定开断电流为 25kA。

48 高压断路器的由哪几部分组成？

答：高压断路器组成结构如图 2-2 所示，具体如下：

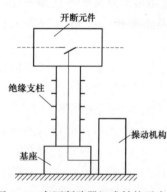

图 2-2 高压断路器组成结构示意图

（1）开断元件：包括动触头、静触头、导电部件和灭弧室，执行接通或断开电路的任务，是断路器的执行元件。

（2）绝缘支柱：支撑固定开断元件，并使处在高电位状态下的触头和导电部分与接地的零电位部分绝缘。

（3）操动机构：向开断元件提供分、合闸操作的能量，实现规定的顺序操作，并维持断路器的合闸状态。操动机构与动触头的连接由传动机构和提升杆（在绝缘支柱内）来实现。

（4）基座：用于支撑、固定和安装开关电器的各结构部分，使之成为一个整体。

49 柱上断路器的主要技术参数有哪些？

答：柱上断路器实物图如图 2-3 所示。柱上断路器的主要技术参数有：

（1）额定电压、最高工作电压、额定电流、额定开断电流和极限开断电流。

（2）断流容量、极限通过电流、热稳定电流、合闸时间、开断时间和固有分闸时间。

（3）无电流间隔时间、断路器触头行程、断路器触头超行程、刚分速度、最大分闸速度、刚合速度。

（4）断路器还有三相不同期性分闸、质量等技术参数。

50 SF₆断路器的特点是什么？

答： SF₆断路器实物图如图2-4所示。SF₆断路器的特点有：

图2-3 柱上断路器实物图

图2-4 SF₆断路器实物图

（1）体积小、重量轻、寿命长。

（2）能进行频繁操作、可连续多次重合闸。

（3）开断能力强、燃弧时间短、运行中无爆炸和燃烧的可能、噪声小。

（4）运行、维护简单，但SF₆断路器价格较高。

51 正常巡视线路时，对开关和断路器检查内容有哪些？

答：（1）线路各种开关安装是否牢固，有无变形，指示标志是否明显正确。

（2）隔离开关动、静触头接触是否良好，是否过热，各部引线之间，对地的间隔距离是否合乎规定。

（3）引线与设备连接处有无松动、发热现象。

（4）瓷件有无裂纹、掉渣及放电痕迹。

52 真空断路器的组成结构是什么？

答： 真空断路器总体结构除具有真空灭弧室外，与油断路器没有多大差别，它由真空灭弧室、绝缘支撑、传动机构、操动机构及基座五部分组成。真空断路器结构示意图如图2-5所示。

真空灭弧室是真空断路器的核心元件，具有开断、导电和绝缘的功能，主要由绝缘外壳、动静触头、屏蔽罩和波纹管组成。由于波纹管在轴向上可以伸缩，因而这种结构既能实现在灭弧室外带动触头做分合运动，又能保证真空外壳的密封性。在动、静触头和波纹管周围装有屏蔽罩。由于大气压力的作用，灭弧室在无机械外力作用时，其动、静触头始终保持闭合位置，当外力使动导电杆向外运动时，触头才分离。真空灭弧室的性能主要取决于触头材料和结构，还与屏蔽罩结构、灭弧室的材质及制造工艺有关。真空灭弧室的固定方式，既可以垂直安装，又可以水平安装，还可选择任意角度进行安装，因此出现了多种多样的总体结构形式。按真空灭弧室的布置方式可分为"落地式"和"悬挂式"两种最基本的形式，以及以上两种相结合的"综合式"和"接地箱式"。

53 真空断路器的优点有哪些？

答：真空断路器实物图如图2-6所示。真空断路器的优点如下：

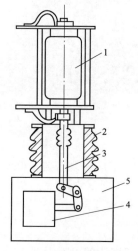

图2-5 真空断路器结构示意图

1—灭弧室；2—绝缘支撑；

3—传动机构；4—操动机构；5—机座

图2-6 真空断路器实物图

（1）真空介质的绝缘强度高，触头间隙小，灭弧室的体积小，减少了操动机构的操作，对操动机构的功率要求较小。

（2）灭弧能力强，开断电流大，燃弧时间短，电弧电压低，触头电磨损小，开断次数多，电寿命长，一般可达20年。

（3）电弧开断后，介质强度恢复速度快，动导电杆的惯性小，适合用于频繁操作和快速切断场合，具有多次重合闸功能。

（4）介质不会老化，也不需要更换，在使用年限内，真空灭弧室与触头部分不需要检修，维修工作量小，维护成本低。

（5）使用安全，体积小，质量轻。

（6）环境污染小。开断是在密闭容器内进行的，电弧和炽热的金属蒸气不会向外喷溅而污染周围环境，操作时也没有严重噪声，没有易燃易爆介质，无爆炸和火灾危险。

（7）灭弧室作为独立元件，安装调试简单方便。

54 真空断路器的缺点有哪些？

答：（1）开断感性负载或容性负载时，由于截流、振荡、重燃等原因，容易引起过电压。

（2）触头结构采用对接式，操动机构使用了弹簧，容易产生合闸弹跳与分闸反弹。合闸弹跳不仅会产生较高的过电压影响电网稳定运行，还会使触头烧损甚至熔焊，特别是在投入电容器组产生涌流时及短路关合的情况下更加严重。分闸反弹会减小触头间距，从而导致重击穿。

（3）对密封工艺、制造工艺要求高，价格高。

55 高压断路器的操动机构有什么作用？

答：高压断路器通过断路器触头的分、合闸动作达到开断与关合电路的目的，断路器的分、合闸动作是通过操动机构来实现的，在断路器本体以外的机械操动装置称为操动机构，操动机构的工作性能和质量的优劣，对断路器的各种性能和可靠性起着极为重要的作用。

56 高压断路器操动机构有哪些种类，各有什么特点？

答：高压断路器操动机构种类有：手动操动机构、电磁操动机构、电动机操动机构、弹簧操动机构、气动操动机构和液压操动机构等。

（1）靠手力直接合闸的操动机构称为手动操动机构。它主要用来操作电压等级较低、额定开断电流很小的断路器。除工矿企业用户外，电力企业中手动操动机构已很少采用。手动操动机构结构简单、不要求配备复杂的辅助设备及操作电源；缺点是不能自动重合闸，只能就地操作，不够安全。因此，手动操动机构应逐渐被手力储能的弹簧操动机构所代替。

（2）依靠电磁力合闸的操动机构称为电磁操动机构。电磁操动机构的优点是结构简单、工作可靠、制造成本较低；缺点是合闸线圈消耗的功率太大，因而用户需配备价格昂贵的蓄电池组。电磁操动机构的结构笨重、合闸时间长（0.2~0.8s），因此在超高压断路器中很少采用，主要用来操作110kV及以下的断路器。

（3）利用电动机经减速装置带动断路器合闸的操动机构称为电动机操动机构。电动机所需的功率决定于操作功率的大小以及合闸做功的时间，由于电动机做功的时间很短（即断路器的固有合闸时间），因此要求电动机有较大的功率。电动机操动机构的结构比电磁操动机构复杂、造价也贵，但可用于交流操作。用于断路器的电动机操动机构在我国已很少生产，有些电动机操动机构则用来操动额定电压较高的隔离开关，对合闸时间没有严格要求。

（4）利用已储能的弹簧为动力使断路器动作的操动机构称为弹簧操动机构。弹簧储能通常由电动机通过减速装置来完成。对于某些操作功不大的弹簧操动机构，为了简化结构、降低成本，也可手动来储能。

（5）气动操动机构的压缩空气压力约为0.6~1.0MPa。气动操动机构的主要优点是：

构造简单、工作可靠、操作时没有剧烈的冲击；缺点是：需要有压缩空气的供给设备。

（6）液压操动机构是利用液压传动系统的工作原理，将工作缸以前的部件制成操动机构，与断路器本体配合、使用。工作缸可以装在断路器的底部，通过绝缘拉杆及四连杆机构与断路器触头系统相连。

57 高压断路器对操动机构合闸的要求有哪些？

答：正常工作时，用操动机构使断路器合闸，这时电路中流过的是工作电流，关合是比较容易的。但在电网事故情况下，断路器要合到有故障的电路上时，因流过短路电流，存在阻碍断路器合闸的电动力，有可能出现不能可靠合闸，即触头合不足的情况。这会引起触头严重烧伤，甚至会发生断路器爆炸等严重事故。因此，要求操动机构必须能足以克服短路电动力的阻碍作用力，即具有关合短路故障的能力。

对于电磁、气动、液压等操动机构还应要求合闸电源电压、气压或液压在一定范围内变化时，仍能可靠工作。当电压、气压或液压在下限值（规定为额定值的80%或85%）时，操动机构应使断路器具有关合短路故障的能力。而当电压、气压或液压在上限值（规定为额定值的110%）时，操动机构不应出现由于操动力、冲击力过大等原因使断路器的零部件损坏。

58 高压断路器对操动机构保持合闸的要求有哪些？

答：由于合闸过程中，合闸命令的持续时间很短，而且操动机构的操作功也只在短时间内提供，因此操动机构中必须有保持合闸的部分，以保证在合闸命令和操作功消失后，能使断路器保持在合闸位置。

59 高压断路器对操动机构分闸的要求有哪些？

答：操动机构不仅要求能够电动（自动或遥控）分闸，在某些特殊情况下，应该可能在操动机构上进行手动分闸，而且要求断路器的分断速度与操作人员的动作快慢和下达命令的时间长短无关。为了达到快速分闸和减少分闸，操动机构应有分闸省力机构。当接到分闸命令后，为满足灭弧性能要求，断路器应能快速分闸。分断时间应尽可能缩短，以减少短路故障存在的时间。

对于电磁、气动、液压等操动机构还要求分闸电源电压、气压或液压在一定范围内变化时仍使断路器正确分闸。而当电压、气压或液压在上限值（规定为额定值的110%）时，操动机构不应出现因操动力过大而损坏断路器零部件现象。

60 高压断路器对操动机构自由脱扣的要求有哪些？

答：自由脱扣的含义是：在断路器合闸过程中如操动机构又接到分闸命令，则操动机构不应继续执行合闸命令而应立即分闸。

当断路器关合有短路故障的电路时，若操动机构没有自由脱扣能力，则必须等到断路器的动触头关合到底才能分闸。对有自由脱扣的操作机构，则不管触头关合到什么位置，也不管合闸命令是否解除，只要接到分闸命令断路器就能立刻分闸。

高压断路器对操动机构防跳跃的要求有哪些?

答: 当断路器关合有短路故障电路时,断路器将自动分闸。此时若合闸命令还未解除,则断路器分闸后又将再次合闸,接着又会分闸。这样,就有可能使断路器连续多次合分短路故障电路,这一现象称为"跳跃"。出现"跳跃"现象时,断路器将连续多次合分短路电流,造成触头严重烧伤,甚至引起断路器爆炸事故。防"跳跃"措施,有机构的和电气的两种形式。

62 **高压断路器操动机构的连锁装置有哪几类?**

答: 为了保证操动机构的动作可靠,要求操动机构具有一定的连锁装置。常用的连锁装置有:

(1)分合闸位置连锁。保证断路器在合闸位置时,操动机构不能进行合闸操作;在分闸位置时,不能进行分闸操作。

(2)低气(液)压与高气(液)压连锁。当气体或液体压力低于或高于额定值时,操动机构不能进行分、合闸操作。

(3)弹簧操动机构中的位置连锁。弹簧储能不到规定要求时,操动机构不能进行分、合闸操作。

63 **高压断路器操动机构的缓冲装置有什么作用?**

答: 当断路器的分合闸速度很高,要使高速运动的零部件立刻停下来,必须用缓冲装置来吸收运动部分的动能,以防止断路器中某些零部件因受到很大的冲击力而损坏。

64 **断路器的操作有哪些一般规定?**

答: (1)断路器投运前,应检查接地线是否全部拆除,防误闭锁装置是否正常。

(2)操作前应检查控制回路和辅助回路的电源,检查机构是否已储能。

(3)检查油断路器油位、油色是否正常;真空断路器灭弧室有无异常;SF_6断路器气体压力是否在规定的范围内;各种信号是否正确、表计指示是否正常。

(4)长期停运超过6个月的断路器,在正式执行操作前应通过远方控制方式进行试操作2~3次,无异常后方能按操作票拟定的方式操作。

(5)操作前,检查相应隔离开关和断路器的位置;应确认继电保护已按规定投入。

(6)操作控制把手时,不能用力过猛,以防损坏控制开关;不能返回太快,以防时间短断路器来不及合闸。操作中应同时监视有关电压、电流、功率等表计的指示及红绿灯的变化。

(7)操作开关柜时,应严格按照规定的程序进行,防止由于程序错误造成闭锁、二次插头、隔离挡板和接地开关等元件损坏。

(8)断路器(分)合闸动作后,应到现场确认本体和机构(分)合闸指示器以及拐臂、传动杆位置,保证开关确已正确(分)合闸。同时检查开关本体有无异常。

65 断路器合闸和分闸后，应检查哪些项目？

答：（1）断路器合闸后，检查项目有：

1）红灯亮，机械指示应在合闸位置。

2）送电回路的电流表、功率表及计量表是否指示正确。

3）电磁机构电动合闸后，立即检查直流盘合闸电流表指示，若有电流指示，说明合闸线圈有电，应立即拉开合闸电源，检查断路器合闸接触器是否卡涩，并迅速恢复合闸电源。

4）弹簧操动机构，在合闸后应检查弹簧是否储能。

（2）断路器分闸后应检查以下两个项目：

1）绿灯亮，机械指示应在分闸位置。

2）检查表计指示正确。

66 开关柜手车式断路器的操作有哪些规定？

答：（1）手车式断路器允许停留在运行、试验、检修位置，不得停留在其他位置。检修后，应推至试验位置，进行传动试验，试验良好后方可投入运行。

（2）手车式断路器无论在工作位置还是在试验位置，均应用机械联锁把手车锁定。

（3）当手车式断路器推入柜内时，应保持垂直缓缓推进。处于试验位置时，必须将二次插头插入二次插座，断开合闸电源，释放弹簧储能。

67 负荷开关的作用是什么？

答：负荷开关的作用主要是用于配电网中切断与关合线路负荷电流和关合短路电流，其实物图如图 2-7 所示，具体作用如下：

（1）隔离。负荷开关在断开位置时，像隔离开关一样有明显的断开点，因此可起电气隔离作用，是停电的设备或线路提供可靠停电的必要条件。

（2）开断和关合。负荷开关具有简易的灭弧装置，因而可分、合负荷开关本身额定电流之内的负荷电流。它可用来分、合一定容量的变压器、电容器组，一定容量的配电线路。

（3）替代作用。配有高压熔断器的负荷开关，可作为断流能力有限的断路器使用。这时负荷开关本身用于分、合正常情况下的负荷电流，高压熔断器则用

图 2-7 负荷开关实物

来切断短路故障电流。

68 什么叫组合式负荷开关？

答：负荷开关与限流熔断器串联组合成一体的负荷开关称作组合式负荷开关，称为负荷开关—熔断器组合电器，其实物图如图 2-8 所示。熔断器可以装在负荷开关的电源

侧，也可以装在负荷开关的受电侧。当不需要经常调换熔断器时，宜采用前一种布置，这样可以用熔断器保护负荷开关本身引起的短路事故。反之，则宜采用后一种布置，以便利用负荷开关兼作隔离开关的功能，用它来隔离加在限流熔断器上的电压。

组合式负荷开关在工作性能上虽可代替断路器，但由于限流熔断器为一次性动作使用的电器，所以只能用于不经常出现短路事故，以及相对不十分重要的场所。然而，组合式负荷开关的价格比断路器低得多，且具有显著限流作用的独特优点，可以在短路事故时大大减低电网的动稳定性和热稳定性，从而可有效地减少设备的投资费用。

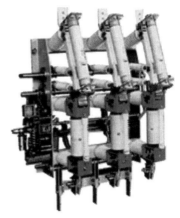

图 2-8　组合式负荷开关实物图

 负荷开关和断路器的区别是什么？

答：（1）负荷开关和断路器的本质区别就是它们的开断容量不同。断路器的开断容量可以在制造过程中做的很高，但是负荷开关的开断容量是有限的。负荷开关的保护一般是加熔断器保护，只有速断和过流。断路器主要是依靠加电流互感器配合二次设备来保护。负荷开关主要用在开闭所和容量不大的配电变压器（<800kVA）；断路器主要用于经常开断负荷的电机和大容量的变压器以及变电站。断路器具有分断事故负荷的作用，与各种继电保护配合，起到保护电气设备或线路的作用。

（2）隔离开关又叫检修开关，是检修时有一个明显的断开点；它只可以断开小负荷电流，一般来说不允许带负荷拉隔离开关。隔离开关一般用在低压的照明，动力部分，可以起到自动切断电路的作用，而断路器是用在高压部分的，在变电站，高压进线先进断路器，然后接到变压器的一次侧，这样可以实现控制高压进线通、断的功能。

70 **负荷开关和隔离开关的区别是什么？**

答：（1）负荷开关是可以分断正常负荷电流，具有一定的灭弧能力；隔离开关不具备任何分断能力，只能在没有任何负荷电流的情况下开断，起到隔离电气的作用，它一般装在负荷开关或断路器的两端，起到检修负荷开关或断路器时隔离电气的作用。

（2）负荷开关是可以带负荷分断的，有自灭弧功能；隔离开关一般是不能带负荷分断的，结构上没有灭弧罩，也有能分断负荷的隔离开关，只是结构上与负荷开关不同，相对来说简单一些。

（3）隔离开关不具备保护功能，负荷开关有过负荷保护的功能；负荷开关和熔断器的组合电器能自动跳闸，具备断路器的部分功能。

（4）隔离开关是在断开位置满足隔离要求的开关，隔离开关是在电气线路中起到一个明显断开点的作用，就是电气隔离，用于保证电气检修时的安全。在故障时不能动作，对线路和设备没保护作用；负荷开关是能分断正常负荷电流的开关。

71 负荷开关可以分为哪些类型？

答：负荷开关结构简单、制造容易、价格便宜，是配电网中使用最多的一种电器。可以分为以下几种类型：

（1）按使用环境分为：户内式、户外式。

（2）按灭弧形式和灭弧介质分为：油、压气式、产气式、真空式、SF_6 式等。

（3）按用途分为：通用负荷开关，专用负荷开关，特殊用途负荷开关（目前有隔离负荷开关、电动机负荷开关、单个电容器组负荷开关等）。

（4）按操作方式分为：三相同时操作和逐相操作。

（5）按操动机构分为：动力贮能和人力式。

（6）按操作的频繁程度分为：一般、频繁。

72 真空负荷开关的特点是什么？

答：真空负荷开关的特点是无明显电弧，不会发生火灾及爆炸事故，可靠性高，使用寿命长，几乎不需要维修，体积小，重量轻，可配用各种成套的保护装置，特别是城市电网箱式变电站、环网柜等供电设施。真空负荷开关可以装设限流式熔断器（带有撞击器），可作为变压器的过负荷保护及短路保护，熔断器一相或两相熔断时，负荷开关可自动分闸。

73 负荷开关的操作要求有哪些？

答：（1）负荷开关在分闸位置时要有明显可见的间隙。负荷开关前面无须串联隔离开关，在检修电气设备时，只要开断负荷开关即可。

（2）要能经受尽可能多的开断次数，而无须检修触头相和调换灭弧室装置的组成元件。

（3）负荷开关虽不要求开断短路电流，但要求能关合短路电动机，并有承受短时的短路电流动稳定性和热稳定性的要求。

74 负荷开关主要用于什么场合？

答：负荷开关的用途与其结构特点是相对应的，从结构上看，负荷开关主要有两种类型，一种是独立安装在墙上、架构上的，其结构类似于隔离开关；另一种是安装在高压开关柜中，特别是采用真空或 SF_6 气体的，则更接近于断路器。

由于受使用条件的限制，高压负荷开关不能作为电路的保护，必须与具有开断短路电流能力的开关设备配合，最常用的是与熔断器配合。负荷开关主要用于较为频繁操作和非重要的场所，尤其是在小容量变压器保护中，当变压器发生大电流故障时，熔断器可在 $10\sim20s$ 左右切断电流，这比断路器保护时间快得多。因此，负荷开关在我国中压配电网中发展前景广阔。

75 隔离开关的作用是什么？

答：隔离开关是高压开关电器中使用最多的一种电气设备，它本身的工作原理和结构虽比较简单，但由于使用量大、工作可靠性要求高，对变电站、电厂的设计、建设和安全运行的影响均很大。隔离开关的实物图如图2-9所示，其主要作用如下：

（1）隔离电源。分闸后建立明显的可靠的绝缘间隙，将需要检修的线路或电气设备用可见的空气绝缘间隙与电源隔开，以保证检修人员及设备的安全。

（2）倒闸操作。根据运行需要，切换线路。

（3）分、合小电流电路。如套管、母线、连接头的充电电流，断路器均压电容的电容电流，双母线换接时的环流以及电压互感器、消弧线圈、避雷器等的励磁电流。根据不同结构类型的具体情况，隔离开关可用来分、合一定容量的空载变压器、空载线路的励磁电流。

图2-9　隔离开关实物图

76 高压柱上隔离开关的作用是什么？

答：（1）主要安装在高压配电线路的联络点、分段、分支线处及不同单位维护的线路的分界点或10W高压用户变电站的入口处，用于无负荷断、合线路。

（2）方便检修、缩小停电范围，利用隔离开关断口的可靠绝缘能力，使需要检修的高压设备或线路与带电设备或线路隔开，能给工作人员一个可见开断点，保证检修工作人身安全。

77 高压隔离开关、高压负荷开关、高压接地开关的分断与接通能力有什么区别？

答：高压隔离开关主要用在分闸后建立可靠的绝缘间隙，将被检修线路和设备与电源分开，只有分断与接通小电流的能力。

高压负荷开关主要工作在10~35kV的小容量配电系统中；用来开断和关合负荷电流及规定的过载电流，也可用来开断和关合电容器组和大容量输电线路中的空载变压器和空载线路。但不能分断短路电流。

高压接地开关人为的制造接地以增大短路电流，促使断路器动作。具备一定的短路关合能力和动、热稳定性，但它不能开断负荷电流和短路电流，故没有灭弧装置。

78 隔离开关的操作有哪些规定？

答：（1）隔离开关操作前应检查断路器、相应接地开关确已拉开并分闸到位，确认送电范围内接地线已拆除。

（2）隔离开关电动操动机构操作电压应在额定电压的85%~110%。

（3）手动合隔离开关应迅速、果断，但合闸终了时不可用力过猛。合闸后应检查动、静触头是否合闸到位，接触是否良好。

（4）手动分隔离开关开始时，应慢而谨慎；当动触头刚离开静触头时，应迅速，拉开后检查动、静触头断开情况。

（5）隔离开关在操作过程中，如有卡滞、动触头不能插入静触头、合闸不到位等现象时，应停止操作，待缺陷消除后再继续进行。

（6）在操作隔离开关过程中，要特别注意：若绝缘子有断裂等异常时应迅速撤离现场，防止人身受伤。对 GW6、GW16 型隔离开关合闸操作完毕后，应仔细检查操动机构上、下拐臂是否均已越过死点位置。

（7）电动操作的隔离开关正常运行时，其操作电源应断开。

（8）操作带有闭锁装置的隔离开关时，应按闭锁装置的使用规定进行，不得随便动用解锁钥匙或破坏闭锁装置。

79 严禁用隔离开关进行的操作有哪些？

答：（1）带负荷分、合操作。

（2）配电线路的停送电操作。

（3）雷电时，拉合避雷器。

（4）系统有接地（中性点不接地系统）或电压互感器内部故障时，拉合电压互感器。

（5）系统有接地时，拉合消弧线圈。

80 隔离开关的运行和操作有什么技术要求？

答：（1）应具有明显可见的断口，使运行人员能清楚地观察隔离开关的分、合状态。

（2）绝缘稳定、可靠，特别是断口绝缘，一般要求比断路器高出约 10%～15%，即使在恶劣的气候条件下，也不能发生漏电或闪络现象，确保检修运行人员的人身安全。

（3）导电部分要接触可靠，除能承受长期工作电流和短时动、热稳定电流外，户外产品应考虑在各种严重的工作条件下（包括母线拉力、风力、地震、冰冻、污秽等情况），触头仍能正常分合和可靠接触。

（4）尽量缩小外形尺寸，特别是在超高压隔离开关中，缩小导电闸刀运动时所需要的空间尺寸，有利于减少变电站的占地面积。

（5）隔离开关与断路器配合使用时，要有机械的或电气的连锁，以保证动作的次序，即在断路器开断电流之后，隔离开关才分闸；在隔离开关合闸之后，断路器再合闸。

（6）在隔离开关上装有接地开关时，主开关与接地开关之间应具有机械的或电气的连锁，以保证动作的次序：即在主开关没有分开时，保证接地开关不能合闸；在接地开关没有分闸时，保证主开关不能合闸。

（7）隔离开关要有好的机械强度，结构简单、可靠，操动时，运动平稳，无冲击。

81 隔离开关型号中各个符号的含义是什么？

答：隔离开关型号如下：

$$\boxed{1}\boxed{2}\boxed{3}-\boxed{4}\boxed{5}/\boxed{6}-\boxed{7}$$

1——代表产品名称：用字母 G 表示。

2——代表安装地点：N——户内式；W——户外式。

3——代表设计序号，用数字表示。

4——代表额定电压（kV）。

5——代表补充工作特性，用字母表示；G——改进型；D——带接地开关；C——瓷套管出线；K——快分型；T——统一设计。

6——代表额定电流（A）。

例如，GN10-20/8000，表示户内隔离开关，设计序号为 10、额定电压为 20kV、额定电流为 8000A。

82 自动空气断路器作用是什么？ 有哪些种类？

答：自动空气断路器实物图如图 2-10 所示。

图 2-10　自动空气断路器实物图

（1）自动空气断路器作用有：接通、分断电路；对电路进行自动保护；自动切断电路。

（2）自动空气断路器的种类有：框架式低压断路器；塑料外壳式低压断路器；电动斥力自动开关；漏电保护自动开关。

83 自动空气断路器的维护与检修有哪些内容？

答：（1）清除自动空气断路器上的灰尘、油污等，以保证空气断路器有良好的绝缘。

（2）取下灭弧罩，检查灭弧栅片和外罩，清洁表面的烟迹和金属粉末；检查触头表面，清洁烧痕，用细锉或砂布打平接触面，并保持触头原有形状；检查触头弹簧有无过热而失效，并调节三相触头的位置和弹簧压。

（3）用手动缓慢分、合闸，以检查辅助触头动断、动合触点的工作状态是否符合要求，并清洁辅助触头表面，如有损坏，则需要更换；检查脱扣器的衔铁和拉簧活动是否正常，动作是否灵活，电磁铁工作面应清洁、平整、光滑，无锈蚀、毛刺和污垢，热元件的各部位无损坏，其间隙是否正常。

（4）检查各脱扣器的电流整定值和动作延时，特别是半导体脱扣器，应用试验按钮检查其动作情况，漏电自动空气断路器也要用按钮检查是否能可靠动作；在操动机构传动机械部位添加润滑油，以保持机构的灵活性；全部检修工作完毕后，应做传动试验，检查动作是否正常，特别是联锁系统，要确保动作准确无误。

84 电气设备着火，可以使用哪几种灭火器材灭火？

答：可以使用的灭火器材有：二氧化碳灭火器、干粉灭火器、沙袋、1211灭火器。

85 开启式负荷刀开关维护时的注意事项有哪些？

答：开启式负荷刀开关的实物如图2-11所示，其维护时的注意事项有：

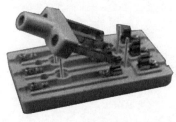

（1）电源进线应接在静触座上，用电负荷应接在闸刀的下出线端上。

（2）开关的安装方向应为垂直方向，在合闸时手柄向上推，不准倒装或平装。

（3）由于过负荷或短路故障而使熔丝熔断，会使绝缘底座和胶盖内表面附着一层金属粉粒，待故障排除后，需要重新更换熔丝时，要用干燥的棉布将金属粉粒除净再更换熔丝。

图2-11 开启式负荷刀开关实物图

（4）HK型开启式负荷开关，常用作照明电源开关，也可用于5.5kW以上三相异步电动机非频繁起动的控制开关。在分闸与合闸时动作迅速以利于灭弧，减少刀片和触头的烧损。

（5）负荷较大时，为防止出现闸刀本体相间短路，可与熔断器配合使用，将熔断器装在闸刀负荷侧，闸刀本体不再装熔丝，原熔丝接点间接入与线路导线截面积相同的铜线。此时，开启式负荷开关只作开关使用，短路保护及过负荷保护由熔断器完成。

86 封闭式负荷开关维护注意事项有哪些？

答：封闭式负荷开关实物如图2-12所示，其维护时注意的事项如下：

（1）开关的金属外壳应可靠接地或接零，防止因意外漏电时使操作者发生触电事故。

（2）接线时，应将电源线接在静触座上，负荷接在熔断器一端。

（3）检查封闭式负荷开关的机械联锁是否正常，速断弹簧有无锈蚀变形。

图2-12 封闭式负荷开关实物图

闸刀开关的定期检查修理的内容有哪些？

答：（1）检查闸刀和固定触头是否发生歪斜，三相连动的闸刀是否同时闭合，不同时闭合的偏差不应超过 3mm。

（2）闸刀开关在合闸位置时，闸刀应与固定触头啮合紧密。

（3）检查灭弧罩是否损坏，内部是否清洁，清除氧化斑点和电弧烧伤痕迹，接触面光滑。

（4）各传动部分应涂润滑油并检查绝缘部分有无放电痕迹。

第三节　熔断器与避雷器

 熔断器的作用是什么？

答：熔断器是串联接在电路中的一种结构简单、安装方便的保护电器。当流过其熔体电流超过一定数值时，熔体自身产生的热量自动地将熔体熔断而断开电路的一种保护设备，其功能主要是对电路及其设备进行短路保护和过负荷保护。

熔断器因具有结构简单、体积小、质量轻、价格低、维护方便、使用灵活等特点而广泛使用在 60kV 及以下电压等级的小容量电气装置中，主要作为小功率辐射形电网和小容量变电站等电路的保护，也常用来保护电压互感器。在 3～60kV 系统中，还与负荷开关、重合器及分断器等开关电器配合使用，用来保护输电线路、变压器以及电容器组。熔断器在配电系统和用电设备中主要起短路保护作用。目前在 1kV 有以下装置中，熔断器应用最多，它常与闸刀开关电器组合成负荷开关或熔断器式开关。

 熔断器型号中各个符号的含义是什么？

答：B ①②③-④⑤/⑥

B——表示自爆式。

1——代表产品名称：R——熔断器。

2——代表安装地点：N——户内式；W——户外式。

3——代表设计序号，用数字表示。

4——代表额定电压（kV）。

5——代表补充工作特性，用字母表示；G——改进型；Z——直流专用；GY——高原专用。

6——代表额定电流（A）。

例如，RW4-10/50，表示额定电流为 50A，额定电压为 10kV，设计序号为 4 的户外高压熔断器。

90 熔断器的结构是什么？

答：熔断器的结构主要由熔体、熔管、触头座、动作指示器、充填物和底座等构成。熔管一般是瓷质管，熔丝由单根或多根镀银的细铜丝并联绕成螺旋状，熔丝埋放在石英砂中，熔丝上焊有小锡球。

91 熔断器的工作原理是什么？

答：熔断器在正常工作情况下，由于通过熔体的电流较小，熔体的温度虽然上升，但达不到熔点，熔体不会熔化，电路能可靠接通；当电路发生短路或过载时，电流增大，熔体温度升高达到熔点而熔化，在被保护设备的温度未达到破坏绝缘之前将电路切断，从而起到保护作用。

92 熔断器的工作过程是怎样的？

答：熔断器的工作过程大致可分为以下四个阶段：
（1）熔断器的熔体因短路或过载而加热到熔化温度。
（2）熔体熔化和气化。
（3）间隙击穿和产生电弧。
（4）电弧熄灭，电路被断开。

熔断器的全开断时间为上述四个过程所经过的时间总和。熔体熔化时间与熔体的材料、截面积、电流大小及熔体的散热等因素有关，长到几小时，短到几毫秒甚至更短。电流越大，熔断时间越短，熔体材料的熔点高则熔化慢、熔断时间长，反之熔断时间短。间隙击穿产生电弧的时间一般在毫秒以下；燃弧时间与熔断器灭弧装置的原理、结构及开断电流大小有关，一般为几毫秒到几十毫秒。

93 熔断器按照使用环境分为哪些类型？

答：高压熔断器按照使用环境分为户内式和户外式。

主要有 RN 系列户内熔断器、RW 系列户外跌开式熔断器、单台并联电容器保护用高压熔断器 BRW 型。RN 系列主要用于 3～35kV 电力系统的短路保护和过负荷保护。RN1 型是用于电力变压器和电路线路的短路保护，RN2 型是用于电压互感器的短路保护，其断流容量分为 1000、2000、4000MVA，1min 内熔断电流为 0.6～1.8A。BRW（N）型并联电容器单台保护用熔断器主要适用于电力系统中做高压并联电容器的单台过电流保护用，即用来切断故障电容器，以保证无故障电容器的正常运行。

94 熔断器按结构特点分为哪些类型？

答：高压熔断器按结构特点分为跌落式和支柱式。

户外高压跌落式熔断器经济、操作方便，适应户外环境性强，广泛用于 10kV 线路上，作为线路和其他设备的短路保护和过负荷保护，在变压器有载运行状态下也允许进行分合操作。跌落式熔断器主要由瓷绝缘子、接触导电系统和熔管组成。熔管由消弧管和保护管复合而成，保护管套在产气管外面可增加机械强度，在保护管内装有用桑皮纸或钢纸等制成的消弧管，当短路电流使熔体熔断时，消弧管在电弧作用下产生大量气体，在电流过零时将电弧熄灭。由于熔体裁熔断，在熔管的上下动触头弹簧片作用及本身质量下，熔管自动脱落，形成明显的隔离断口。

支柱式熔断器由瓷套、熔管及棒形支柱绝缘子和接线端帽等组成。熔管装于瓷套中，熔体放在充满石英砂的熔管内，有限流作用。

95 熔断器按工作特性分哪些类型？

答：高压熔断器按工作特性分为限流型和非限流型。

限流型熔断器是发生短路时，熔体在短路电流未达到最大值（短路冲击电流）之前就熔断使电流立即减小到零，即认为熔断器限制了短路电流的发展，因而这种熔断器可以大大减轻电气设备在短路时的伤害。

非限流型熔断器在熔体熔化后，电流几乎不减小，仍继续达到最大值，在电流第一次过零或经几个周期之后电弧才熄灭。

96 熔断器的使用注意事项有哪些？

答：（1）安装前：检查外观是否完整良好、清洁，如果熔断器遭受过摔落或剧烈震动后则应检查其电阻值。

（2）户外熔断器应安装在离地面垂直距离不小于4m的横担或构架上。

（3）按规程要求选择合格产品及配件，运行中经常检查接触是否良好，加强接触点的温升检查。

（4）不可将熔断后的熔体连接起来再继续使用。

（5）更换熔断器的熔管（体），一般应在不带电情况下进行，若需带电更换，则应使用绝缘工具。

（6）操作仔细，拉、合熔断器时不要用力过猛。

（7）跌落式熔断器操作顺序：

1）拉闸时：先拉中相，再拉背风边相，最后拉迎风边相。

2）合闸时：先合迎风边相，再合背风边相，最后合中相。

（8）定期巡视，每月不少于一次夜间巡视，查看有无放电火花和接触不良现象。

97 10kV跌落式熔断器的主要用途是什么？

答：10kV跌落式熔断器可装在杆上变压器的高压侧、互感器和电容器与线路连接处，提供过负荷保护和短路保护，也可以装在长线路末端或分支线路上，对继电保护保护不到的范围提供保护。

98 跌落式熔断器及熔丝的额定电流选择原则是什么？

答：（1）跌落式熔断器的额定电流必须大于或等于熔丝元件的额定电流。

（2）配电变压器一次侧熔丝元件选择。当配电变压器容量在100kVA及以下时，按变压器额定电流的2~3倍选择元件，当变压器容量在100kVA以上时，按变压器额定电流的1.5~2倍选择元件。

（3）柱上电力电容器。容量在30kvar以下的柱上电力电容器一般采用跌落式熔断器保护。熔丝元件一般按电力电容器额定电流的1.5~2.5倍选择。

（4）10kV用户进口。用户进口的熔丝元件一般不应小于用户最大负荷电流的1.5倍，用户配电变压器（或其他高压设备）一次侧熔断器的熔丝元件应比进口跌落式熔断器熔丝元件小一级考虑。

99 跌落式熔断器的主要技术参数有哪些？

答：（1）额定电压，是指熔断器分断后能长期承受的电压。

（2）额定电流，是指熔断器能长期通过的电流。

（3）开断能力，是指熔断器在被保护设备过载或故障情况下，能够可靠开断过负荷或短路电流的能力。

100 熔断器的检查与维修内容有哪些？

答：（1）检查负荷情况是否与熔体的额定值相匹配；检查熔体管外观有无破损、变形现象，瓷绝缘部分有无破损或闪络放电痕迹。

（2）熔体发生氧化、腐蚀或损伤时，应及时更换。检查熔体管接触处有无过热现象。

（3）有熔断指示器的熔断器，其指示是否正常。

101 用熔断器作为对三相异动电动机进行短路保护时，熔丝或熔体的额定电流选择原则有哪些要求？

答：（1）对于单台台动机，可按1.5~2.5倍电动机的额定电流来选用。

（2）绕线型异步电动机一般取1.25倍额定电流即可额定电压。

（3）对于多台电动机，熔体的额定电流应大于或等于最大一台电动机的额定电流的1.5~2.5倍，再加上同时使用的其他电动机额定电流之和。

102 有填料熔断器有哪些形式和用途？

答：（1）RT0系列。该系列熔断器用于交流50Hz，额定电压380V或直流电压440V及以下短路电流较大的电路中。

（2）RT10系列。该系列熔断器用于交流50Hz（或60Hz）额定电压在500V或直流电压500V及以下，额定电流100A以下的电路中。

（3）RT11系列。用于交流50Hz（或60Hz）额定电压500V以下，额定电流400A及以下的电路中。

（4）RL1系列，用于交流50Hz（或60Hz）额定电压380V或直流电压440V，额定电流200A及以下的电路中。

（5）RS0系列。用于交流50Hz，额定电压750V以下，额定电流480A及以下电路中，作为半导体整流元件及其成套装置的短路保护和过负荷保护。

（6）RS3 系列。用于交流 50Hz，额定电压 1000V 及以下额定电流 700A 及以下的电路中，作晶闸管整流元件及其成套装置的过负荷保护。

（7）RLS1 螺旋式快速熔断器。用于交流 50Hz、额定电压 500V 以下或直流额定电压 380V 及以下，额定电流 100A 及以下的电路中，作为硅整流元件及其成套装置的短路保护或过负荷保护。

（8）RZ1 系列。用于交流 50Hz，电压 380V，电流 800A 的电路中，与塑壳自动开关组成高分断能力，高限流型自动开关。

103 过电压指的是什么？　过电压有什么危害？

答：电气设备在正常运行时，承受的是工作电压（会偏离额定电压但在允许范围内）。一般来说，电力系统的运行电压在正常情况下是不会超过最高工作电压的，但由于雷击或电力系统中的操作、事故等原因，使某些电气设备或线路上承受的电压大大超过正常运行电压，危及设备和线路的绝缘。电力系统中某部分电压超过设备的最高允许工作电压，危及电气设备绝缘的电压称为过电压。

过电压对电力系统的安全运行有极大的危害，如雷击会造成人员伤亡或造成电气设备、线路绝缘击穿损坏，中断供电，甚至引起火灾；由于操作不当引起的内部过电压同样会引起电气设备绝缘损坏，造成对电力系统的破坏。

104 过电压种类有哪些？

答：电力系统的过电压分为外部过电压和内部过电压两大类。

（1）外部过电压。外部过电压与气象条件有关，是外部原因造成的，因此又称为大气过电压或雷电过电压。雷电过电压包括直击雷过电压、感应雷过电压、雷电反击过电压、雷电侵入波等，最危险的是直击雷过电压，雷过电压的大小取决于雷电流的幅值和被雷击线路或设备的波阻抗。在一定的雷电流幅值下，设备的波阻抗及接地电阻越小，直击雷过电压也就越小。

（2）内部过电压。内部过电压是由于电力系统内部能量传递或转化引起的，与电力系统内部结构、各项参数、运行状态、停送电操作和是否发生事故等因数有关。不同原因引起的内部过电压、其大小、波形、频率、延续时间并不相同，防范措施也有所不同。

105 外部过电压有哪些类型？

答：（1）直击雷过电压。是指雷云直接对电气设备或电力线路放电，雷电流流过通路中的阻抗（包括接地电阻）上产生冲击电压，引起的过电压。

（2）感应雷过电压。在电气设备（如架空电力线路）的附近不远处发生闪电，虽然雷电没有直接击中线路，但在导线上会感应出大量的和雷云极性相反的束缚电荷，形成雷电过电压。

（3）雷电反击过电压。雷云对电力架空线路的杆塔顶部放电或者对杆塔顶部的避雷线放电，雷电流经杆塔入地，在杆塔阻抗和接地装置阻抗上产生电压降，在杆塔顶部出现高电位作用于导线绝缘子上，如果电压足够高，有可能造成击穿对导线放电，这种情况称为雷电反击过电压。

（4）雷电侵入波。因直接雷击或感应雷击在输电线路导线中形成迅速流动的电荷，对其前进道路上的电气设备造成威胁，称为雷电侵入波。

106 过电压防护有哪些类型？

答：（1）直接雷过电压防护。为防止直接雷击电气设备，一般采用避雷针或避雷线。为防止直接雷击高压架空线路，一般多用架空避雷线（俗称架空地线）。避雷针或避雷线由金属制成，高于被保护物，有良好的接地装置，其作用就是将雷电引向自身并安全地将雷电流导入大地中，从而保护其附近比它低的设备免受直接雷击。避雷针一般用于发电厂和变电站，避雷线主要用于保护架空线路，也可用于发电厂升压所作为直击雷保护。

（2）雷电侵入波防护。对入侵雷电波的主要保护措施是设置阀型避雷器或氧化锌避雷器，以限制入侵雷电波的幅值。

过电压入侵主要是感应过电压形成后引起的。防止过电压入侵首先避免感应过电压的形成，要使电厂、变电站的三相母线或三相输配电线路远离易引雷的物体；再用变电站进线段保护对来波进行限制；然后用避雷器对电气设备作可靠保护。

107 内部过电压可以分为哪几类？

答：一般把内部过电压分为工频过电压、谐振过电压和操作过电压。其中工频过电压和谐振过电压又称为暂时过电压。谐振过电压包括线性谐振过电压、铁磁谐振过电压和参数谐振过电压。操作过电压包括切、合空载长线路或变压器过电压、开断感应电动机过电压、开断并联电容器过电压和弧光接地过电压。

108 避雷针和避雷线的结构由什么组成？

答：避雷针由上部的接闪器（针头）、中部的接地引下线及下部的接地体组成。避雷线由平行悬挂在空中的金属线（接闪器）、接地引下线和接地体组成。

109 避雷针、避雷线的保护原理是什么？

答：避雷针、避雷线的保护原理是利用雷云对地放电先导阶段的选择性（选择较地面较高的物体发展进行）。放电初始阶段，离地较高，发展方向不受地面物体影响，放电发展到离地某一高度时，受地面物体影响而决定放电方向。避雷针（线）较高且良好接地，易因静电感应而积聚与雷电相反的电荷，使雷电与针（线）间电场强度增大放电路径引向针（线）直到对针（线）发生放电。在针（线）附近物体遭雷击可能性下降，起到了保护作用。独立设置的避雷针与被保护物之间应有一定距离，以避免雷击避雷针时造成反击（雷电通过避雷针再侧击到附近设备）。

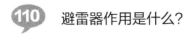 避雷器作用是什么？

答：避雷器作用是限制过电压以保护电气设备，其类型主要有保护间隙、阀型避雷器和氧化锌避雷器。保护间隙主要用于限制大气过电压，一般用于配电系统、线路和变电站进线段保护。阀型与氧化锌避雷器用于发电厂和变电站的保护，在220kV及以下系统中主要用于限制大气过电压，在超高压系统中还用于限制内部过电压或作为内部过电压的后备保护。

111 氧化锌避雷器有哪些优点？

答：氧化锌避雷器实际上是一种阀型避雷器，其阀片以氧化锌（ZnO）为主要材料，加入少量金属氧化物，在高温下烧结而成。氧化锌避雷器通过改进阀片来提高保护性能，氧化锌电阻片的通流容量为碳化硅的4倍。氧化锌阀片具有很好的伏安特性，在工作电压下ZnO阀片可看作绝缘体。由于ZnO避雷器采用了非线性优良的ZnO阀片，使其具有许多优点。

（1）无间隙、无续流。在工作电压下，ZnO阀片呈现极大的电阻，续流近似为零，相当于绝缘体，因而工作电压长期作用也不会使阀片烧坏，所以一般不用串联间隙来隔离工作电压。

（2）通流容量大。由于续流能量极少，仅吸收冲击电流能量，故ZnO避雷器的通流容量较大，更有利于用来限制作用时间较长（与大气过电压相比）的内部过电压。

（3）可使电气设备所受过电压降低。在相同雷电流和相同残压下，碳化硅避雷器只有在串联间隙击穿放电后才泄放电流，而ZnO避雷器（无串联间隙）在波头上升过程中就有电流流过，这就降低了作用在设备上的过电压。

（4）在绝缘配合方面可以做到陡波、雷电波和操作波的保护裕度接近一致。

（5）ZnO避雷器体积小、质量轻、结构简单、运行维护方便。

第四节　高低压配电装置

112 配电装置的作用是什么？

答：根据电气主接线的接线方式，由开关设备、母线装置、保护和测量电器、必要的辅助设备等构成，按照一定技术要求建造而成的特殊电工建筑物，称为配电装置。

配电装置的作用是正常运行时进行电能的传输和再分配，故障情况下迅速切除故障部分恢复运行。对电力系统运行方式的改变以及对线路、设备的操作都在其中进行。因此，配电装置是发电厂和变电站用来接受和分配电能的重要组成部分。

113 配电装置可以分为哪些类型？

答：配电装置的形式，除与电气主接线及电气设备有密切关系外，还与周围环境、地形、地貌以及施工、检修条件、运行经验和习惯有关。随着电力技术的不断发展，配电装置的布置情况也在不断更新。

配电装置的类型很多，大致可分为以下几类：

（1）按电气设备安装地点的不同。可分为屋内配电装置和屋外配电装置。

（2）按组装方式的不同。可分为装配式配电装置和成套式配电装置。

（3）按电压等级的不同。可分为低压配电装置（1kV 以下）、高压配电装置（1~220kV）、超高压配电装置（330kV 及以上）。

114 配电装置有哪些基本要求？

答： 配电装置的设计和建造，应认真贯彻国家的技术经济政策和有关规程的要求，同时应满足以下几个基本要求：

（1）安全。设备布置合理清晰，采取必要的保护措施。如设置遮拦和安全出口、防爆隔墙、设备外壳底座等保护接地。

（2）可靠。设备选择合理、故障率低、影响范围小，满足对设备和人身的安全距离。

（3）方便。设备布置便于集中操作，便于检修、巡视。

（4）经济。在保证技术要求的前提下，合理布置、节省用地、节省材料、减少投资。

（5）发展。预留备用间隔、备用容量，便于扩建和安装。

115 安全净距指什么？ 安全净距取决于哪些因素？

答： 为了满足配电装置运行和检修的需要，各带电设备应相隔一定的距离。在各种间隔距离中，最基本的是带电部分对接地部分之间和不同相的带电部分之间的空间最小安全净距，即所谓 A1 和 A2 值。在这一距离下，无论是在正常最高工作电压还是在出现内、外过电压时，都不致使空气间隙击穿。

安全净距取决于电极的形状、过电压的水平、防雷保护、绝缘等级等因素，A 值可根据电气设备标准试验电压和相应电压与最小放电距离试验曲线确定。一般来说，影响 A 值的因素有：220kV 以下电压等级的配电装置，大气过电压起主要作用。采用残压较低的避雷器时，A1 和 A2 值可减小。

116 什么是配电装置的间隔？

答： 间隔是配电装置中最小的组成部分，其大体上对应主接线图中的接线单元，以主设备为主，加上附属设备一整套电气设备称为间隔。

在发电厂或变电站内，间隔是指一个完整的电气连接，包括断路器、隔离开关、TA、TV、端子箱等，根据不同设备的连接所发挥的功能不同又有很大的差别，比如有主变压器间隔、母线设备间隔、母联间隔、出线间隔等。出线以断路器为主设备，所有相关隔离开关，包括接地开关、TA、端子箱等，均为一个电气间隔。母线则以母线为一个电气间隔。对主变来说，以本体为一个电气间隔，至于各侧断路器各为一个电气间隔。GIS 由于特殊性，电气间隔不容易划分，但是基本上也是按以上规则划分的。至于开关柜等以柜盘形式存在的，则以一个柜盘为电气间隔。

117　什么是配电装置的层、列、通道？

答：（1）层。层是指设备布置位置的层次。配电装置有单层、两层、三层布置。

（2）列。一个一个间隔排列的次序即为列。配电装置有单列式布置、双列式布置、三列式布置，如双列式布置是指间隔布置在主母线两侧。

（3）通道。为便于设备的操作、检修和搬运，配电装置在布置时设置了维护通道、操作通道、防爆通道。凡用来维护和搬运各种电器的通道，称为维护通道；如通道内设有断路器（或隔离开关）的操动机构、就地控制屏等，称为操作通道；仅和防爆小室相通的通道，称为防爆通道。

118　配电装置图包括哪三种图？

答：为了表示整个配电装置的结构、电气设备的布置以及安装情况，一般采用三种图进行说明，即平面图、断面图、配置图。

（1）平面图。平面图按照配电装置的比例进行绘制，并标出尺寸；图中标出房屋轮廓、配电装置间隔的位置与数量、各种通道与出口、电缆沟等。平面图上的间隔不标出其中所装设备。

（2）断面图。断面图按照配电装置的比例进行绘制，用以校验其各部分的安全净距（成套配电装置内部除外）；图中表示配电装置典型间隔的剖面，表明间隔中各设备具体的布置以及相互之间的联系。

（3）配置图。配置图是一种示意图，可不按照比例进行绘制，主要用于了解整个配电装置中设备的布置、数量、内容；对应平面图的实际情况，图中标出各间隔的序号与名称、设备在各间隔内布置的轮廓、进出线的方式与方向、通道名称等。

119　成套配电装置有哪些特点？

答：成套配电装置是制造厂成套供应的设备，由制造厂预先按主接线的要求，将每一条电路的电气设备（如断路器、隔离开关、互感器等）装配在封闭或半封闭的金属柜中，构成各单元电路分柜，此单元电路分柜称为成套配电装置。安装时，按主接线方式，将各单元分柜（又称间隔）组合起来，就构成整个配电装置。成套配电装置实物图如图2-13所示。成套式配电装置按元件固定的特点，可分为固定式和手车式；按电压等级不同，可分为高压开关柜和低压开关柜。

成套配电装置的特点如下：

（1）成套配电装置有金属外壳（柜体）的保护，电气设备和载流导体不易积灰，便于维护，特别处在污秽地区更为突出。

（2）成套配电装置易于实现系列化、标准化，具有装配质量好、速度快，运行可靠性高的特点。由于进行定型

图2-13　成套配电装置实物图

设计与生产，所以其结构紧凑、布置合理、缩小了体积和占地面积，降低了造价。

（3）成套配电装置的电器安装、线路敷设与变配电室的施工分开进行，缩短了基建时间。

120 成套配电装置有哪些种类？

答：成套配电装置的分类如下：

（1）按柜体结构特点，可分为开启式和封闭式。开启式的电压母线外露，柜内各元件之间也不隔开，结构简单，造价低；封闭式开关柜的母线、电缆头、断路器和测量仪表均被相互隔开，运行较安全，可防止事故的扩大，适用于工作条件差，要求高的用电环境。

（2）按元件固定的特点，可分为固定式和手车式。固定式的全部电气设备均固定于柜内；而手车式开关柜的断路器及其操动机构（有时还包括电流互感器、仪表等）都装在可以从柜内拉出的小车上，便于检修和更换。断路器在柜内经插入式触头与固定在柜内的电路连接，并取代了隔离开关。

（3）按其母线套数，可分为单母线和双母线两种。35kV 以下的配电装置一般都采用单母线。

（4）按其电压等级又可分为高压开关柜和低压开关柜。

121 低压成套配电装置有哪些种类？

答：低压成套配电装置是电压为 1000V 及以下电网中用来接受和分配电能的成套配电设备。

一般说来，低压成套配电装置可分为配电屏（盘、柜）和配电箱两类；按控制层次可分为配电总盘、分盘和动力、照明配电箱。我国生产的低压配电屏基本以固定式（即固定式低压配电屏）和手车式（又称抽屉式低压开关柜）两大类为主。低压配电箱相当于小型的封闭式配电盘（屏），供交流 50Hz，500V 房屋或户外的动力和照明配电用。内部装有断路器、隔离开关、熔丝等部件，其尺寸大小多有不同，视内装部件的多少而定。照明配电箱适用于非频繁操作照明配电用，采用封闭式箱结构，悬挂式或嵌入式安装，内装小型断路器、漏电开关等电器；动力配电箱是将电能分配到若干条动力线路上去的控制和保护装置。其形式主要可分为开启式和封闭式两种。

122 高压开关柜有什么特点？

答：高压开关柜也称为高压成套配电装置，以断路器为主体，将检测仪表、保护设备和辅助设备按一定主接线要求都装在封闭或半封闭的柜中。以一个柜（有时两个柜）构成一条电路，所以一个柜就是一个间隔。柜内电器、载流部分和金属外壳互相绝缘，绝缘材料大多用绝缘子和空气，绝缘距离可以缩小，使装置做得紧凑，从而节省材料和占地面积。根据运行经验，高压开关柜的可靠性很高，维护安全，安装方便，已在 3～35kV 系统中大量采用。

123 高压开关柜型号中各个符号的含义是什么？

答：高压开关柜的型号有 2 个系列的表示方法：

（1）第一单元　第二单元　第三单元　第四单元　第五单元
　　　　G　　　　□　　　　□　　　　□　　　（F）

第一单元：G 表示高压开关柜。

第二单元：F 表示封闭型。

第三单元：代表形式，C——手车式，G——固定式。

第四单元：代表额定电压（kV）或设计序号。

第五单元：F 表示防误型。

（2）第一单元　第二单元　第三单元　第四单元
　　　　F　　　　□　　　　□　　　　□

第一单元：高压开关柜，J——间隔型；K——铠装型。

第二单元：代表类别，Y——移开式；G——固定式。

第三单元：N 表示户内式。

第四单元：代表额定电压（kV）。

例如，KGN-10 型号含义为手车式封闭型的 10kV 高压开关柜。

124 配电箱在墙上嵌入式安装的步骤和方法是什么？

答：（1）预埋固定螺栓，在现有的墙上安装配电箱以前，应量好配电箱安装孔的尺寸，然后凿孔洞，预埋固定螺栓。

（2）配电箱的固定，待预埋件的填充材料凝固干透，就可进行配电箱的安装固定。固定前，先用水平尺和铅坠校正箱体的水平度和垂直度。若不符合要求，则应查明原因，调整后再将配电箱可靠固定。

125 高压开关柜有哪些种类？

答：我国目前生产的 3~35kV 高压开关柜，按结构形式可分为固定式和手车式两种。手车柜目前大体上可分为铠装型和间隔型两种，铠装型手车的位置可分为落地式和中置式两种。

固定式高压开关柜断路器安装位置固定，采用隔离开关作为断路器检修的隔离措施，结构简单；断路器室体积小，断路器维修不便。固定式高压开关柜中的各功能区相通而且是敞开的，容易造成故障的扩大，其检修时采用母线和线路的隔离开关进行隔离。

手车式高压开关柜高压断路器安装于可移动手车上，断路器两侧使用一次插头与固定的母线侧、线路侧静插头构成导电回路；检修时采用插头式的触头隔离，断路器手车可移出柜外检修。同类型断路器手车具有通用性，可使用备用断路器手车代替检修的断路器手车，以减少停电时间。手车式高压开关柜的各个功能区是采用金属封闭或者采用绝缘板的方式封闭，有一定的限制故障扩大的能力。

126 高压开关柜的"五防"功能指的是什么？

答：高压开关柜通常具有"五防"功能：防止误分、误合断路器；防止带负荷分、合隔离开关或带负荷推入、拉出金属封闭式开关柜的手车隔离插头；防止带电挂接地线或合接地开关；防止带接地线或接地开关合闸；防止误入带电间隔，以保证可靠的运行和操作人员的安全。

127 开关柜闭锁装置有哪些技术要求？

答：（1）断路器分、合闸闭锁：手车只有在工作、试验位置断路器才能分、合闸，断路器手车在工作、试验位置之间，及检修位置，断路器电动不能合闸。

（2）断路器在合闸位置闭锁：断路器合闸时，手车不能从工作位置移至试验位置，及从试验位置移至工作位置。

（3）没有控制电源：断路器在任何位置，电动不能合闸，仅能手动分、合闸。

（4）线路接地开关合上位置闭锁：断路器手车不能从试验位置至工作位置。

（5）操作线路接地开关闭锁：必须线路无电，断路器手车在试验位置或者在检修位置。

（6）打开电缆室柜门闭锁：线路接地开关必须合闸。

（7）电压互感器、避雷器手车在试验位置或检修位置时静触头没有遮蔽，注意应把此柜门关上并且加锁。

128 预防低压配电屏（盘）发生火灾的措施有哪些？

答：（1）正确安装接线，防止绝缘破损，避免接触电阻过大。

（2）装在清洁干燥场所，定期检查。

（3）连接导体在灭弧装置上方时，应保持一定飞弧距离，防止短路。

129 动力配电箱的安装方式主要有哪些？

答：动力配电箱的安装方式主要有：①串墙上安装；②支架上安装；③柱上安装、嵌墙式安装和落地式安装。

130 自制非标准配电箱盘面的组装和配线的步骤和要求是什么？

答：（1）盘面的制作。应按设计要求制作盘面，盘面板四周与箱边应有适当缝隙，以便在配电箱内将其固定安装。

（2）电器排列。电器安装前，将盘面放平，把全部电器摆放在盘面板上，按照相关的要求试排列。

（3）钻孔刷漆。按照电器排列的实际位置，标出每个电器安装孔和进出线孔位置，然后在盘面钻孔和刷漆。

（4）固定电器。等油漆沥干，先在进出线孔套上瓷管头或橡皮护套以保护导线，然后将全部电器按预设位置就位，并用木螺钉或螺栓将其固定。

（5）盘后配线。配线要横平竖直，排列整齐，绑扎成束，用卡钉固定牢固。

（6）接零母线做法。接零系统的零母线，一般应由零线端子板引止各支路或设备。

131 动力配电箱安装时有什么要求？

答：（1）安装配电箱（盘）墙面术砖、金具等均需随土建施工预先埋入墙内。

（2）在 240mm 厚的墙壁内暗装配电箱时，在墙后壁需加装 10mm 厚的后棉板和直径为 2mm、孔洞为 10mm 的铁丝网，再用 k2 水泥砂浆抹平，以防开裂。

（3）配电箱与墙壁接触部分均应涂刷防腐漆，箱内壁和盘面应涂刷两道灰色油漆。配电箱内连接计量仪表、互感器等的二次侧导线，应采用截面积不小于 2.5mm² 的铜芯绝缘导线。

（4）配电箱后面的配线应排列整齐，绑扎成束，并用卡钉紧固在盘板上。从配电箱中引出和引入的导线应留出适当长度，以利于检修。

（5）相线穿过盘面时，本制盘面需套瓷管头，铁制盘面需装橡皮护圈。零线穿过木制盘面时，可不加瓷管头，只需套上塑料套管即可。

（6）为了提高动力配电箱中配线的绝缘强度和便于维护，导线均需按相颜色套上软塑料套管，分别以黄、绿、红、黑色表示 A、B、C 相和零线。

第五节　环网柜、电缆分支箱

132 环网指的是什么？

答：环网是指环形配电网，即供电干线形成一个闭合的环形，供电电源向这个环形干线供电，从干线上再一路一路地通过高压开关向外配电。这样的好处是，每一个配电支路既可以同它的左侧干线取电源，又可以由它右侧干线取电源。当左侧干线出了故障，它就从右侧干线继续得到供电，而当右侧干线出了故障，它就从左侧干线继续得到供电，这样一来，尽管总电源是单路供电的，但从每一个配电支路来说却得到类似于双路供电的实惠，从而提高了供电的可靠性。

133 环网柜指的是什么？

答：环网开关柜，属于输配电气设备。所谓环网柜，就是每个配电支路设一台开关柜（出线开关柜），这台开关柜的母线同时就是环形干线的一部分。就是说，环形干线是由每台出线柜的母线连接起来共同组成的，每台出线柜就叫环网柜。环网柜是一组高压开关设备装在钢板金属柜体内或做成拼装间隔式环网供电单元的电气设备，其核心部分采用负荷开关和熔断器，具有结构简单、体积小、价格低、可提高供电参数和性能以及供电安全等优点。它被广泛使用于城市住宅小区、高层建筑、大型公共建筑、工厂企业等负荷中心的配电站以及箱式变电站中。环网柜实物图如图 2-14 所示。

图 2-14　环网柜实物图

134 环网柜主要组成部分有哪些？

答：环网柜大致可分为以下 5 大部分：

（1）母线室：母线室内安装有母线。

（2）开关室：主要由三位置开关或负荷开关、母线闸刀、线路闸刀等组成。

（3）熔断器室：主要由熔断器、负荷开关脱扣器的驱动装置、密封设施和相应的连接导电端子等组成。

（4）电缆室：主要由电缆终端头和电流互感器等组成。

（5）低压室：通常由保护、控制、测量和通信等单元组成。

135 环网柜的电缆终端有几种形式？

答：环网柜的电缆终端主要有两种形式。一种为传统的螺栓固定式，另一种为插拔式。

（1）螺栓固定式：使用螺栓将电缆直接安装在环网柜的电缆终端上。

（2）插拔式：在环网柜的电缆的连接的部位已经安置了允许电缆插入的一定规格的基座作为电缆的终端，另外将特定型号的插拔头的一端先安装在电缆上，再将插拔头插入环网柜的电缆终端插孔内即可。

136 环网柜的电缆终端采用螺栓固定式有什么特点？

答：螺栓固定式的特点是，螺栓为通用材料，备料和施工都较方便；但电缆头的带电部分暴露在外，不能触摸。所以许多生产厂采用接头外面增加绝缘套，在需要工作的时候，可以向上面一个方向翻转，便于进行必要的检查和试验，而在完成检查以后，将绝缘套再向下翻回，恢复到原来的状态将裸露的接头罩好，起到绝缘的作用。

137 环网柜的电缆终端采用插拔式有什么特点？

答：插拔式的特点是，在环网柜投入使用后，在断电情况下能方便地拔出和插入插拔头，便于试验或寻找故障；同时，电缆头与外界完全绝缘，较为安全；但插拔头必须使用与环网柜和电缆相匹配的型号与规格。目前已经有可以带电进行插入和拔出电缆的产品在应用。采用插拔的方式，需要另外配备专用的接地装置与之相配套。

138　环网柜如何选择电缆的安装高度？

答：由于采用的是三芯统包的电缆，所以电缆的终端部分的三芯的分叉点的位置和电缆的终端头的位置的尺寸的总加有一定的高度的要求，一般在 600～650mm 的水平，所以在选择的时候需要注意。

139　选择环网柜时，对于短路承受的水平需要注意哪些参数？

答：选择环网柜时，对于短路承受的水平需要注意以下参数：

（1）短路的热稳定问题，在没有修改国家标准的时候，需要有 3s 的热稳定要求。

（2）短路的电动力稳定的问题，需要有耐受冲击电流的水平，在目前的状态下选择的冲击系数仍然是按照 1.8 考虑。

（3）允许短路接通接地开关与接通负荷开关的能力问题，在目前的情况下需要有耐受至少 3 次以上的水平。

140　选择环网柜时，关于负荷开关的转移电流有什么要求？

答：对于在配电网中应用的环网柜的转移电流不是越大越好，一般讲在 1600A 的水平已经是满足要求了，因为它能够适应 1600kVA 的变压器的应用；而如果变压器的容量不大于 800kVA 的话，那么转移电流的数值可以降低到 1250A 就可以了。因为过度追求高的转移电流将产生制造成本的上升。

141　什么是电缆分支箱？

答：电缆分接箱是电力配电系统一种常用的电气设备，简单地说就是电缆分线箱，是把一个电缆分接成一根或多根电缆的接线箱。电缆分接箱实物图如图 2-15 所示。

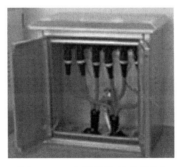

图 2-15　电缆分接箱实物图

142　电缆分支箱的主要作用是什么？

答：电缆分支箱的主要作用是将电缆分接或转接。

（1）电缆分接。在一条距离比较长的线路上有多根小面积电缆往往会造成电缆使用浪费，于是在出线到用电负荷中，往往使用主干大电缆出线，然后在接近负荷的时候，使用电缆分支箱将主干电缆分成若干小面积电缆，由小面积电缆接入负荷。这样的接线方式广泛用于城市电网中的路灯等供电、小用户供电。电缆分接箱广泛用于户外，随着技术的进步，现在带开关的电缆分支箱也不断增加，而城市电缆往往都采用双回路供电方式，于是有人直接把带开关的分支箱称为户外环网柜，但目前这样的环网柜大部分无法实现配网自动化，不过已经厂家推出可以配网自动化的户外环网柜了。这也使得电缆分支箱和环网柜的界限开始模糊了。

（2）电缆转接。在一条比较长的线路上，电缆的长度无法满足线路的要求，那就必须使用电缆接头或者电缆转接箱，通常短距离时候采用电缆中间接头，但线路比较长的时候，根据经验在 1000M 以上的电缆线路上，如果电缆中间有多中间接头，为了确保安全，会在其中考虑电缆分支箱进行转接。

143 电缆分支箱和环网柜的区别是什么？

答： 环网柜既有进线也有出线，电缆分支箱也一样，两者区别是供电方式而非进出线方式，环网柜可以双回路或多回路供电，确保供电可靠性，而电缆分支箱不具备多回路或双回路的供电能力。另外环网柜现在可以实现配网自动化，进行远程控制，电缆分支箱目前基本不具备这样的功能（带开关的户外电缆分支箱除外）。

144 电缆分支箱经常使用哪些进出线方式？

答： 分支箱的作用是将长距离电缆转接或将主接电缆分成几个出线，以降低造价。电缆分支箱不能实现配网自动化，大部分都不带开关，比较简单，主要室外使用。目前较常使用的进出线方式有以下几种：

（1）一进线二出线，一进线三出线，一进线四出线。

（2）二进线一出线，二进线二出线，二进线四出线，二进线六出线。

（3）三进线三出线，三进线六出线。

145 高压电缆分支箱适用于哪些场合？

答： 高压电缆分支箱在电力系统 10kV 配网电缆化工程中，以一种经济、可靠、维护方便的接线方式替代原配网架空线中大量的分支成为一大难题，而电缆分支箱的出现彻底解决了这个问题，并且以它全绝缘、全密封的特性而使线路故障率大为降低，成为配网电缆化工程的首选设备。其简单、方便、灵活的连接组合方式，使它在某些场合下，可代替环网柜；必要场合下，可埋在地下或浸于水中，节省了设备和电缆的投资，提高了供电的可靠性，广泛适用于商业中心、工业园区及城市密集区。

第三章

电 力 无 功 补 偿

第一节　无功补偿原理与装置

1 什么是功率因数?

答： 由于用电负荷（如大量工业用异步电动机）投入运行后，既要吸收有功功率 P，也要吸收无功功率 Q，因此在电网中传输的功率既有有功也有无功。为了方便表示，我们定义视在功率为 $S=\sqrt{P^2+Q^2}$，功率因数定义为有功功率与视在功率的比值。从功率因数的定义可以看出，功率因数最大值为 1，即有功功率等于视在功率，但是由于用电设备总是带有部分感性或容性性质，所以，功率因数一般都小于 1。

2 什么是负荷的自然功率因数?

答： 负荷的自然功率因数是指未进行无功补偿钱的功率因数。由于用电负荷感性负荷居多，因此，多数情况下用电负荷的功率因数都是滞后的。

3 提高功率因数有什么意义?

答： 由于用电负荷需要有功功率和无功功率，因此电网中流过的电流既有有功电流 I_P，又有无功电流 I_Q。电网中流过的总电流为 $I=\sqrt{I_P^2+I_Q^2}$。提高功率因数即为提高有功功率在视在功率的比重，即提高有功电流在总电流中的比重，在输送相同有功功率的情况下，功率因数越高，无功电流比重越小，则总电流越小。

由于电网电气设备兼具有阻性和感性，因此在输送电能的过程中，电流流过线路、变压器等电气设备时，会在这些设备上产生功率损耗和电压损耗，电流越大，损耗也越大。提高功率因数，在输送相同有功功率情况下，总电流减小，即可以减小功率损耗和电压损耗，从而节省了电能，提高了电压质量和电网设备利用率。

我国为了节能降耗，根据电力生产的特点，制定了《功率因数电费调整办法》，因此对于用户来说，提高功率因数可以节省电费成本。

4 我国对用户功率因数有哪些要求?

答：根据我国《功率因数电费调整办法》规定，对用户功率因数要求有以下三条：

（1）功率因数标准0.90，适用于160kVA以上的高压供电工业用户（包括社队工业用户）、装有带负荷调整电压装置的高压供电电力用户和3200kVA及以上的高压供电电力排灌站。

（2）功率因数标准0.85，适用于100kVA（kW）及以上的其他工业用户（包括社队工业用户），100kVA（kW）及以上的非工业用户和100kVA（kW）及以上的电力排灌站。

（3）功率因数标准0.80，适用于100kVA（kW）及以上的农业用户和趸售用户，但大工业用户未划由电业直接管理的趸售用户，功率因数标准应为0.85。

5 提高功率因数有哪些方法?

答：（1）提高自然功率因数。主要有：①合理选择和使用电动机，避免"大马拉小车"。②轻载电动机适当降低运行电压：专变供电的电动机，可以改变变压器分接头实现；电动机定子绕组接线由三角形接法改为星形接法（负载率<40%）。③对于存在周期性空载运行的电动机，可安装空载自动断电装置，以控制电动机的空载损失。④合理选择和使用变压器：低损耗变压器的最佳负荷率为50%；及时切除空载变压器，减少变压器的空载损失；对变压器实行并联运行以及对并联运行的变压器根据其负荷变化的特点实行经济运行；根据电网运行电压情况及时调整变压器的分接开关，防止变压器过激磁；停用空载变压器。⑤采用电缆供电（电缆呈容性）或减小架空线路几何均距（$D=\sqrt{D_{UV}D_{VW}D_{WU}}$，三相间距乘积后开平方），减小线路电抗，从而减小线路的无功消耗。

（2）无功补偿。其方法是将容性功率的装置与感性负荷并联在一起的电路，当容性装置释放能量时，感性负荷吸收能量；感性负荷释放能量时，容性装置吸收能量，这样能量在两种设备之间互相交换，相当于无功补偿设备就近向用电设备提供无功功率，避免无功功率在电网上远距离输送，从而减小电网中无功功率比例，提高功率因数。

6 无功补偿的方法有哪些?

答：无功补偿方法有很多，可以采用发电机、电力电容器、同步调相机和静止无功补偿器等。

（1）利用发电厂同步发电机过励磁。可以向电网提供感性无功功率，但是由于发电机一般距离无功负荷很远，用同步发电机作无功补偿，会造成无功功率远距离传输，不合理的无功流动会造成电力系统网损增大，所以发电机输出的无功要按照电网无功损耗最小来确定，不能作为主要无功补偿方式。

（2）利用同步调相机作为无功功率电源，同步调相机实际上是同步电动机或空载运行的水轮发电机。其无功补偿原理与同步发电机类似，也是通过转子励磁绕组过励磁向外输出无功功率。同步调相机调节无功平滑，调节范围大，可在-50%~100%之间平滑调节，调节性能好；而且在电力系统故障情况下，可以通过强行励磁，维持系统电压水平，可以提高电力系统稳定性。其缺点是：造价高、投资大、损耗大、运行维护复杂。同步调相机一般装设在枢纽变电站，水力发电机组在枯水期也可作调相机用。

（3）电力电容器作为无功补偿装置，具有安装方便、建设周期短、造价低、运行维护简便、损耗小等优点，是目前电网和用户主要采用的补偿装置。其缺点是无功输出功率为阶梯形，调节不平滑；调节性能不好，当电力系统电压降低，其无功输出功率反而减小，补偿效果降低，而运行电压升高时，其无功输出功率增加，对用电设备过补偿，使电压过分提高，甚至超出标准规定，损坏设备绝缘，造成事故。

电力电容器作为补偿装置有两种方法：串联补偿和并联补偿。①串联补偿是把电容器直接串联到高压输电线路上，以减小输电线路电抗，降低电压损失，但是其降低线损的效果不明显，一般用于高压远距离输电线路上；②并联补偿是把电容器并联在母线、变压器或电动机等电气设备或用电设备上，就地向负荷提供无功功率，达到提高功率因数、减少线损、提高线路输送能力、提高电压质量等效果。

（4）静止无功补偿器作为无功补偿装置。静止无功补偿器是一种没有旋转部件，快速、平滑可控的动态无功功率补偿装置。它是将可控的电抗器和电力电容器（固定或分组投切）并联使用。电容器可发出无功功率，可控电抗器可吸收无功功率。采用电力电子器件对电抗器进行调节，可以使整个装置平滑地从发出无功功率改变到吸收无功功率，并且响应快速。是目前补偿效果最好的无功补偿装置，但是价格昂贵，一般对电能质量要求较高的用户采用。

7 电容器并联补偿装置的组成部分有哪些？

答：根据 GB 50227—2008《并联电容器装置设计规范》，并联补偿装置由下面这些主要部件组成：电容器、断路器、隔离开关、串联电抗器、氧化锌避雷器、放电线圈、熔断器、保护装置、投切装置及其他配套件。

8 电力电容器的类型有哪些？　各有什么特点？

答：常用的并联电容器按其结构不同，可分为单台铁壳式、箱式、集合式、半封闭式、干式和充气式等。

单台铁壳式使用量大，单台容量一般是 50、100、200、334kvar 等多种，一般100kvar 以上容量的产品带有内熔丝。目前 220kV，特别是 330kV 及以上电压等级变电站大多采用单台铁壳式并联电容器。为了提高防锈防腐能力，可采用不锈钢代替普通钢板，也可以在其表面喷涂防紫外线线漆，这样防护层既可以防锈防腐，又可以大大减少紫外线辐射对电容器温升的影响，从而延长电容器使用寿命。

箱式并联电容器内部为去掉铁壳的单台电容器，按设计要求若干个串并联；预留散热油道，抽气后注满合格的油而成。一般单台容量较大（500kvar 以上），内部元件损坏后，极难维修。

集合式并联电容器按其结构又可以分为半密封和全密封两类。半密封型的有储油柜，全密封型的没有储油柜，用其他方式来补偿油位冷热变化。集合式电容器主要优点是安装方便、维护工作量小、节省占地面积。其缺点主要是用户对电容的监视不直观。

对地绝缘失效时，保护存在盲区，等后备保护动作时，电容器已经遭到严重损坏。统计表明，集合式电容器的年损坏率大约是单台铁壳式电容器的 4 倍。

半封闭式电容器是将单台电容器套管对套管卧放在特制钢架上。然后封闭其导电部分而成的组装体。特点是可多层布放以节省占地面积。

干式电容器具有自愈特性，且符合产品无油化的发展方向。但其内部的聚丙烯基膜在条件具备时仍会着火，并且不能保证每次局部击穿后等能可靠自愈，因此这种产品设计时必须有切实的防火措施和特殊的保护措施方能确保安全运行。

充气式电容器实际上是油气并存的一种电容器，它是将集合式产品箱体内的油换成气体，内部单台电容器仍然是油浸的。由于气体的导热性不如液体，因此这类产品的要有特殊的散热技术，确保散热可靠。

9 电力电容器组成部分有哪些？

答：电容器结构和各组成部分如图 3-1 所示。

电容器内部的小单元，习惯称之为"元件"。一般小元件是 380mm 及以下宽度的膜绕制的元件，单台容量不很小（100kvar 以上）时可在每个元件上配置内熔丝。大元件指 380~560mm 宽度的膜绕制的元件，通常其内不配内熔丝。

10 电力电容器型号各符号含义是什么？

答：电容器型号如图 3-2。

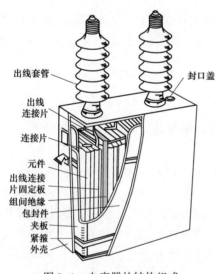

图 3-1 电容器的结构组成

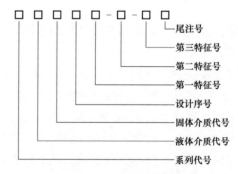

图 3-2 电力电容器符号含义

系列代号：并联电容器系列代号 B。

液体介质代号：A——苄基甲苯；B——异丙基联苯；C——蓖麻油；D——氮气；F——二芳基乙烷；G——硅油；K——空气；L——六氟化硫；S——石蜡；W——烷基苯；Y——矿物油；Z——菜籽油。

固体介质代号：M——全膜介质（金属化膜电容器在 M 后加 J，集合式电容器在 M 后加 H）；F——膜纸复合介质。

设计序号：1 可略去。

第一特征序号：额定电压（分子表示线电压、分母表示相电压）。

第二特征序号：额定容量（kvar）。

第三特征序号：相数（1 表示单相，3 表示三相）。

尾注号：W——户外型；G——高原型；户内无字母。

例如：BAM11/$\sqrt{3}$-334-1W。苄基甲苯浸渍的全膜电容器、额定电压 11/$\sqrt{3}$、单台容量 334kvar、单相户外式。

11 高压电力电容器放电线圈作用是什么？

答：放电线圈用于电力系统中与高压并联电容器连接，使电容器组从电力系统中切除后的剩余电荷迅速泄放。因此安装放电线圈是变电站内并联电容器的必要技术安全措施，可以有效地防止电容器组再次合闸时，由于电容器仍带有电荷而产生危及设备安全的合闸过电压和过电流，并确保检修人员的安全。

放电线圈的出线端并联连接于电容器组的两个出线端，正常运行时承受电容器组的电压，其二次绕组反映一次变比，精度通常为 50VA/0.5 级，能在 1.1 倍额定电压下长期运行。其二次绕组一般接成开口三角或者相电压差动，从而对电容器组的内部故障提供保护。

12 放电线圈种类有哪些？ 各有什么特点？

答：现用的放电线圈主要有干式和油浸式两类产品。如图 3-3（a）所示为干式放电线圈，图 3-3（b）所示为油浸式放电线圈。

干式产品大多整体采用环氧树脂真空条件下浇注成型，具有无油、无噪声、免维护、体积小、重量轻、安装方便等优点。油浸式主要缺点是重量重，且易渗漏油。目前 10kV 已基本不用，35kV 干式产品也已投放市场。

(a)　　　　　(b)

图 3-3　放电线圈实物图

(a) 干式放电线圈；(b) 油浸式放电线圈

13 对放电线圈有什么要求？

答：(1) 对地全绝缘。

(2) 绝缘水平应与配套电容器一致，二者额定电压应相同。

(3) 应能满足标准规定的放电要求，即电容器组开断后 5s 内，将其剩余电压降至 50V 及以下。

(4) 放电线圈一次容量要与配套电容器组匹配，二次的精度要符合有关技术要求。

(5) 对于柱上式并补装置，为节省水泥杆上的有限空间位置，降低成本，简化安装，不宜硬性配置放电线圈，而宜让电容器内置放电电阻完成放电任务。

14 放电线圈产品型号各部分含义是什么？

答：放电线圈型号各部分含义如图3-4所示。

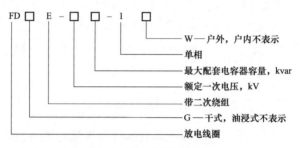

图3-4 放电线圈型号含义

15 电容器并联补偿装置中，串联电抗器的作用是什么？

答：限制并补装置投入瞬间的合闸涌流，按 GB/T 50227—2008《并联电容器装置设计规范》的规定，这个涌流应不大于并补装置额定电流的 20 倍。此外电抗百分率配置得当时还有抑制谐波放大，减小谐波对电容器的危害，改善电压波形的作用。

16 低压电网无功补偿的一般要求有哪些？

答：(1) 低压电力网中的电感性无功负荷应用电力电容器就地充分补偿，一般在最大负荷月的月平均功率因数应按下列规定：①农村公用配电变压器不低于 0.85；②100kVA 以上的电力用户不低于 0.9。

(2) 应采取防止无功向电网倒送的措施。

(3) 低压电力网中的无功补偿应按下列原则设置：①固定安装年运行时间 1500h 以上且功率大于 4.0kW 的异步电动机应实行就地补偿，与电动机同步投；②车间、工厂安装的异步电动机，如就地补偿有困难在动力配电室集中补偿。

(4) 异步电动机群的集中补偿应采取防止功率因数角和产生自励过电压的措施。

17 低压电网无功补偿方式有哪些？

答：低压电网的无功补偿方式一般有：集中补偿、分散补偿（分组补偿）和个别（单机）补偿三种。

(1) 集中补偿方式是将电容器装设在用户专用变电站或配电室的低压母线上。其效益有：

1) 可以就地补偿变压器负荷侧的无功消耗。由于减少了变压器无功电流，相应可减少变压器容量，或等效的增加了变压器所带的有功负荷。

2) 可补偿变电站以上输电线路的功率损耗。

3）可就近供应 380V 配电线路的前段部分本身及所带用电设备的无功损耗。

集中补偿的优缺点有：

1）能方便地同电容器组的自动投切装置配套，自动追踪无功功率变化而改变用户总的补偿容量，避免在总的补偿水平上产生过补偿或欠补偿，从而使用户功率因数在规定范围内。

2）利用控制用户的无功功率，避免电网电压变化或负荷变化产生过大的电压波动。当电压波动超过允许范围时，可借助自动投切装置调整母线电压水平，以改善电压质量。

3）电容器的容量根据用户正常负荷需要确定，运行时间长，利用率高，补偿效益高。

4）集中补偿只能减少装设点以上线路和变压器因输送无功功率造成的损耗，不能减少用户内部通过配电线路向用电设备输送无功造成的损耗，降损节能效益受到限制。

（2）分组补偿是将电容器按低压配电网的无功负荷分布，分组装设在相应的母线上，或直接与电压干线相连接，形成低压电网内部多组分散补偿方式。

分组补偿的效益：电容器分组补偿，可以就近补偿用电设备所消耗无功功率。由于这部分无功功率不再通过主干线以上线路输送，从而使变压器和配电主干线无功损耗减少，因而比集中补偿降损接电效果显著。当用电负荷点多，且距离远时，补偿效益更高。

分组补偿优缺点：

1）分组补偿有利于对配电变压器所带的无功负荷进行分区控制，实现无功功率就地平衡，减少无功功率在配电变压器以下配电线路中的流动，显著降低线损。

2）对于实行用电指标考核的用户，分组补偿有利于加强无功功率管理，提高功率因数，降低产品单耗和生产成本。

3）分组补偿投切随总负荷水平变化而变化，较单台补偿电容器利用率高，也较单台补偿易于控制和管理，但不如集中补偿管理方便。

4）分组补偿的一次性投资大于集中补偿方式。

集中补偿与分组补偿应视具体情况而定，两种补偿方式互为补充，补偿效果更好。

18 **什么是单台电动机补偿？ 有何特点？**

答：为了就地补偿用电设备（主要是电动机）所消耗的无功功率，将电容器组直接装设在用电设备旁边。

单台电动机补偿效益：电容器组随电动机同时投退，可使电动机消耗的无功就地补偿，使装设点以上配电线路输送功率减少，有明显的降损效益。

单台电动机补偿优缺点：

（1）当大中型异步电动机比重较大、利用小时数较多时，这种方式的降损节电效果是显著的。但小型电动机电容器的控制保护问题尚未彻底解决，且运行小时数一般较少，所以这种补偿方式受到较大限制。

（2）这种补偿方式单独使用时，使得无功潮流无法进行有效控制调节，使低压电网长期处于欠补偿状态，而且这种补偿方式不能补偿变压器本身消耗的无功功率，使得电网的补偿达不到最优水平。所以，这种补偿方式只能作为辅助方式来使用。

（3）由于电动机容量选择偏大，如果逐台补偿，会使总容量加大，从而使总投资增大。

第二节　无功补偿容量的确定

19 如何按提高功率因数确定无功补偿容量？

答：无功补偿容量计算式为

$$Q_C = P_{av} \sqrt{\tan\varphi_1 - \tan\varphi_2}$$
$$= P_{av} \sqrt{\left(1 - \frac{1}{\cos^2\varphi_1}\right) - \left(1 - \frac{1}{\cos^2\varphi_2}\right)}$$

式中　Q_C——所需无功补偿容量；

P_{av}——电网最大负荷月的平均有功功率；

$\cos\varphi_1$——补偿前功率因数；

$\cos\varphi_2$——补偿后功率因数。

注意按提高功率因数确定补偿容量时，补偿后的功率因数不是越高越好，$\cos\varphi_2$ 必须选择适当。因为功率因数越高，一定补偿容量提高功率因数的效果越小，如功率因数从 0.72 提高到 0.9，与从 0.9 提高到 1 所需的无功补偿容量相当，因此补偿效益显著下降。

20 如何按提高运行电压确定无功补偿容量？

答：在配电线路末端，特别是重负荷、细导线线路，运行电压较低加装电容器后，可提高运行电压，但是电容过大时会产生过电压，因此要合理选择电容器容量。三相所需总容量为

$$Q_C = \frac{\Delta U U'_2}{x}$$

式中　Q_C——三相所需无功补偿容量；

ΔU——投入电容后线电压增量；

U'_2——补偿后安装地点母线线电压；

x——线路总电抗。

21 集中补偿容量如何确定？

答：确定集中固定补偿的电容器容量，首先应测算出低压电网最大负荷月的平均功率因数，然后再按要求达到的功率因数值计算所需要安装的电容器容量。

（1）平均功率因数的测算。在配电变压器低压出口安装有功电能表和无功电能表，

在最大负荷月抄算其有功电量 W_P 和无功电量 W_Q，然后按下式即可计算出该月的平均功率因数 $\cos\varphi_1$。

$$\cos\varphi_1 = \cfrac{1}{\sqrt{1+\left(\cfrac{W_Q}{W_P}\right)^2}}$$

（2）补偿容量的确定。按照 DL/T 499—2001《农村低压电力技术规程》规定，可以根据补偿前功率因数和补偿后功率因数，车间、工厂集中补偿可以用按照提高功率因数法公式来确定补偿容量，配电变压器的无功补偿容量可以查表 3-1 得到所需容量。

表 3-1　　　　　　　　　　　　无功补偿容量表

补偿前	为得到所需 $\cos\varphi_2$ 每千瓦负荷所需电容器千乏数											
$\cos\varphi_1$	0.70	0.75	0.80	0.82	0.84	0.86	0.88	0.90	0.92	0.94	0.96	0.98
0.30	2.16	2.30	2.42	2.49	2.53	2.59	2.65	2.70	2.76	2.82	2.89	2.98
0.35	1.66	1.80	1.93	1.98	2.03	2.08	2.14	2.19	2.25	2.31	2.38	2.47
0.40	1.27	1.41	1.54	1.60	1.65	1.70	1.76	1.81	1.87	1.93	2.00	2.09
0.45	0.97	1.11	1.24	1.29	1.34	1.40	1.45	1.50	1.56	1.62	1.69	1.78
0.50	0.71	0.85	0.98	1.04	1.09	1.14	1.20	1.25	1.31	1.37	1.44	1.53
1.52	0.62	0.76	0.89	0.95	1.00	1.05	1.11	1.16	1.22	1.28	1.35	1.44
1.54	0.54	0.68	0.81	0.86	0.92	0.97	1.02	1.08	1.14	1.20	1.27	1.36
0.56	0.16	0.60	0.73	0.78	0.84	0.89	0.94	1.00	1.05	1.12	1.19	1.28
0.58	0.39	0.52	0.66	0.71	0.76	0.81	0.87	0.92	0.98	1.04	1.11	1.20
0.60	0.31	0.45	0.58	0.64	0.69	0.74	0.80	0.85	0.91	0.97	1.04	1.13
0.62	0.25	0.39	0.52	0.57	0.62	0.67	0.73	0.78	0.84	0.90	0.97	1.06
0.64	0.18	0.32	0.45	0.51	0.56	0.61	0.67	0.72	0.78	0.84	0.91	1.00
0.66	0.12	0.26	0.39	0.45	0.49	0.55	0.60	0.66	0.71	0.78	0.85	0.94
0.68	0.06	0.20	0.33	0.38	0.43	0.49	0.54	0.60	0.65	0.72	0.79	0.88
0.70	—	0.14	0.27	0.33	0.38	0.43	0.49	0.54	0.60	0.66	0.73	0.82
0.72	—	0.08	0.22	0.27	0.32	0.37	0.43	0.48	0.54	0.60	0.67	0.76
0.74	—	0.03	0.16	0.12	0.26	0.32	0.37	0.43	0.48	0.55	0.62	0.71
0.746	—	—	0.11	0.16	0.21	0.26	0.32	0.37	0.43	0.50	0.56	0.65
0.75	—	—	0.05	0.11	0.16	0.21	0.27	0.32	0.38	0.44	0.51	0.60
0.80	—	—	—	0.05	0.10	0.16	0.21	0.27	0.33	0.39	0.46	0.55
0.82	—	—	—	—	0.05	0.10	0.16	0.22	0.27	0.33	0.40	0.49
0.84	—	—	—	—	—	0.05	0.11	0.16	0.22	0.28	0.35	0.44
0.86	—	—	—	—	—	—	0.06	0.11	0.17	0.23	0.30	0.39
0.88	—	—	—	—	—	—	—	0.06	0.11	0.17	0.25	0.33
0.90	—	—	—	—	—	—	—	—	0.06	0.12	0.19	0.28
0.92	—	—	—	—	—	—	—	—	—	0.06	0.13	0.22
0.94	—	—	—	—	—	—	—	—	—	—	0.07	0.16

22 低压单台电动机无功补偿容量如何确定?

答:单台电动机的补偿容量,应按照电动机的工况确定。

(1) 机械负荷惯性较小(切断电源后,电动机转速缓慢下降)时,补偿容量可按 0.9 倍空载无功功率确定(防止电动机电源切除后,电容器过补偿引起过激磁产生过电压),即

$$Q_{com} = 0.9 \cdot \sqrt{3} U_N I_0$$

式中　Q_{com}——电动机所需无功补偿容量,kvar;

U_N——电动机额定电压,kV;

I_0——电动机空载电流,A。

空载电流一般厂家会提供,如果没有提供,可按下式确定。

$$I_0 = 2I_N(1 - \cos\varphi_N)$$

式中　I_0——电动机空载电流,A;

I_N——电动机额定电流,A;

$\cos\varphi_N$——电动机额定负荷时的功率因数。

(2) 机械负荷惯性较大时(切断电源后,电动机转速迅速下降)

$$Q_{com} = (1.3 \sim 1.5) Q_0$$

式中　Q_{com}——电动机所需无功补偿容量,kvar;

Q_0——电动机空载无功功率,kvar。

第三节　电容器的接线与安装

23 电容器并联补偿一般采用什么接线?

答:高压并联补偿装置常用单星形和双星形接线。低压并联补偿装置常用三角形接线,分为单三角形和双三角形接线两类,对大容量电容器组采用双三角形接线。

24 低压母线集中补偿电容器组如何接线?

答:低压母线集中补偿电容器组有两种接线方式。其一是装在用户专用配电站低压母线上的低压电容器组,其接线如图 3-5 所示。此时应装设专用开关和放电装置。

另一种是配电变压器与配电间低压母线距离很近,且配电变压器高压侧装有高压断路器。当高压断路器断开时,变压器相当于一个饱和的电抗器,会产生自励磁过电压,为防止此种情况发生,电容器应装失压保护,当高压断路器失压时,电容器开关自动断开,接线如图 3-6 所示。

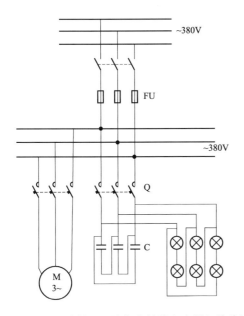

图 3-5　配电站低压母线集中补偿电容器组接线图

C—电容器组；M—电动机；FU—熔断器；Q—低压自动开关

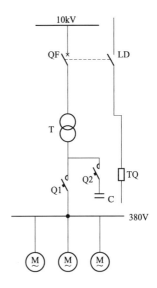

图 3-6　母线集中补偿电容器组接线图

C—低压电容器组；M—电动机；Q1、Q2—低压自动
开关；QF—断路器；LD—联动触点；TQ—脱扣线圈

当两台配电变压器和两段低压母线，且设母联断路器时，电容器可分为两组分别接到两段母线上，两组补偿容量一般是相等的，接线如图 3-7 所示。

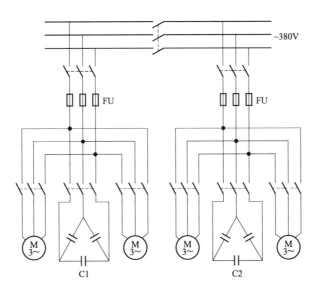

图 3-7　母线分组补偿电容器组接线图

C1、C2—低压电容器；M—电动机；FU—熔断器

25 低压分散补偿电容器组如何接线？

答：对用电负荷较大的用户，负荷又比较分散，如工厂的范围很大，车间分散，为使补偿尽量做到经济合理，可以将电容器组分散安装在各车间配电间内，其容量应按照配电间负荷大小、功率因数、母线电压水平等综合考虑。接线如图3-8所示。

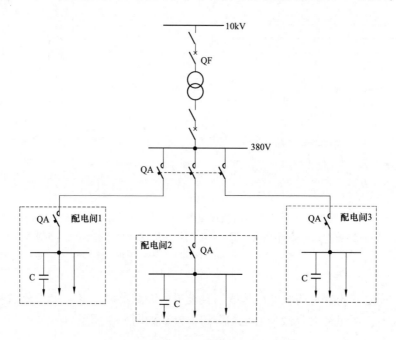

图 3-8　低压分散补偿电容器组接线图
QA—空气断路器；C—电容器；QF—高压断路器

26 单台电动机补偿电容器组如何接线？

答：为了实现就地补偿，对直接启动或经变阻器启动的电动机，可将电容器直接和电动机出线端子连接，电容器和电动机之间不需装设开关设备。对于大容量电动机，为避免由于电容器故障影响电动机的运行，它们之间可以加装一组自动空气开关或刀熔组合开关，电动机绕组可以兼做放电线圈，其原理接线如图3-9所示。星—三角起动的电动机的补偿电容器可采用如图3-10所示的接线方式。

27 户外低压电容器组安装对环境有何要求？

答：电容器组应安装在清洁、干燥、无有害气体污染和无爆炸危险的场所。如在化肥厂、农药厂、硫酸厂、水泥厂、焦化厂和采矿场附近，均不宜安装露天式电容器。

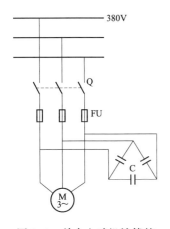

图 3-9　单台电动机补偿的
电容器组接线图

C—电容器组；M—电动机；

FU—熔断器；Q—自动开关

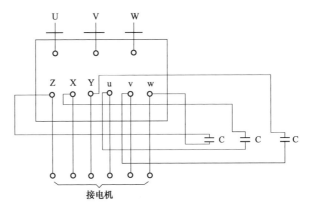

图 3-10　星—三角起动的电动机补偿电容器组接线图

28 户外低压电容器组安装的技术要求哪些？

答：（1）电容器组的安装应符合低压配电装置规程规定。电容器组应尽可能安装在台架上，台架底部离地面垂直距离应不小于 2.5m，带电导线与地面垂直距离应不小于 3m。也可落地安装在铁架上，四周应设有高度不低于 1.7m 的安全遮拦，地面应铺混凝土。电容器箱壳底部与地面垂直距离不小于 0.4m。

（2）同一电容器箱壁之间距离不小于 50mm。

（3）电容器安装时铭牌一律向外，并在铭牌下面标出电容器顺序编号，以便于巡视检查。

29 户内低压电容器组安装对环境有何要求？

答：户内式电容器应安装在清洁、干燥、通风较好的室内，严禁安装在户外和有腐蚀性气体、有剧烈震动、冲击，易爆、易燃的危险场所。

30 户内低压电容器组安装的技术要求哪些？

答：（1）电容器室应用防火材料建成。

（2）电容器室要通风良好，以确保室温满足制造厂家产品规定的要求。

（3）电容器室大门应向外开，若电容器室全长超过 5m 时，应设两个向外开的门，并有消防设施。

（4）为节约安装占地面积，电容器采用重叠式布置分层安装与铁架上，但为不影响散热和便于运行中巡视检查，上下布置不宜超过三层，一般不超过两排。排与排之间要留有 100mm 的间距，上、中、下层的层间距离不宜小于 0.8m，便于安装单台保护的熔断器。上、中、下三层电容器的安装位置要对应，以免妨碍通风。同一行电容器箱壳之间距离应不小于50mm。底层电容器箱底对地垂直距离应大于0.75m。

（5）电容器组铁架外面应装设1.7m高的网状遮拦并加锁，以保证安全。

（6）电容器安装时铭牌应向巡视道路一侧。

（7）电容器外壳应与支架连接，并有良好的接地。

（8）电容器组安装的电气安全距离，应按配电装置规定执行。

（9）电容器在安装前应做交接试验，在全部试验合格后方能装在支架上。

第四节　电容器的运行与维护

31　对低压成套电容器组的安全防护有哪些要求？

答：（1）装置的金属壳体，可能带电的金属件及要求接地的电器元件的金属底座（包括因绝缘损坏可能带电的金属件），装有电气元件的门、板、支架与主接地点间应保证有可靠的电气连接，与主接地点的电阻值应不大于0.1的。

（2）装置内保护电路所有部件应能耐受安装地点可能出现的最大热应力和电动力。

（3）保护导体的截面积应保证不小于表3-2的值。中性导体电流不超过相电流30%时，表3-2中的值也可用于PEN线，铜PEN导体截面积不小于10mm^2。

表3-2　　　　　　　　　　　　　保护导体的截面积

相导线的截面积 S（mm^2）	相应保护导体（PE、PEN）的最小截面积 S_p（mm^2）
$S \leqslant 16$	S
$16 < S \leqslant 35$	16
$35 < S \leqslant 400$	$S/2$
$400 < S \leqslant 800$	200
$800 < S$	$S/4$

（4）为了便于识别，保护导体的颜色采用黄绿双色，黄绿双色除了用于保护导体外，不得用于其他用途。

（5）装置的放电设施应保证在电容器断电后，从额定电压峰值放电到50V的时间不大于3min。电容器未放电前接触会有危险，应有警告标志。

（6）外接保护导体的端子应有标注，符号为⏚。

32　电容器运行监视检查哪些内容？

答：（1）监视温度、电压、电流。电容器室温不得超过40℃，电容器本体温度不得超过60℃。这里所提到的本体温度，指的是电容器外壳的最高温度。实际上电容器热点温度在元件的中心，但运行中只能监视外壳温度，通过外壳温度监视元件中心温度。电容器热点温度，不同绝缘介质耐热力不同，对于矿物油浸渍的纸绝缘，最大允许温度为65~70℃，而采用氯化联苯浸渍时则容许达到90~95℃。国产电容器外壳的最高温度，对于矿物油浸渍的规定为 60℃，而氯化联苯浸渍的为 80℃。

电压一般要求不超过 1.05 额定电压可长期运行，在最高不超过 1.1 额定电压下运行不超过 6h。

电流应按照制造厂家规定，电流过大引起电容器发热过大，温度过高。电容器一般应能在 1.3 倍额定电流下长期工作。

（2）检查电容器外壳无膨胀、瓷套管破碎、漏油等现象。还要检查接头是否发热，放电装置是否良好，通风装置是否良好等。

（3）电容器组应定期停电检查。对运行时能进室检查的电容器，每年应停电清扫检查 2 次；对运行时不能进室检查的电容器，每季应进行 1~2 次清扫检查。主要检查各部接点的接触情况（螺钉的松紧），放电回路的完整性，接地线的完好程度，清扫外壳、绝缘子及支架的灰尘。还要同时检查断路器和继电保护装置。

（4）当电容器组发生断路器跳闸、保护熔丝熔断时，应立即进行特殊巡视检查。对户外的电容器组，遇有雨、雪、风、雷等天气时，也要进行特殊的巡视检查。必要时还需要对电容器进行试验。

 33 电容器外壳膨胀有什么危害？

答：外壳膨胀又叫鼓肚。当电容器内部产生电晕、击穿放电等异常时，油纸绝缘处在高电场下，会引起一系列物理、化学、电气效应，使绝缘老化，油分解。绝缘油分解时产生大量气体，使箱壳内部压力增大，造成箱壁塑性变形引起外鼓。箱壁外鼓使油面下降，散热条件恶化，绝缘强度降低，进一步引起内部击穿，内部油劣化，压力进一步增大而发生爆炸。

34 电容器如何进行安全管理？

答：（1）电容器的正常投入与退出。根据电力系统的无功功率平衡情况，按调度规程投退电容器。但当环境温度、电压、电流超过允许值时，为了安全必须退出运行。

（2）紧急情况下，电容器应立即退出运行。凡遇到下列情况之一时，电容器应立即退出运行。

1）电容器爆炸。

2）套管严重闪络。

3）电容器喷油。

4）电容器起火。

5）接头过热熔化。

（3）全站停电后，必须将电容器组断开。当全站事故停电时，一般出线断路器都断开。如果仅电容器组连接在母线上，一旦来电，母线可能会过电压，电容器承受过高电压威胁其安全。另外，空载变压器投入时，可能与电容器产生铁磁谐振，造成过电流或过电压。所以全部停电时电容器组应断开。

（4）摇测电容器绝缘电阻时的安全注意事项。摇测电容器两极对外壳和两极间绝缘电阻时，额定电压为 1kV 以下的用 1000V 绝缘电阻表，1kV 以上的用 2500V 绝缘电阻表，摇测应由两人进行。测量前应用导线将电容器放电。测毕读完读数后，在测量接线未断开前，不得停转绝缘电阻表，否则电容器会对停转的绝缘电阻表放电，损坏表头。必须一边摇动，一边由另外工作人员戴上绝缘手头，拆除测量引线，然后停止摇动。绝缘电阻测量完毕后，应将电容器上的电荷放尽，防止人身触电。

（5）电容器断电后放电的安全技术：

1）电容器从母线上断开后，一定要通过放电电阻或专门的电压互感器放电。

2）电容器引出线之间，以及引出线与外壳之间都要进行放电。

3）电容器放电完毕后才可接地。

4）在电容器上作业前，一定要进行检验性放电。这种放电是将放电棒搁在电容器的引出线端子上停留一段时间。电容器即使已经接地，在作业前也应进行检验性放电。相互并联的电容器都必须进行放电。

5）对因故障切除的电容器进行检验性放电时更应特别小心。因对损坏的变压器，总接地装置可能因某部分断开起不到接地放电作用。

6）如果电容器装置有联锁装置，应考虑到只有整个装置都接地后，电容器组防护栅栏的小门才能打开。

35 电容器断路器跳闸事故如何处理？

答：电容器的断路器跳闸后不允许强行试送。跳闸后首先应根据保护动作情况和其他现象进行判断，接着要对电容器、断路器、互感器、电缆、引线进行全面检查，确认无故障，经分析认为是由外部故障造成母线电压波动跳闸，可试送。否则，应停电容器组做全面检查，查明原因后再做处理。

36 电容器爆炸起火事故如何处理？

答：电容器爆炸起火主要原因是内部元件击穿后未能及时切除故障，油分解产生大量气体，箱壳内压力骤增而发生箱壳或瓷套爆炸。一台电容器爆炸可能造成其他电容器损坏，而且矿物油喷洒很容易引起火灾。

电容器装置间必须备有灭火器、沙箱等消防设备。如果发生火灾，必须将电容器可靠接地，然后开始灭火。

第四章

配 电 系 统 接 地

第一节 接地与接地装置

1 什么是大地的"地"？ 什么是电气的"地"？ 大地的作用是什么？

答：大地的"地"，是从地理的角度，指地球陆地的表面层，称之为地理地。

电气的"地"，从电学的角度看"地"，地是一个电阻非常低，并且电容量非常大的物体，它有吸收无限电荷的能力，而且在吸收大量的电荷后仍能保持地电位不变，因此在电气上把它作为系统的一个参考电位体，通常把地电位看作是零电位，这种"地"称为电气"地"。

除电气"地"以外，在电子设备中各级电路电流传输、信号转换时，要求有一个参考电位防止外界信号的干扰，这个电位称为"逻辑地"或"浮地"。

电气"地"必须与大地接触，但"逻辑地"可以与大地接触，也可以不接触。例如：收音机线路中的"地"与大地是不接触的，这个"地"是"逻辑地"，因此，接地不限于接大地，与代替大地的金属导体的连接也是接地。

大地的作用主要有两点：一是作为参考等电位面（正常情况为零电位面）；另一个是起到导电和储存电荷的作用。

2 大地"地"的电位和电气"地"的电位有何区别？

答：大地由于能够吸收无限电荷，因此大地的电位宏观上是零电位。实际上大地任意两点间的电位往往是不同的。这是因为大地中人工电场的影响，造成大地的各点电位不同。

电气设备通过接地极接地，电气设备出现漏电以后，漏电电流通过电气设备的接地极流入地中，又通过电源系统接地极回到电源，同时在两个接地极周围形成了一个电场，这就是人工电场。

需要特别指出：接地的电气设备发生漏电时，漏电电流通过接地极流入地中后，不会消失，即大地不吸收漏电电流，漏电电流通过大地和电源系统的接地极流回到电气设备的电源中。

工程中对电气"地"的电位需要考虑人工电场的作用。电气"地"与电气系统注入大地的电流大小有关，当有大电流流入电气"地"时，电气"地"的电位可能会达到很高的电压，尤其是雷电流流入电气"地"时，电气"地"的瞬时电位可以高达数十万伏。因此对用于强、弱电的电气"地"应该远离单独设置的防雷接地点，即使是采取联合接地体，两者引出点也应远离。

地电阻不是一个恒定的值，随着地质不同，地电阻也不同。地电阻大小一般用电阻率来表示。对不同性质的地，电阻率可以相差几千倍到几万倍。

由于地电阻的存在，人工电场产生的各点电位是不等的。

工程上虽把电气"地"看作零电位，实际上并不是真正的零电位，它只是一个参考电位点，在某个系统中看作是零电位而已。

大地"地"是客观存在的，而电气"地"是人为设置的。在设置电气"地"时，对于可能影响它工作的其他装置的电气"地"需要远离，一般希望离开 20m，若无法远离时，最小距离应为 5m。

为了测量电气"地"的电位，工程上把离电气"地"20m 远处的地电位视之为零电位，测量两点间的电位差，为被测电气"地"的电位。

 什么是接地？

答：接地就是把电气系统、电路或者设备与大地连接，或者与范围广泛并且能代替大地的等效金属导体连接（例如电子设备的金属底座等）。在电力系统中接地通常指的是接大地，即将电力系统或者电气设备的某一金属部分经过金属接地线连接到接地电极上。

电力系统中接地的部分一般是中性点，也可以为相线上的某一点。电气装置的接地部分则为正常情况下不带电的金属导体，一般为金属外壳。

为了安全保护的需要，把不属于电气装置的导体（也可称为电气装置外的导体），例如水管、风管、输油管以及建筑物的金属构件和地中接地极相连接，称为接地。幕墙玻璃的金属立柱等和地中的接地极相连接，也称为接地。

接地不仅限于接大地，与代替大地的金属导体相连也是接地。例如飞机上的电气装置的某一点与飞机机身相连，既实现了等电位连接，也实现了接地。

 接地按作用分为哪些类型？

答：接地按其作用可分为功能性接地和保护性接地两大类。功能性接地可分为工作接地、逻辑接地、信号接地以及屏蔽接地四种。保护性接地可分为保护接地、防雷接地、防静电接地以及防电腐蚀接地四种类型。

（1）工作接地。为了保证电力系统的正常运行，在电力系统中的适当地点进行的接地，称之为工作接地。在交流系统中，适当的接地点一般指电气设备，例如变压器的中性点。在直流系统中还包括相线接地。

（2）逻辑接地。电子设备为获得稳定的参考电位，将电子设备中适当的金属部件，例如金属底座等作为参考零电位，把需要获得零电位的电子器件连接于该金属部件上，例如金属底座等，这种接地称之为逻辑接地。该基准电位不一定与大地相连，所以它不一定是大地的零电位。

（3）信号接地。为了保证信号具有稳定的基准电位而设置的接地，称之为信号接地。

（4）屏蔽接地。将设备的金属外壳或金属网接地，用以保护金属壳内或金属网内的电子设备不受外部电磁的干扰；或者防止金属壳内或金属网内的电子设备对外部电子设备引起干扰。这种接地称之为屏蔽接地。法拉第笼就是最好的屏蔽设备。

（5）保护接地。为了防止电气设备绝缘损坏使人身遭受触电的危险，将与电气设备绝缘的金属外壳或构架与接地极之间做良好的连接，称之为保护接地。接低压保护线（PE 线）或者接保护中性线（PEN 线），也称之为保护接地。停电检修时所采取的临时接地，也属于是保护接地。

（6）防雷接地。将雷电流导入大地，为防止雷电伤人和财产受到损失而采用的接地，称之为防雷接地。防雷接地的接地电阻与保护接地相比较要求不高，但它对因为雷电流可能引起的反击需要特别注意，所以防雷接地的设计和施工要特别慎重。

（7）防静电接地。将静电荷引入大地，防止因为静电积累对人体和设备受到损伤的接地，称之为防静电接地。面油罐汽车后面拖地的铁链子也属于是防静电接地。工业项目建设中，有一些管道要进行防静电接地，通常在管道法兰盘两边用铜导线或铜皮进行跨接，在管道的始端和终端与防静电接地相连接。

（8）防电腐蚀接地。在地下埋设金属体作为牺牲阳极用以达到保护与之连接的金属体，例如输油金属管道等，称之为防电蚀接地。牺牲阳极保护阴极的接地称之为阴极保护。

5 接地的目的和作用是什么？

答：接地的目的主要是为了防止人身触电伤亡、保证电力系统的正常运行、保护输电线路和变配电设备及用电设备绝缘免遭损坏；预防火灾、防止雷击损坏设备以及防止静电放电的危害等。

接地的作用主要是利用接地极把故障电流或者雷电流快速自如地泄放进大地土壤之中，以达到保护人身安全和电气设备安全的目的。

6 接地是否能降低电击危险？

答：接地是防止电击的一种有效方法。电气设备通过接地装置接地以后，使电气设备的电位接近地电位。

因为接地电阻的存在，电气设备对地电位总是存在的，电气设备的接地电阻越大，故障时电气设备对地电位也就越大，人触及时的危险性也就越大。

当电气设备发生相线碰壳故障时，电气设备的接地即使十分可靠，碰壳故障未排除之前，人触及此电气设备仍然有被电击的危险，其分析电路如图 4-1 所示。假设电源系统的工作接地 $R_0 = 4\Omega$，电气设备的接地电阻 $R_d = 4\Omega$，电气设备的电源相线直接碰壳，

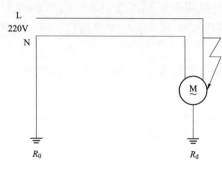

图 4-1　碰壳故障分析

在不计及线路电阻和碰壳点接触电阻的情况下，电气设备的故障电压 U_d 为

$$U_d = \frac{220V}{R_0 + R_d} \times R_d = 110V$$

上例说明电气设备的接地即使可靠，人若触及故障设备仍有被电击的危险（人触及带有110V 的故障电压的电气设备当然是有危险的），那么为什么还要设置接地装置呢？

若故障设备未接地，甚至对地绝缘，则漏电电流就不会产生，此时故障设备外壳的电压就与相线对地电压相同，达到220V，与110V 相比，其危险性就会更大。

若设备接地可靠，漏电电流就大，熔丝易断，断路器容易跳闸，故障容易自动切除。本例漏电电流可达 27.5A ［计算式为 220/（4+4）＝27.5］。

若设备不接地，漏电电流极小，熔丝不会断，断路器也不会跳闸，因此故障不可能自动排除，会使危险故障电压长期存在。

⑦ 为什么说接地是保证电力系统正常运行的必要措施？

答：电力系统的接地又称为系统接地，一般在变电站对中性点进行接地。

系统接地的接地电阻要求很小，对大型变电站要求有一个接地网，保证接地电阻小，并且可靠。

系统接地目的是使电网的中性点与地之间的电位接近于零。

低压配电系统无法避免相线碰壳或者相线断裂后碰地，如果中性点对地绝缘，就会使其他两相对地电压升高至380V，其结果可能会把工作电压为 220V 的电气设备烧坏。对于中性点接地的系统，即使一相与地短路，另外两相仍然可接近相电压，因此接在其他两相的电气设备不会损坏。此外，可防止系统振荡，电气设备和线路只要按相电压考虑其绝缘水平就可以。

通信系统采用正极接地，可以防止杂音窗口窜入和保证通信设备的正常运行。电子线路需稳定的参考点，才能够正常运行，因此也需要有可靠的接地。

⑧ 接地能否降低直接雷的危害？

答：所有防雷措施之中最主要的方法就是接地。

直接雷就是雷电直接击中建筑物，或者击中人、树木、家畜等。这里只是讨论建筑物的防雷，其方法就是在建筑物的顶部装设避雷针和避雷带；或在球罐等物体旁边安装独立避雷针。

避雷针接地可靠才能有效地防止雷击，若接地不良或者接地断裂，则会加剧雷电的危害。虽然人们对防直接雷比较重视，但有些人在对避雷针的保护范围上存在错误观点。例如认为建筑物顶上安装了避雷带，就不必再装避雷针；认为屋顶上低于女儿墙避雷带的设备，就不必和避雷带相连；也有些人认为避雷针的高度等于避雷针在地面上的保护半径。

当建筑物为金属屋顶时，如果需要防金属板雷击穿孔，钢板厚度则不应小于 4mm、铜板则不应小于 5mm、铝板则不应小于 7mm。

某大楼，其屋顶为直升机停机坪，采用铝合金屋顶，铝板厚度大于 7mm，如果用小于 7mm 的铝板，那么铝屋顶下面不应放置易燃物。

9 接地如何能降低静电感应雷的危害？

答：雷电发生时，除了直接雷以外还会产生感应雷，感应雷又可以分为静电感应雷和电磁感应雷。

金属球罐等设备，即使上面不装任何电气设备，接地仍是十分重要的，如果雷直接击中金属球罐，雷电流将通过接地装置迅速在地中流散。

除了雷直接击中金属球罐以外，当金属球罐位于雷云和大地间所形成的电场中时，金属球罐就会感应出与雷云异性的电荷。若球罐不接地，雷云放电以后，球罐上感应的电荷难以释放，就会形成对地很高的静电感应过电压，将有可能导致火灾或者爆炸。

若球罐有良好的接地，感应产生的静电荷就不可能积聚在球罐上，它将会被迅速导入地中。

10 接地如何能降低电磁感应雷和静电的危害？

答：（1）电磁感应雷。处于强大的变化电磁场中的导体，能感应出很高的电势。某住宅楼，在其附近有高压线，施工人员在高压线下测量防雷接地时，测量线从屋顶的避雷带上引下来，会使测量线和防雷引下线形成一个电磁感应线圈，产生一个电磁感应电压，当手触及测量线的端部时就会有强烈的麻电感，示意图如图 4-2 所示。

为完成防雷测量又不会产生危险，只要把测量线沿墙面放下，再贴地接到控制棒上，就不会形成感应线圈，测量就会做到安全。

雷击时产生的幅度和陡度远远大于高压线的感应电流，在雷击区形成强大变化的电磁场，如果在此区域内有相互靠近的金属物体，并且形成一个间隙不大的闭合环路，此环路就会感应出一个很高的

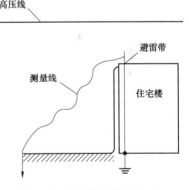

图 4-2 高压线下需要防止产生感应电压示意图

电势，在间隙处会产生火花放电现象。如果区域内导体构成闭合回路，则导体内会产生感应电流。为防止电磁感应引起的不良后果，应该将所有相互靠近的金属物体用导体跨接成一体，可以采用 25mm×4mm 的镀锌扁钢跨接。

（2）静电。工程建设中很多弱电设备的金属体，强调要进行防静电接地。管道虽然不必通电，但在管道中的液体流动速度比较大时，为了避免因摩擦产生静电，对于这些管道也要跨接和接地，使静电无法聚集。

11 什么是接地网？ 什么是接地装置？ 电力系统中构成接地要满足什么条件？

答：由接地线、接地体连接起来面所形成的网，称之为接地网。接地线与接地电极连接在一起的组合体称之为接地装置。

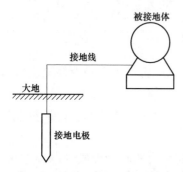

图4-3 接地系统的构成四要素

电力系统中要构成接地必须满足下列四个条件：被接地体、接地线、接地电极以及大地。如图4-3所示，这四部分又称为接地四要素。

（1）接地体。埋设在地下并且直接与大地接触的金属导体，称之为接地体。

（2）被接地体。被接地体可以是电气设备和电子设备不带电的金属外壳，也可以是各种机械，例如电动机的金属机座，也可以是变压器的中性点，或低压用电线路的保护线（PE线）或者保护中性线（PEN线）等。

（3）接地电极。埋入大地中并且与大地紧密接触的金属导体。它是故障电流（包括雷电流）进入大地的通路。在接地技术中，接地电极就像在大地上设置的接线端子，该接线端子称之为接地电极，简称接地极。它看起来只有一个端子，实际上有两个端子，通常假设其另外一个端子在无限远处。接地极又可分为自然接地极和人工接地极两类。

12 什么是零地电位接地网？ 零地电位接地网的主要特征是什么？ 零地电位接地网的物理意义是什么？

答：发电机与其直配供电的用电设备所共有的接地网，当发电机以及任何一台用电设备发生接地故障时，该接地网的接地电阻为零，这种共用接地网称之为零地电位接地网。

零地电位接地网的主要特征有以下几点：

（1）它是额定电压与用电设备相同的电源设备（发电机和蓄电池）共用的接地网。

（2）当发生设备接地故障时，全部故障电流 I_k 仅在接地网金属导体中流动，并没有电流进入土壤中流散，因此，接地网的接地电阻与土壤电阻率的大小无关。所以，接地电阻 R_s 可不作具体的要求。

（3）故障电流在地网内部流回电源的过程中，接地网的接地电阻为零，即 $R_s = 0$。

（4）接地网在发生接地故障的过程中地电位等于零即 $U_s = I_k R_s = I_k \times 0 = 0V$。

零地电位接地网的物理意义为当该接地网通过接地故障电流时，其接地电阻为零，所以其地电位也等于零。其物理本质不是地电位等于零，而是其接地电阻为零。

13 接地网设计的基本要求有哪些？

答：（1）为了保证交流电网正常运行以及故障时人身和设备的安全，电气设备以及设施宜接地或者接中性线，并做到因地制宜，安全可靠并且经济合理。

（2）不同用途以及不同电压的电气设备，除了另有规定者外，应该使用一个总的接地系统，接地电阻应当符合其中最小值的要求。

（3）接地装置应当充分利用直接埋入水下和土壤中的各种自然接地体来接地，并校验其热稳定。

（4）当电站接地电阻难以满足运行的要求时，可以根据技术经济比较，因地制宜地采用水下接地、引外接地或者深埋接地等接地方式，并且加以分流、均压以及隔离等措施。对小面积接地网和集中接地装置可以采用人工降阻的方法来降低接地电阻。

（5）接地设计时应该考虑土壤干燥或者冻结等季节变化的影响，接地电阻在四季中均应符合设计值的要求。防雷装置的接地电阻，可以只考虑在雷季中土壤干燥状态的影响。

（6）初期发电时，应当根据电网的实际短路电流和所形成的接地系统，校核初期发电时接触电位差、跨步电位差以及转移电位。当上述参数不满足安全要求时，应当采取临时措施，保证初期发电时期电站的安全运行。

（7）满足工作接地的一系列要求。

（8）满足保护接地的一系列要求。

（9）满足防雷接地的一系列要求。

14 接地装置投入运行前的检查项目有哪些？　接地装置日常检查、维护项目及注意事项有哪些？

答： 为了保证接地装置投入使用后，能安全并且可靠地工作，接地装置在投入运行前必须经过仔细、全面的检查，具体要求如下：

（1）接地装置的接地电阻应当符合规定要求。

（2）各连接部位连接良好，无松动现象，焊接部位焊接合格。

（3）接地体应通过接地扁钢连接成环形或网形。

（4）接地材料的防锈漆（或热镀锌）应完好。

（5）接地体和接地线的规格应当符合相关规定。

接地装置在运行中，要加强巡检，及时发现异常和缺陷并且进行处理，保证接地装置状况良好。具体检查项目如下：

（1）设备接地部分、接地连线（或接地引下线）和接地体三者之间连接良好。

（2）接地标志齐全并且明显。

此外，在每年的雷雨季节来临前，应当对接地装置进行一次全面的检查维护，并测量接地电阻。具体项目如下：

（1）测量接地电阻，接地电阻应符合规定要求。

（2）检查各接地引下线有无机械损伤以及腐蚀的现象。

（3）接地螺栓是否拧紧，焊接处是否牢固、有无脱焊现象等。

15 接地网设计的工作接地有哪些要求？

答：（1）在中性点有效接地系统中，自耦变压器和需要接地的电力变压器中性点、线路并联电抗器的中性点、电压互感器以及接地开关等设备应当按照系统的需要进行接地。

（2）在中性点不接地系统中，消弧线圈的接地端、接地变压器的接地端和绝缘监视电压互感器一次侧中性点需直接接地。

（3）在中性点有效接地的系统中，应当装设能迅速自动切除接地短路故障的保护装置。在中性点不接地的系统中，应当装设能够迅速反应接地故障的信号装置，也可以装设延时自动切除装置。

16 接地网设计的保护接地有哪些要求？

答：（1）电力设备的下列金属部件，除了另有规定者外，均应当接地或接中性线（保护线）。

1）电动机、变压器、电抗器、携带式以及移动式用电器具等的底座和外壳。

2）SF_6 全封闭组合电器（GIS）与大电流封闭母线的外壳以及电气设备箱、柜的金属外壳。

3）电力设备的传动装置。

4）电压互感器和电流互感器的二次绕组。

5）配电控制保护屏（柜、箱）以及操作台等的金属框架。

6）屋内以及屋外配电装置的金属构架、钢筋混凝土构架，以及靠近带电部分的金属围栏和金属门、窗等。

7）交流以及直流电力电缆桥架、接线盒、终端盒的外壳、电缆的屏蔽铠装外皮、穿线的钢管等。

8）装设有避雷线的电力线路杆塔。

9）在非沥青地面的居民区内，无避雷线的非直接接地系统中架空电力线路的金属杆塔以及钢筋混凝土的杆塔。

10）铠装控制电缆的外皮、非铠装或者非金属护套电缆的 1~2 根屏蔽芯线。

（2）电力设备的下列金属部分，除了另有规定者外，可以不接地或不接中性线（保护线）。

1）在木质、沥青等不良导电地面的干燥房间内，交流额定电压 380V 及以下的电力设备外壳。但是当维护人员可能同时触及设备的外壳和接地物体时除外。

2）在干燥场所，交流额定电压 127V 及以下，直流额定电压 110V 及以下的电力设备外壳，爆炸危险场所除外。

3）安装在配电屏、控制屏以及配电装置上的电气测量仪表、继电器和其他低压电器等的外壳，以及当发生绝缘损坏时，在支持物上不会引起危险电压的绝缘子金属底座等。

4）安装在已经接地的金属构架上的设备（应保证电气接触的良好），如套管等。

5）标称电压 220V 及以下的蓄电池室内的支架。

6）与已经接地的底座之间有可靠电气接触的电动机以及其他电器的金属外壳。

（3）在中性点直接接地的低压电力系统中，电力设备的外壳和机座宜采用接地或者接中性线（或保护线）保护。对于用电设备比较少并且分散，又无接地线的地方，适宜采用接中性线保护。而接中性线保护确实有困难并且土壤电阻率较低时，可以采用直接埋设接地体来进行接地保护。当低压电力设备的机座或者金属外壳与接地网可靠连接后，允许不按接中性线保护的要求做短路验算。由同一台发电机、变压器或者同一段母线供电的低压线路，不适宜采用接中性线、接地这两种保护方式。在低压电力系统中，当全部采用接地保护时，应当装设能自动切除接地故障的继电保护装置。

17 接地网设计的防雷接地有哪些要求？

答：（1）所有高压避雷针和避雷线的构架、微波塔均应当设置集中接地装置。

（2）避雷器宜设置集中接地，接地线应当以最短的距离与接地网相连接。

（3）独立避雷针（线）应当设独立的集中接地装置，接地电阻不应超过 10Ω。在土壤电阻率较高的地区，当做到要求所规定的 10Ω 确实有困难时，允许采用比较高的数值，并应当将该装置与主接地网相连接，但是从避雷针与主接地网的地下连接点到 35kV 及以下电气设备与主接地网的地下连接点，沿接地体的长度不应小于 15m。避雷针（线）到被保护设施的空气中距离和地中距离还应当符合防止避雷针（线）对被保护设备反击的要求。

（4）独立避雷针（线）不应装设在人经常通行的地方。避雷针（线）及其接地装置与道路或人口等的距离不应小于 3m，否则应采取均压措施，铺设砾石或者沥青地面。

18 接地网的防腐措施应该从哪些因素考虑？ 关于接地网的防腐在设计方面需要考虑哪些因素？

答： 接地网防腐必须采用综合措施，考虑设计、施工、运行维护和防腐技术应用等方面。

接地网的防腐在设计方面需要考虑以下因素：

（1）接地体材料。沿海、沿江、盐碱和化工厂等地区；核电站或者枢纽发、变电站以及综合自动化电站等对接地装置使用功能和寿命要求很高的地方；在高楼或者地下变电站等接地装置无法定期开挖检查的地区，应当优先选用铜接地材料。其他地区可以根据当地土壤环境和有关腐蚀统计数据分析、做技术经济比较决定使用铜材或者钢材作为接地极（以上钢导体均指热电镀锌钢）。

（2）接地体形状。①优先采用圆棒形金属（铜或者钢）作水平主接地引下线，尽量避免使用扁钢，如果使用，规格不应当小于 50mm×6mm 的扁钢。对于 110kV 中性点直接接地的变电站，最好选用 80mm 接地的扁钢（按 50 年腐蚀寿命计）。从经济性看，TJ-150mm² 铜绞线与 80mm×50mm 扁钢（镀锌）的单价大致相当，但铜绞线的使用寿命却长很多。②优先使用角钢和圆钢作为垂直接地极（如用铜绞线作水平电极，则应当为铜材）。如果使用钢管，则其壁厚应当不小于 5mm。

（3）接地体截面积。不考虑腐蚀时，按照热稳定条件选择接地线截面积的公式：S_g =接地体$_g/C$，其中，GB/T 50065—2011《交流电气装置的接地设计规范》推荐 t_e 取主保护的动作时间 t_m、断路器失灵保护的动作时间 t_f 和断路器的开断时间 t_0 的算术和，即 $t_e = t_m + t_f + t_0$；此时间在接触电位差和跨步电位差的校验中，通常取 $t_e = 0.5s$，这是可取的。但是对于选择接地线截面积而言却偏小。1987 年全国高电压工作会议建议 $t_e = 2s$ 的安全措施是可取的。这时接地线最小截面积 $S_{\min} = S_g(\sqrt{2}/\sqrt{0.5}) = 2S_g$，在这种情况下，可以不再考虑腐蚀的影响。

（4）改变电缆沟接地线（带）的传统布置方式。可以将电缆沟的接地线嵌于电缆沟的混凝土两壁中，用以降低腐蚀速度。

19 关于接地网的防腐在施工方面需要考虑的因素有哪些？

答：关于接地网的防腐在施工方面需要考虑以下因素：

（1）采用焊接。可以防止电偶腐蚀以及缝隙腐蚀，应避免使用螺栓连接和压接。

（2）在焊接工艺中，首推放热焊。从防腐的角度看，放热焊的优点有：①焊剂反应形成的焊接头本身就具备良好的耐腐蚀性；②因为焊接反应在熔模内完成，扫头外观形状均匀饱满，质量能够得到控制，可以减少因外部结构不均所造成局部腐蚀；③由于反应时间短，一般不超过 3s，对母材造成的热损伤较小，可以减少因微观组织不均匀所造成的微电池腐蚀。

（3）改进接地引下线防腐。一般的防腐漆比较容易脱离，可以改用环氧沥青，效果更好；也可以考虑采用外包混凝土块的预制件作为接地引下线。

（4）保证接地体回填土的质量。土壤的电化学特性取决于电站或者电力设备的选址。但设计和施工可以采取控制措施，避免带来不利的影响。对回填土土质不均匀或杂物（如塑料袋等废物）等加以控制，就能减少腐蚀的破坏。

20 关于接地网的防腐在运行维护时需要进行哪些操作？ 接地网的防腐技术措施有哪些？

答：在运行维护时需要定期进行检测接地网的接地电阻，除了记录时间外，还应当记录测量时的温度和湿度，便于为下次测量作比较参考。当发现接地电阻明显升高时，应当首先考虑网外的降阻剂是否失效，或者引外线有无腐蚀断裂，必要时进行开挖检查，查明原因，便于进行改造。

接地网的防腐技术措施有：采用复合金属防腐技术、采用导电防腐涂料、接地网二重防腐措施以及采用阴极保护防腐技术。

21 什么是复合金属防腐？ 复合金属防腐分为哪些种类？ 复合金属防腐中钢材镀锌技术和镀铜技术两种方法各有什么特点？

答：复合金属防腐对于黑色金属（如钢铁）而言，就是在钢材的表面覆盖一层有色金属，用来防止钢材腐蚀。

复合金属防腐目前经常使用的是钢材镀锌技术和镀铜两种。镀锌工艺分为冷镀锌和热镀锌两种。

钢材镀锌防腐。由于锌对于一般的碱性土壤有较好的耐腐蚀性能，价格也比较便宜，因此接地钢材镀锌防腐用得比较广泛。镀锌工艺分为冷镀锌和热镀锌两种。一般接地扁钢或圆钢要求的镀锌厚度为 0.05~0.06mm；但这种厚度对酸性土壤的抗腐蚀能力比较差，因此，设计要求热镀锌厚度不小于 0.1mm，用以提高防腐年限。

铜包钢防腐。铜包钢工艺有电镀法、套管法以及水平连铸法。其中水平连铸工艺的质量最好。但这种防腐蚀材料的价格比较贵，在大型地网中考虑经济性用得较少。主要应用于小型接地网，特别是防雷接地用得比较多。

22 对导电防腐涂料有什么要求？

答：对于接地极来说，对导电防腐涂料有严格的要求，因为其接地极金属要向周围土壤传导电流，其主要技术要求有三点：

（1）导电性能好。要求选用导电涂料的电阻率远远低于土壤的电阻率，如果能与被保护金属的电阻率相差不大则更好。

（2）防腐性能好。要求对酸、碱以及盐类等化学溶剂都有较高的耐腐蚀能力。

（3）现场施工的工艺简单易行，机械强度要适当，不易裂碎。

23 什么是接地网二重防腐措施？

答：接地网在施工前，为了进一步提高接地网的抗腐能力，延长其使用寿命，把镀锌扁钢（或圆钢）外再涂上一层导电防腐涂料，待涂料完全干燥后再埋入土壤中，这就是大型接地网的二重防腐措施。与采用铜接地体相比较，钢导体的二重防腐措施也是可选择的办法之一。

24 设计接地网时有何注意事项？

答：（1）接地电流值，更确切地说是计算接地网安全参数指标的电流，取决于电网容量、电网电压以及电网设计中的电力设备的参数。

（2）布置接地网场地的尺寸以及土壤电阻率，它决定了接地网电阻的主要参数及其地电位（升）。

（3）电流流过接地网的持续时间或者电网中故障的切除时间（对中性点直接接地系统而言），后者将决定地网接触和跨步电位差的容许值。因此，设计人员所能决定的只有确保人体接触接地物体的安全措施上很有限的选择性。

25 设计接地网的三大电气安全指标是什么？ 附加指标是什么？ 设计接地网时可选择的安全措施有哪些？

答：设计接地网时接触电位差、跨步电位差以及接地电阻是重要的三大电气安全指标。还有个附加指标，就是地网导体应满足发热条件的要求。

设计接地网时可选择的安全措施有以下几点：

（1）使用各种方法最大限度地降低接地网的电阻。

（2）在给定接地网地电位的情况下，为降低接地网接触电位差，应当仔细调匀地表面上的电位（均衡电位）。

（3）在户内电气设备的场地上铺设橡胶地毯，目的是减少通过触电人体的电流，在户外配电装置场地上人为增加地表层的土壤电阻率（采用高电阻率的路面结构层）。

（4）其他可能采取的安全措施等。

26 什么是自然接地极？ 什么是人工接地极？ 人工接地极如何进行敷设？

答：兼作接地极用的直接与大地接触的各种金属构件、金属井管、钢筋混凝土建（构）筑物的基础、金属管道以及设备等称为自然接地极，也称自然接地体。

人工埋入大地中的专用接地金属导体称之为人工接地极，又称为人工接地体。

人工接地极按敷设的方法分为两类，具体如下：

（1）水平敷设。水平敷设宜采用裸铜绞线、覆铜钢绞线、金属接地板、石墨接地模块以及离子式接地极等。

（2）垂直敷设。垂直接地极宜采用钢芯镀镍覆铜复合接地极或者石墨接地棒、离子式接地极等。我国过去采用角钢或者圆钢作为垂直接地极，因为寿命短，而且无法打深，工程中已被逐渐淘汰，目前多采用的是钢芯镀镍覆铜复合接地极。

27 接地极的作用是什么？

答：（1）与大地有良好的接触，以使与其相连接的电气设备的非载流金属部分保持大地电位。

（2）为雷电流、线路或者设备接在故障电流时提供低电阻（或低阻抗）散流通道，将大量电流迅速地消散到大地之中。

（3）通过接地极把电气设备外壳上集聚的泄漏电荷或者静电电荷引导入大地中。

（4）在故障状态下，若供电系统的中线（已接地）连接到配电箱上，作用就是将故障电流引导到过电流保护装置上。过电流保护装置若能启动，就可以切断故障电源。

28 接地极应符合哪些要求？

答：（1）对于接地极材料和尺寸的选择，应当使其耐腐蚀又具有适当的机械强度。耐腐蚀和机械强度要求埋入土壤中的常用材料以及接地极的最小尺寸，应当符合表4-1的规定。有防雷装置时，应符合 GB 50057—2010《建筑物防雷设计规范》的有关规定。

表4-1　　耐腐蚀和机械强度要求埋入土壤中的常用材料以及接地极的最小尺寸

材料	表面	形状	直径（mm）	截面积（mm^2）	厚度（mm）	镀层/护套的厚度（μm）	
						单个值	平均值
钢	热镀锌或不锈钢	带状	—	90	3	63	70
		型材	—	90	3	63	70
		深埋接地极用的圆棒	16	—	—	63	70
		浅埋接地极用的圆线	10	—	—	—	50
		管状	25	—	2	47	55

材料	表面	形状	最小尺寸				
			直径（mm）	截面积（mm²）	厚度（mm）	镀层/护套的厚度（μm）	
						单个值	平均值
钢	铜护套	深埋接地极用的圆棒	15	—	—	2000	—
	电镀铜护层	深埋水平接地极	—	90	3	70	—
		深埋接地极用的圆棒	14	—	—	254	—
铜	裸露	带状	—	50	2	—	—
		浅埋接地极用的圆线	—	25		—	—
	—	绞线	每根1.8	25	—	—	—
		管状	20	—	2	—	—
	镀锡	绞线	每根1.8	25	—	1	5
	镀锌	带状	—	50	2	20	40

注 1. 热镀锌或不锈钢可用作埋在混凝土中的电极。

2. 不锈钢不加镀层。

3. 钢带为带圆边的轧制带状或者切割的带状。

4. 铜镀锌带为带圆边的带状。

5. 腐蚀性和机械损伤极低的场所，铜圆线可采用16 mm²的截面积。

6. 浅埋指埋设深度不得超过0.5m。

（2）接地极应根据土壤条件和所要求的接地电阻值，选择1个或者多个。

（3）接地极可以采用下列设施：

1）嵌入地基的地下金属结构网（基础接地）。

2）金属板。

3）埋在地下混凝土（预应力混凝土除外）中的钢筋。

4）金属棒或者管子。

5）金属带或者线。

6）根据当地条件或要求所设电缆的金属护套以及其他金属护层。

7）根据当地条件或要求设置的其他适用的地下金属网。

（4）在选择接地极类型以及确定其埋地深度时，应符合 GB/T 16895.21—2011《低压电气装置 第4-41部分：安全防护电击防护》中的有关规定，并应当结合当地条件，防止在土壤干燥和冻结的情况下，接地极的接地电阻增加到有损电击防护措施的程度。

（5）应当注意在接地配置中采用不同材料时的电解腐蚀问题。

（6）用于输送可燃液体或者气体的金属管道，不应用作接地极。

29 什么是接地电阻？ 接地极的接地电阻的概念是什么？

答：电流通过接地极向周围大地无穷远处流散时，大地土壤所呈现的总电阻，称之为接地电阻。例如，在某个电极上流入接地电流 I，而接地电极的电位比周围大地无穷远处高出 U 时，则接地极电位 U 对于接地电流 I 的比值（U/I）称为接地电阻。

接地极的接地电阻是指接地极的对地电位与经接地极流入地中的电流之比。工程中测量接地极的接地电阻是在接地极上人为地加上一个交流电压，然后测量流入接地极的电流，接地极的电位和流入接地极的电流之比即接地极的接地电阻。接地极的接地电阻由三部分组成：接地极的自电阻、接地极之间的互电阻、接地极表面和土壤之间的接触电阻。

30 接地极的接地电阻包含哪些？ 如何测量？

答：接地极的接地电阻示意图如图4-4所示，接地电极的接地电阻包含以下三种电阻：（1）接地电极自身的电阻。

（2）接地电极表面与大地土壤接触处的接触电阻。

（3）接地电极周围土壤所具有的电阻。

接地极表面和土壤之间的接触电阻是构成接地极接地电阻的主要部分，因此增加接地极中表面积是降低接地极接地电阻的有效措施。

某施工队伍施工时，接地电阻测试仪不慎摔坏了，为了测出接地极的接地电阻，就用电焊机作为交流电源，用交流电压表和电流表作为测量仪表，其测试电路如图4-5所示。

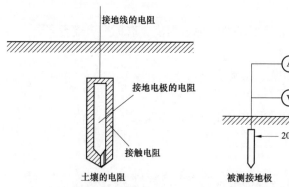
图 4-4　接地极的接地电阻示意图

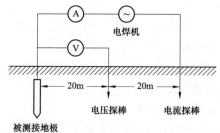
图 4-5　用交流电焊机作为电源
测量接地电阻的测试电路

根据测量结果，可用下式计算出接地极的接地电阻

$$R = \frac{U}{I}$$

式中　R——接地极的接地电阻；

　　　I——加在接地极上的交流电流；

U——接地极的对地电位。

测量时接地极、电压探棒以及电流探棒各相距 20m，其原因是避免相互间因屏蔽作用而产生的测量误差。

电流探棒和电压探棒无须打深，因为电流探棒和地之间的接触电阻仅仅改变注入接地极的电流大小而已，而电压探棒和地之间的接触电阻仅影响电压表的输入阻抗，电压探棒与地之间的接触电阻与电压表的输入阻抗相比可以忽略不计，因此产生的误差也是非常小的。

31 什么是设备接地电阻？ 如何测量？

答：电气设备接地部分的对地电位与接地电流之比称为设备接地电阻。如图 4-6 所示，表示了用接地电阻测试仪测量接地极接地电阻和设备接地电阻时的方法。

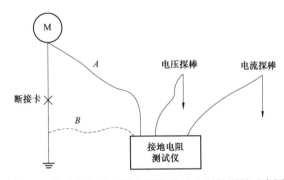

图 4-6　接地极接地电阻和设备接地电阻的测量示意图

在图 4-6 中，断开断接卡，用测量线 B 测量（测量线 A 拆除），测出的是接地极的接地电阻。断接卡连接以后，把测量线 A 接至被测电气设备的接地端子上（测量线 B 拆除），测出的是被测电气设备的接地电阻。电气设备的接地电阻是设备的接地线电阻和接地极的接地电阻之和。当电气设备距接地极较近时，设备的接地线电阻可以忽略不计，此时设备的接地电阻等于接地极的接地电阻。

工程上测量接地极的接地电阻以后，对设备与接地极之间的接地线只用肉眼检查是否连接良好，是非常不可靠的检查方法。设备的接地是否可靠，同样也应该用仪器测试，要对设备的接地线连接是否可靠进行逐一测量。

接地极的接地电阻和设备接地电阻用接地电阻测试仪测量时，接地电阻测试仪输出的测试源是低频小电流电源。接地极投入使用以后，接地极和接地线中流过的电流是 50Hz 及 50Hz 的谐波电流，测量时为了避免 50Hz 的干扰引起测量的误差，一般采用非 50Hz 及其倍频的测试电源，例如可以采用接近 50Hz 的 125Hz 测试源。

接地电阻测试仪的输出电源是由干电池或者手摇发电机产生的，其输出电流很小，接地极投入使用以后，接地线和接地极中流过的漏电电流远远大于测试电流，所以测量接地极接地电阻时要把接地极和电源系统之间的连接线断开。也有能带电测量的数字式接地电阻测试仪，进行带电测试时必须选择能带电测试的接地电阻测试仪。

32 什么是冲击接地电阻?

答：雷电流是一种特别大的冲击电流，因此在防雷接地中引入冲击接地电阻这一概念。防雷工程图纸中对防雷接地通常规定冲击接地电阻要不大于 10Ω 或 30Ω。

在工程条件下无法直接测量冲击接地电阻，例用接地电阻测试仪测出的是工频电阻。工程中通常规定：防雷接地用的工频接地电阻不能大于 10Ω。

测出防雷接地的工频接地电阻和土壤电阻率以后，可以用计算方法求出冲击接地电阻。

33 接地极的接地电阻与设备的接地电阻有什么关系?

答：电气设备通过接地线和接地极相连，以达到接地的目的，接地极的接地电阻大小直接影响到设备接地的好坏。

工程中有不少人认为接地极的接地电阻符合要求，那就表示电气设备的接地也符合要求了，这是不正确的，因为设备的接地电阻由接地线电阻和接地极电阻两个部分组成，如果接地线发生断裂，或者是接地螺钉没有旋紧，设备的接地就会不符合要求。

工程上测量接地极的接地电阻以后，对设备和接地极之间的接地线只用肉眼检查是否连接良好，这种方法是不可靠的，设备的接地是否可靠，也应该用接地电阻测试仪测试。每个设备的接地电阻应当有测试记录。

34 什么是接地线? 什么是保护线? 接地线和保护线有什么区别?

答：接地线指的是电气设备、设施的接地装置端子与接地极相互连接用的金属导体，或由接地极至总接地端子或总接地母线的一段保护线。接地线用符号 E 表示。

将需要作保护的设备外壳或者导体用导线和接地干线或者接地极连接起来，这部分导线就称为保护线，用符号 PE 表示，PE 线若和 N 线合用一根线，此线则称为保护中性线（PEN 线）。

接地线和保护线是既有联系又有区别的两种线。E 线和 PE 线对截面积的要求是不同的。例如一台 3150kVA 的变压器，其电源系统的中性点和接地极之间的接地线，其截面积采用 $25mm^2$ 的铜排已经够了，工程中通常用 $25mm \times 4mm$ 的铜排以延长使用寿命。但变电站内低压柜的 PE 线往往要采用 $150mm^2$ 的铜排，若根据 PE 线为 $150mm^2$ 的铜排，因此提出 E 线也应该用 $150mm^2$ 的铜排，这样的话这个决定就是错误的，正确的做法如图 4-7 所示。

E 线中的电流是电源系统流入地中的漏电电流，通过 E 线再回到变压器，由于工作接地极和保护接地极的接地电阻限止了流经 E 线的电流，所以 E 线的截面积不需要太大。

PE 线的截面积和 PE 线中可能流动的电流有关，其电流最大等于相线电流，因此 PE 线的截面积和相线的截面积有关，接电气设备的相线截面积小于相线主干线的截面积，该电气设备的 PE 线截面积也应当小于 PE 线的主干线截面积。相线的主干线截面积大，PE 线的主干线截面积也大。

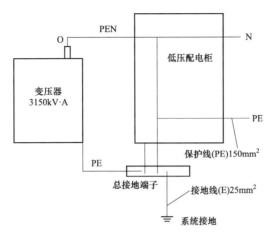

图 4-7　接地线和保护线的截面积

35　什么是挂接地线？　挂接底线的目的是什么？　对接地线有什么要求？　使用接地线有什么注意事项？

答： 当验明停电已无电压后，应当立即将检修设备的工作点（段）两端导体三相短路接地，即挂接地线。

挂接地线的目的是为了防止工作地点突然来电，消除停电设备上存在的残余电荷或者感应电荷。

接地线由一根接地段以及三根或者四根短路段组成。接地线必须采用多段软裸铜线，单根截面积不得小于 $10mm^2$。严禁使用其他导线作为接地线，接地线连接要可靠，不准缠绕，不准使用不接地的短路线。若设备处无接地网引出线时，可以采用临时接地棒接地。

在使用接地线时严禁工作人员或者其他人员随意移动已挂接好的接地线。如果需要移动时，必须经过工作许可人或者工作负责人同意，并要在工作票或者安全措施票上注明。

36　哪些地方需要装设接地线？　如何装设接地线？

答：（1）凡是有可能送电到停电检修设备或者使停电检修设备可能产生感应电压的各个方面的线路（包括零线）都要挂接地线。

（2）在挂接地线时，必须要先将地线的接地端接好，然后在导线上挂接地线，拆除接地线的程序与此刚好相反。

（3）同杆架设的多层电力线路挂接地线时，应当先挂下层导线，后挂上层导线；先挂离人体比较近的导线（设备），后挂离人体比较远的导线（设备）。

（4）为了确保操作人员的人身安全，装拆接地线时，应使用绝缘棒或戴绝缘手套，人体不得接触接地线或未接地的导体。

（5）由单电源供电的照明用户，户内电气设备停电检修，如果进户线刀开关或者熔断器已断开，并将配电箱门锁住，可以不挂接地线。

37 接地体的材料、结构和最小尺寸应有什么规定？

答：接地体的材料、结构和最小尺寸的规定如表 4-2 所示。

表 4-2 　　　　　　　　　　接地体的材料、结构和最小尺寸

材料	结构	最小尺寸			备注
		垂直接地体直径（mm）	水平接地体（mm²）	接地板（mm）	
铜、镀锡铜	铜绞线	—	50	—	每股直径 1.7mm
	单根圆铜	15	50	—	—
	单根扁铜	—	50	—	厚度 2mm
	铜管	20	—	—	壁厚 2mm
	整块铜板	—	—	500 板 m 直径	厚度 2mm
	网格铜板	—	—	600 板 m 直径	各网格边截面 25mm 截面径结，网格网边总长度不少于 4.8m
热镀锌钢	圆钢	14	78	—	—
	钢管	20	—	—	壁厚 2mm
	扁钢	—	90	—	厚度 3mm
	钢板	—	—	500 钢边总长	厚度 3mm
	网格钢板	—	—	600 板边总长	各网格边截面 30mm 截面长度，网格网边总长度不少于 4.8m
	型钢	①	—	—	—
裸钢	钢绞线	—	70	—	每股直径 1.7mm
	圆钢	—	78	—	—
	扁钢	—	75	—	厚度 3mm
外表面镀铜的钢	圆钢	14	50	—	镀铜厚度至少 250mm，铜纯度 99.9%
	扁钢	—	90（厚 3mm）	—	
不锈钢	圆形导体	15	78	—	—
	扁形导体	—	100	—	厚度 2mm

注 ① 不同截面积的型钢，其截面积不小于 290 mm²，最小厚度 3 mm，可采用 50mm 钢，其截面积不小于角钢。

1. 热镀锌层应光滑连贯、无焊剂斑点，镀锌层圆钢至少 22.7g/m²、扁钢至少 32.4 g/m²。

2. 热镀锌之前螺纹应先加工好。

3. 当完全埋在混凝土中时才可采用裸钢。

4. 外表面镀铜的钢，铜应与钢结合良好。

5. 不锈钢中，铬的含量等于或大于 16%，镍的含量等于或大于 5%，钼的含量等于或大于 2%，碳的含量等于或小于 0.08%。

6. 截面积允许误差为 -3%。

在符合表 4-2 规定的条件下，埋于土壤中的人工垂直接地体适宜采用热镀锌角钢、

钢管或者圆钢；埋于土壤中的人工水平接地体宜采用热镀锌扁钢或者圆钢。接地线应当与水平接地体的截面积相同。人工钢质垂直接地体的长度宜为 2.5m。其间距以及人工水平接地体的间距均宜为 5m，当受地方限制时可适当减小。人工接地体在土壤中的埋设深度不应小于 0.5m，并宜敷设在当地冻土层以下，其距墙或基础不宜小于 1m。接地体宜远离由于烧窑、烟道等高温影响使土壤电阻率升高的地方。敷设在土壤中的接地体连接到混凝土基础内起基础接地体作用的钢筋或者钢材的情况下，土壤中的接地体宜采用铜质或镀铜或者不锈钢导体。

 人体阻抗和所处环境状况有什么关系？

答：人体阻抗和所处环境的状况有着极大的关系。环境越是潮湿，人体的阻抗就越低，也越容易遭受电击。

电焊机的输出电压大约在 80V 以下，因此电焊工在室内工作是安全的；但若在室外工作，且在下雨的情况下，即使戴了电焊手套，穿了电工鞋也是特别危险的。从安全用电角度考虑，通常把人所处的环境状况分为三种状况：①干燥或者湿润的区域、干燥的皮肤、高电阻的地面；②潮湿的区域、潮湿的皮肤、低电阻的地面；③人浸在水中。

 人所处环境状况和安全电压的关系是怎样的？

答：各国对于在不同的环境状况下安全电压的规定是不同的，如表 4-3 所示。

对人浸在水中安全电压的选取，中国目前还没有定论，例如浴场的水下灯，如果按国外的标准采用 2.5V 电源，则为了使水下灯达到一定的功率，电源变压器的体积就十分庞大，而且电源线也非常粗，无法接至灯头上，因此浴场采用 24V 电源，同时由隔离变压器供电。

对喷泉的水泵电源电压的选取，也涉及功率，电压也不能取得太低。为了防止水泵漏电的情况下，游客碰到喷泉水触电，为此水泵电源要有漏电断路器加以保护。

IEC（国际电工委员会）规定直流的安全电压为：在干燥或湿润的区域、干燥的皮肤、高电阻的地面不大于 120V；在潮湿的区域、潮湿的皮肤、低电阻的地面不大于 60V。

表 4-3　　　　　　　　　　　　　所处环境状况的交流安全电压值　　　　　　　　　　　　　V

IEC 标准及有关国规定	状况 1	状况 2	状况 3
IEC	50	25	见表注
中国	50	24	
美国	50	25	
日本	50	25	2.5
捷克	50	20	
瑞士	50	36	
瑞典	50	25	
德国	65	24	

续表

IEC 标准及有关国规定	状况 1	状况 2	状况 3
奥地利	65		
芬兰	65		
丹麦	65		
比利时	35		

注 标准未作规定，但编制说明提出：不超过 12V。

 我国对安全电压的规定是什么？

答：为了防止人身遭电击，采用安全电压是一个很好的方法，我国安全电压的等级有 42、36、24、12、6V。当设备采用安全电压作为直接接触防护时，只能采用额定值为 24V 以下（包括 24V）的安全电压；当用作间接接触防护时，则可以采用额定值为 42V 以下（包括 42V）的安全电压。

通常安全电压由隔离变压器输出，隔离变压器的铁芯必须接地，但隔离变压器的低压输出端不准接地。安全电压若用插座供电，只能用两孔插座，插座不准接入 PE 线。

41 **漏电电流大小和人身安全的关系是什么？**

答：IEC（国际电工委员会）的专家曾亲自做试验得出结论：漏电电流不大于 30mA，时间不超过 0.1s 对人身是安全的。

曾发生一起因为电加热淋浴器漏电而造成的电击死亡事故，事后检查发现电源电压偏低，约为 160V，虽然设置了漏电断路器，但是脱扣器因电压低而无法使断路器动作。

现在漏电断路器的标准规定：只要电源电压不低于 60V，漏电电流超过漏电断路器的漏电动作电流，漏电断路器则必须跳闸，否则属于不合格产品。

建筑工地的情况复杂，线路的漏电电流往往超过 30mA，对于线路很长、配电分支线很多的配电箱，采用 30mA 的漏电断路器就无法工作。若是采用 50mA，甚至 75 mA 的漏电断路器，则只对线路保护起作用，对人身安全起不到保护作用，因此在施工现场要采用既能对线路漏电保护，同时又能对人身安全保护的漏电断路器。保护线路要求漏电电流不得超过 200mA，保护人身安全要求漏电电流不超过 30mA。

42 **什么是直接电击？ 直接电击的防护措施有哪些？**

答：直接电击是指人或者家畜触及电气设备的带电部分而发生电击。防止直接电击又称正常工作条件下的电击防护，也称为基本防护，一般可以采取以下措施。

（1）将带电的导体绝缘。①在规定的环境以及应用条件下，绝缘应当具有足够大的绝缘电阻，足够小的泄漏电流和足够高的耐受试验电压；②绝缘应当足够牢固，不采取破坏手段时不应被轻易除掉；③绝缘材料应能满足使用环境的要求，例如长期工作温度、阻燃等。

（2）用遮拦和外壳防护。遮拦是对任何经常接近的方向起直接接触保护的作用，外壳防护是对任何方向都能起到直接接触保护的作用。两者的防护要求如下：①最低的防护等级；②强度及稳定性；③开启和拆卸。

（3）用阻挡物防护。阻挡物只能防护的是与带电体的无意识接触，不能防护人们有意识的接触。阻挡物可以不用钥匙或工具拆除，但必须固定以免人为无意识地移开。

（4）置于伸臂范围以外。伸臂范围是指从预计有人活动的场所的站立面算起，直到人能用手达到的界限为止。置于伸臂范围以外的防护，就是严禁在伸臂范围以内存在具有不同电位的会被人同时触及的部分。

（5）采用漏电开关（剩余电流保护装置）作为附加保护。漏电开关这一名称也可用RCD表示，它不能作为直接电击的唯一保护设备，只能作为附加保护，也就是作为其他保护失效或者使用者疏忽时的附加电击保护。

（6）安全距离。为了防止操作以及维修中触及带电部分和保证操作人员动作的方便性，在电气设备和部件的安装定位时，要考虑安全距离。

43 间接电击的防护措施有哪些？

答：间接电击防护又称为故障条件下的电击防护，也称附加防护，可采取以下几点防护措施：

（1）自动切断电源。当发生故障时，为了避免持续的接触电压可能对人体引起有害的生理反应，在人体器官受到损害前自动的切断电源。采用这种方法的前提是电气设备的外露导体部分必须按系统接地类型与保护线相连，同时还宜进行主等电位连接。

（2）使用Ⅱ类设备或者采用相当绝缘的防护。低压电气设备按它的电击防护方式可分为0、Ⅰ、Ⅱ、Ⅲ类四种类型。

（3）采用非导体场所的防护。非导电场所应具有绝缘的地板和墙，使用标称电压不超过500V的设备时，地板和墙的绝缘电阻不得小于50kΩ；如果标称电压超过500V，则地板和墙的绝缘电阻不得小于100kΩ。在非导电场所使用的设备严禁有保护线，也不采取接地措施。

（4）采用不接地的局部等电位连接的防护。这种防护就是将装置中某一部分（包括可导电的地面和墙）用等电位连接线相互连接起来，形成一个不接地的局部等电位连接环境。局部等电位连接系统严禁通过外露导电部分或者外部导电部分与大地接触，即不能从外部引入保护线。

（5）采用电气隔离的防护。隔离就是使一个器件或者电路与另外的器件或电路完全断开；或者是用隔离的办法提供一种规定的防护等级以隔开任何带电的电路。这种防护措施适用于电气装置的部分回路以及部分设备的间接接触防护。隔离变压器是常用的电气隔离方法，使用隔离变压器时，隔离变压器的二次侧不准接地。

44 什么是接触电位差？什么是接触电压？

答：当接地短路电流流过接地装置时，在地面上离电力设备的水平距离$s=0.8m$处，沿设备外壳、构架或者墙壁离地的垂直距离为1.8m处的两点之间的电位差，成为接触电位差或者接触电动势。接触电压是指接地装置的接地点位（升）与人体手接触接地结构（或设备）时双脚所站地点之间所承受的电压。一旦在接地极上出现危险的故障电压后，不仅和接地极有电气连接的设备存在危险的故障电压，并且在接地极周围半径为 20m 的区域内存在危险的电场。

如图 4-9 表示电气装置 M 的绝缘发生损坏后，产生碰壳短路，漏电电流 I_d 通过接地极注入地中，此时接地极上就出现一个故障电压 U_d（$U_d = I_d R_d$），同时在接地极周围半径为 20m 的范围内出现一个电场。电场内各点的电位是不同的，若此范围内的土壤介质是均匀一致的，即介质的电阻率相同，那么各点电位的值如图 4-8 中曲线 C 所示。由曲线 C 可看出，在接地极埋入点的地电位最大，其值为 U_d，在离接地极 20m 处的地电位则为零。

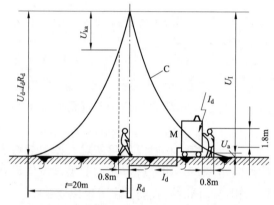

图 4-8　对地电压、接触电压和跨步电压示意图

由于电气装置 M 通过接地线和接地极相连，在忽略接地线电阻的情况下，可以认为电气装置 M 上出现的故障电压也为 U_d。若有一个人站在离电气装置 M 的距离为 0.8m 处，此点的地电位为 U_a，此时该人的手若触及电气装置 M，手足之间承受的电压则为 $U_I = U_d - U_a$。

电气设备因绝缘损坏，发生碰壳短路时，人触及此电气设备就有遭到电击的危险。为衡量危险程度，测出离电气设备水平方向 0.8m（相当于跨步距离）的地电位和电气装置垂直方向 1.8m 处（人手触及的部位）的设备故障时所带的电位，两者的电位差称为接触电压。

如果设备未接地，220V 的相线碰壳，这时产生的接触电压可达到相电压大小，如果设备接地，其接触电压与设备的接地电阻大小有关，当设备的接地电阻与电源的工作接地电阻相等时，接触电压可达到 110V。

在故障电压未切断前，设备的接地即使非常好，接触电压还是存在的。只有故障电压被断路器或熔丝切断后，才能解除电击的危险。

在故障未排除前，凡是和接地极相连的设备，其外壳上都会出现故障电压，其值接近接地极上出现的故障电压值，这就是故障电压的蔓延。漏电断路器（俗称漏电开关）不能阻止故障电压的蔓延。某人在故障未解除时就接触远离故障点的电加热器，由于故障电压沿 PE 线蔓延过来而发生电击死亡。

电气设备工作正常时，接触电压接近于零，电气设备的绝缘损坏时，接触电压很大。要防止接触电压对人身的伤害，可在电气设备的周围铺设绝缘橡胶垫，用以提高地与设备之间的绝缘程度，这样即使设备绝缘受损后，人触及漏电设备的外壳也不会发生电击。

45 什么是跨步电位差? 什么是跨步电压?

答: 跨步电位差又称跨步电动势,是指当接地短路电流流过接地装置时,在地面上水平距离为 0.8m 的两点之间的电位差。

跨步电压是指当接地短路电流流过接地装置时,人体的两脚在地面上水平距离为 0.8m 的两点之间所承受的电压。当电气装置发生对地短路故障后,故障电流从故障点的地,通过大地到电源的系统接地极回到电源,于是在故障点的地和电源的系统接地极周围产生一个电场,离故障点的地或电源的系统接地极的地越近,电位越高,越远则电位越低,离开 20m,则可视为零。人若站在这个电场内,两脚分开相距为 0.8m 时,由于两脚处于不同的电位点,就有一个电位差,此电位差称为跨步电压。当人处于电场内有麻电感觉时,不能奔跑逃离电场,而应该单脚跳或细步离开电场。

46 如何测量跨步电压?

答: 举例说明:某工程中,施工者沿马路边赤脚挖煤气管道沟,当沟挖到 1m 深时,施工者两脚底有麻电感觉,立即向上逃。为了找到麻电的原因,工程项目经理查阅市政图,如果沟的周围有直埋电缆,电缆绝缘一旦破损就会发生漏电现象,人站在潮湿的沟底会产生麻电感,漏电严重时会对人产生电击,甚至造成人员伤亡。但是市政图中沟的周围不存在埋地电缆。想查出麻电的原因,就应先测量沟底的跨步电压。

测量跨步电压的方法并不复杂,但要做好人员安全的防护措施。以本案例为例,为了防止测量人员受到电击,脚上必须穿绝缘鞋(电工鞋或无破损的胶鞋),手不能直接扶着沟壁下去,应当戴好绝缘手套。

首先测量麻电点的地电位,用两根长 300~500mm 的铁棒,戴好绝缘手套把其中一根敲入麻电点的地中,另一根相距第一根铁棒 0.8m,试探着在不同的方向敲入地中,铁棒上连接着测量线,测量线的另一端连接到万用表的交流电压挡,找出电位差最大的点。此电位差即为麻电点的跨步电压。

本例测出麻电点的跨步电压很小,只有 4V,则有人认为 4V 电压不会产生危险,让施工人员继续挖沟。虽然 4V 电压不会产生危险,但是由于人的足底较手掌敏感,所以赤脚工作有麻电感。在未查清这一跨步电压产生的原因前,冒险施工是非常危险的,因为不能保证在挖土施工中,跨步电压不会上升。

为了找到产生跨步电压的源头,把一根金属探棒插入故障点,移动另一根探棒,当探棒移至离沟边相距故障点约 5m 的一台落地安装的变压器低压侧中性点的接地线时,出现的电压为最高,其值为 10V,于是断定跨步电压来自此变压器的接地故障电流,因此在变压器的接地极周围形成一个电场。找到产生电场的源头,还要找出漏电的原因。项目工程师采取分路切断变压器的低压负载,当切断变压器的某一路负载时,接在沟底故障点和变压器中性点接地线之间的交流电压表指针立即回到零,表明漏电来自这一输出分路。检查这一分路的去向,这一分路接到 200m 外的一个建筑工地的配电箱,再把此配电箱的负载一路路切断,最后查到是一根沿地面临时敷设的电缆漏电所致,此电缆的外皮绝缘多处发生破损。

第二节　电力系统中性点运行方式

47 中性点经小阻抗接地与中性点直接接地有何相同点和不同点？

答：中性点经小阻抗接地运行特点与中性点直接接地相同点是，发生单相接地时须立即跳开断路器。不同点是，中性点采用小阻抗接地要求该系统中所有变压器的中性点都经一个小电抗器接地，即使系统被分裂成几个部分，也不会出现中性点不接地的变压器，对主变压器中性点绝缘水平要求大大降低，避免了直接接地系统中因只有部分变压器中性点未接地，而在发生单相接地时，断路器跳闸后将系统分为几个部分，可能是部分没有接地的变压器，即部分系统失去了接地的保护，如果该系统又发生单相接地，会使未故障相电压升高，危及电网绝缘。

48 什么是电力系统中性点？什么是电力系统中性点的运行方式？电力系统中性点的运行方式分为哪些类型？

答：电力系统中性点是指三相绕组中做星形连接的发电机和变压器的中性点。

电力系统中性点的运行方式又称为电力系统中性点的接地方式，指电力系统中性点与大地之间的电气连接方式。

目前，我国中性点的运行方式分为两大种：一种是非有效接地的运行方式，另一种是有效接地的运行方式。中性点非有效接地的运行方式又分为中性点不接地系统、中性点经消弧线圈接地系统和中性点经高电阻接地系统三种。由于非有效接地的运行方式系统发生单相接地时接地电流值被限制到很小，又叫作小电流接地系统。中性点有效接地的运行方式发生单相接地时接地电流值很大，又叫作大电流接地系统，可分为中性点直接接地系统和中性点经低阻抗接地系统两种。

我国电力系统主要广泛采用的中性点运行方式有不接地、经消弧线圈接地以及直接接地三种运行方式。

49 电力系统中性点的运行方式的确定要考虑哪些因素？

答：电力系统中性点的运行方式是一个涉及电力系统诸多方面的综合性问题，要考虑电压等级、单相接地短路电流、过电压水平、继电保护和自动装置的配置、供电可靠性和连续性要求、人身安全、对通信的干扰、对发电机和主变压器的运行安全以及设备的投资等，是一个系统的工程。

50 中性点不接地的三相系统发生单相接地时，对电力系统有何影响？

答：中性点不接地的三相系统发生单相接地时，在接地处会有接地电流 I_c 流过，会引起电弧，此电弧的强弱与接地电流的大小成正比。当接地电流不大时，交流电流过零时电弧将自行熄灭，接地故障随之消失，电网即可恢复正常运行；当接地电流超过一定值时（如在 10kV 电网中接地电流大于 30A 时），将会产生稳定电弧，形成持续的电弧接地，高温的电弧可能损坏设备，甚至可能导致相间短路，尤其在电机或电器内部发生单相接地出现电弧时最危险；接地电流小于 30A 而大于 5~10A 时，有可能产生一种周期性熄灭与复燃的间歇性电弧，这是由于电网中的电感和电容形成的振荡回路所致，随着间歇性电弧的产生将出现电网电压的不正常升高，引起过电压，其幅值可达 2.5~3 倍的相电压，这个过电压对于正常电气绝缘来说应能承受，但当绝缘存在薄弱点时，可能发生击穿而造成短路，危及整个电网的安全。

51 中性点不接地的三相系统发生单相接地后，能否继续运行？ 为什么？

答：中性点不接地的三相系统发生单相接地后，还能继续运行 2h，因为单相接地故障时，由于线电压保持不变，对电力用户没有影响，用户可继续运行，提高了供电可靠性。

中性点不接地的三相系统发生单相接地后，理论上长期带单相接地故障运行不会危及电网绝缘，但实际上是不允许过分长期带单相接地运行的，因为非故障相电压升高为线电压，长期运行可能在绝缘薄弱处发生绝缘破坏而造成相间短路。因此，为防止由于接地点的电弧及伴随产生的过电压，使系统由单相接地故障发展为多相接地故障，引起故障范围扩大，所以在这种系统中必须装设交流绝缘监察装置，当发生单相接地故障时，立即发出绝缘下降信号，通知运行值班人员及时处理。电力系统的有关规程规定：在中性点不接地的三相系统中发生单相接地时，允许继续运行的时间不超过 2h，并要加强监视。

52 中性点不接地的三相系统有何特点？

答：中性点不接地的三相系统优点是供电可靠性高；其缺点为投资大。

中性点不接地的三相系统发生单相接地故障后，由于非故障相的对地电压升高到线电压，所以在这种系统中，电气设备和线路的对地绝缘必须按能承受线电压考虑设计，从而相应地增加了投资。

53 中性点不接地的三相系统适用于什么情况？

答：中性点不接地的三相系统适用于线路不长、电压不高时，接地点的接地电流数值较小，电弧一般能自动熄灭。特别是在 35kV 及以下的系统中，绝缘方面的投资增加不多，而供电可靠性较高的优点比较突出，中性点采用不接地运行方式较适合。目前我国 3~10kV 不直接连接发电机的系统和 35、66kV 的系统，当单相接地故障电流不超过下列数值时，应采用中性点不接地方式。

（1）3~10kV 钢筋混凝土或金属杆塔的架空线路构成的系统和所有 35、66kV 系统、不直接连接发电机系统，当接地电流 I_c<10A 时，适用中性点不接地系统。

（2）3~10kV 非钢筋混凝土或非金属杆塔的架空线路构成的系统，电压为 3kV 时接地电流 I_c<30A；电压为 6kV 时，接地电流 I_c<20A。3~10kV 电缆线路构成的系统，当接

地电流 I_c<30A 时，适用中性点不接地系统。

（3）与发电机有直接电气联系的 3~20kV 系统，如果要求发电机带内部单相接地故障运行，当接地电流不超过允许值时。

54 消弧线圈的补偿方式有哪几种？ 常用的是哪种？

答： 消弧线圈的补偿方式有三种，分别是：完全补偿、欠补偿和过补偿。

（1）完全补偿是使电感电流等于接地电容电流，即 $I_L=I_C$，亦即 $1/L=3C$，接地处电流为零。完全补偿通常不用。从消弧角度来看，完全补偿的方式十分理想，但实际上确存在严重的问题。因为正常运行时，在某些条件下，如线路三相的对地电容不完全相等或断路器三相触头合闸时同期性差等，在中性点与地之间会出现一定的电压，此电压作用在消弧线圈通过大地与三相对地电容构成的串联回路中，因此时感抗 X_L 与容抗 X_C 相等，满足谐振条件，形成串联谐振，产生谐振过电压，危及系统的绝缘，因此在实际电力工程中通常不采用完全补偿方式。

（2）欠补偿是使电感电流小于接地的电容电流，即 $I_L<I_C$，即 $1/L<3C$，系统发生单相接地故障时接地点还有容性未被补偿的电流（I_C-I_L）。欠补偿一般不用。因为在这种方式下运行时，若部分线路停电检修或系统频率降低等原因都会使接地电流 I_C 减少，又可能出现完全补偿的情形，产生满足谐振的条件，变为完全补偿。因此，装在变压器中性点的消弧线圈，以及有直配线的发电机中性点的消弧线圈，一般不采用欠补偿方式。对于大容量发电机，当发电机采用与升压变压器单元接线时，为了限制电容耦合传递过电压以及频率变化等对发电机中性点位移电压的影响，发电机中性点的消弧线圈宜采用欠补偿方式。因为当变压器高压侧发生单相接地故障时，高压侧的过电压可能经电容耦合传递到发电机侧，在发电机电压网络中出现危险的过电压，使发电机中性点位移电压升高；另外，频率变化也会影响发电机中性点的位移电压。

（3）过补偿是使电感电流大于接地的电容电流，即 $I_L>I_C$，亦即 $1/L>3C$，系统发生单相接地故障时接地点还有剩余的感性电流（I_L-I_C）。过补偿是最常采用的一种方法，这种补偿方式没有完全补偿和欠补偿的缺点，因为当接地电流减小时，感性的补偿电流与容性接地电流之差更大，不会出现完全补偿的情形；即使将来电网发展使电容电流增加，由于消弧线圈选择时还留有一定的裕度，可以继续使用。故过补偿方式在电力系统中得到广泛应用。

55 采用中性点经消弧线圈接地的运行方式有何规定？

答： 在正常运行时，如果中性点的位移电压过高，即使采用了消弧线圈，在发生单相接地时，接地电弧也难以熄灭。因此，要求中性点经消弧线圈接地的系统，在正常运行时其中性点的位移电压不应超过额定相电压的 15%，接地后的残余电流值不能超过 5~10A，否则接地处的电弧不能自行熄灭。

与中性点不接地系统一样，中性点经消弧线圈接地系统发生单相接地故障时，允许运行不超过 2h，在这段时间内，运行人员应尽快采取措施，查出接地点并将其消除；如在这段时间内无法消除接地点，应将接地的部分线路停电，停电范围越小越好。因为单相接地故障时，由于线电压保持不变，对电力用户没有影响，用户可继续运行，提高了供电可靠性。

56 中性点经消弧线圈接地的三相系统有何特点？　适用什么范围？

答：中性点经消弧线圈接地的三相系统优点是供电可靠性高，其缺点是投资大。

中性点经消弧线圈接地的三相系统与不接地系统一样，在发生单相接地故障时，可继续供电 1~2h，供电可靠性高；但电气设备和线路的对地绝缘应按能承受线电压的标准设计，绝缘投资较大。中性点经消弧线圈接地后，能有效地减少单相接地故障时接地处的电流，使接地处的电弧迅速熄灭，防止了经间歇性电弧接地时所产生的过电压，故广泛应用在不适合采用中性点不接地的、以架空线路为主体的 3~60kV 系统，还可用在雷害事故严重的地区和某些大城市电网的 110kV 系统（可提高供电可靠性、减少断路器分闸的次数、减少断路器维修量）。

中性点经消弧线圈接地方式只用于 220kV 以下系统，因 220kV 及以上各相对地有电容 C、泄漏损耗和电晕损耗，接地电流中有无功功率、有功功率分量，消弧线圈只能补偿无功功率分量，即使无功电流全补偿完，有功分量电流也不能使接地点处电弧自行熄灭。

57 中性点经消弧线圈接地的三相系统有什么缺陷？

答：从理论上讲中性点经消弧线圈接地是补偿电容电流的最好方法。但是，在实际运行当中仍然存在以下缺陷：

（1）由于电感电流的滞后性，使得在发生单相接地短路故障后的 3~4 个周波补偿电流才能达到稳态值。因此电弧间歇接地过电压仍然会短时存在。

（2）随着城市配电网越来越复杂，特别是配电自动化功能的实现，电网的参数不再是一成不变的，可能随时发生变化，这就对消弧线圈的补偿容量提出了更高的要求。虽然智能消弧线圈可以根据电容电流的大小调整补偿容量，但其响应速度太慢，仍然会造成过电压的出现。

（3）运行经验表明，对于电缆出线，接地故障都为永久性故障而非瞬时性故障，这就要求保护跳闸，进行抢修。所以对全电缆出线的配电变电站，中性点安装消弧线圈已失去了意义。

58 中性点直接接地的三相系统发生单相完全接地后，能否继续运行？　为什么？

答：中性点直接接地的三相系统发生单相接地示意图如图 4-9 所示。中性点直接接地的三相系统发生单相完全接地后，不能继续运行。因为中性点直接接地的三相系统发生单相完全接地相当于单相短路。单相短路电流 I_k 很大，继电保护装置应立即动作，使断路器断开，迅速切除故障部分，以防止 I_k 造成更大的危害。

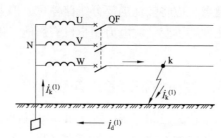

图 4-9 中性点直接接地的三相系统发生单相接地

59 中性点直接接地的三相系统系统有哪些优点？ 中性点直接接地的三相系统有哪些缺点？ 适用在什么范围？

答：中性点直接接地的三相系统系统的优点是：中性点直接接地的三相系统系统，在发生单相接地短路时中性点的电位近似于零，非故障的对地电压接近相电压，这样设备和线路对地绝缘可以按相电压设计，从而降低了造价。实践经验表明，中性点直接接地系统的绝缘水平与中性点不接地相比，大约可降低 20% 左右的绝缘投资。电压等级越高，节约投资的经济效益越显著。

中性点直接接地的三相系统的缺点如下：

（1）由于中性点直接接地系统在单相短路时须断开故障线路，中断对用户的供电，降低了供电的可靠性。为了克服这一缺点，目前在中性点直接接地系统的线路上，广泛装设有自动重合闸装置。当线路发生单相短路时，继电保护装置作用使断路器迅速断开，经一段时间后，自动重合闸装置作用使断路器自动合闸。如果单相接地故障是暂时性的，则线路断路器重合成功，用户恢复供电；如果单相接地故障是永久性的继电保护装置将再次动作使断路器断开，即重合不成功。据有关资料统计，采用一次重合闸的成功率在 70% 以上。

（2）单相短路时的短路电流很大，甚至可能超过三相短路电流，必须选用较大容量的开关设备。为了限制单相短路电流，通常只将系统中一部分变压器的中性点接地，接地的变压器中性点的数目根据将系统的单相短路电流限制到小于三相短路电流的原则来选择。

（3）单相短路时较大的单相短路电流只在一相内通过，在三相导线周围将形成较强的单相磁场，对附近通信线路产生电磁干扰。因此，在线路设计时必须考虑在一定距离内输电线路避免和通信线路平行架设，以减少可以产生的电磁干扰。

目前我国电压为 110kV 及以上的系统，广泛采用中性点直接接地的运行方式。

60 什么情况下采用中性点经高电阻接地或低电阻接地的运行方式？

答：通常，当接地电容电流小于规定值时，采用高电阻接地方式；当接地电流大于规定值时，采用低电阻接地方式。目前，已有变电站采用综合电阻接地方式，即先采用高电阻接地，当出线发生单相接地故障时由小电流接地选线装置进行故障选线，若没有选出，则切换到低电阻接地方式启动保护跳闸。

发电机—变压器组单元接线的 200MW 及以上发电机，当接地电流超过允许值时，常采用中性点经高电阻接地方式。发电机内部发生单相接地故障要求瞬时切机时，宜采用高电阻接地方式。为减小电阻值，电阻器一般接在发电机中性点变压器的二次绕组上，用于限制过电压及过大接地故障电流，电阻值的选择应保证接地保护不带时限立即跳闸停机。部分进口机组也有不接配电变压器而直接接入数百欧姆的高电阻。发生单相接地时，总的故障电流不宜小于 3A，以保证接地保护不带时限立即跳闸停机。另外，较小城市的配电网一般以架空线路为主，除采用中性点经消弧线圈接地方式外，还可考虑采用经高值阻抗接地方式（单相接地时不跳闸，可以继续运行较长时间），以降低设备投资，简化运行工作并维持适当的供电可靠性。

在以电缆为主的 35、10kV 城市电网，由于电缆线路的对地电容较大（是同样长的架空线路的 20~30 倍），随着线路长度增加，单相接地电容电流也随之增大，采用消弧线圈补偿的方法很难有效地熄灭接地处的电弧。同时由于电缆线路发生瞬时故障的概率很小，如带单相接地故障运行时间过长，很容易使故障发展，面形成相间短路，使设备损坏，甚至引起火灾。根据供电可靠性要求，故障时暂态电压、暂态电流对设备、通信的影响和继电保护技术的要求以及本地的运行经验等，可采用经低电阻（单相接地故障瞬时跳闸）接地方式，其线路连接示意图如图 4-10 所示。

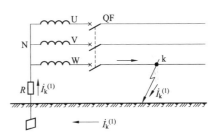

图 4-10　中性点经低电阻接地的三相系统线路连接示意图

61 中性点经小阻抗接地适用于什么范围？　中性点经小阻抗接地与中性点经消弧线圈接地有何不同？

答：在 500kV 及以上系统，为了限制单相短路电流使之比三相短路电流小，还可在中性点与地之间接一个电抗器，该电抗器的电抗值较小，要求保证正常运行时中性点的位移电压在允许范围内。

经小阻抗接地中电抗器的电抗值较小，接电抗器的着眼点是增加单相短路时的零序电抗值，从而达到限制单相短路电流的目的。经消弧线圈接地中消弧线圈具有很小的电阻值和比较高的电感值，其主要目的是削弱单相接地电流值。

第三节　低压系统接地

62 路灯和广告灯的接地系统应采用什么形式？

答：公共场所的路灯和广告灯通常采用低压公用电网，上海、广州等城市的低压公用电网采取 TT 接地系统，而国内有些城市采取 TN 系统。

采取 TT 接地系统的路灯和广告灯，其接地或者每个路灯和广告灯设置一个接地极，或者数个路灯和广告灯设置一个接地极，考虑到避免故障电压的蔓延和省去路灯（广告灯）之间的 PE 线，采取一个路灯和一个相邻的广告灯公用一根接地极为宜，因为 TT 系统内的 PE 线是单独接地的，它与电源中性点无电气联系，因此电源线路上的故障电压不会通过 PE 线传到其他电气设备上。

采取 TN 接地系统的路灯和广告灯，只要有一个路灯或广告灯发生碰壳故障，在故障未解除前，PE 线（或 PEN 线）的电位就会升高，并且蔓延到其他路灯和广告灯的金属外壳上，这是不希望发生的事。

国际电工标准对防范电击事故蔓延的安全措施是户外不采用 TN 系统而采用 TT 系统。

63 低压系统的接地形式如何分类？

答：低压系统和高压系统是两个不同的系统，不能把高压系统的接地形式的分类方法用于低压系统。高压系统是按接地方式或接地设备分类的，低压系统的接地类型是按配电系统和用电设备不同的接地组合来分类的。

按照 IEC（国际电工委员会）规定，低压系统的接地形式由两个字母组成，必要时加后续字母，如图 4-11 所示。

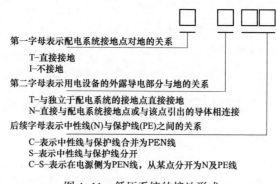

图 4-11　低压系统的接地形式

根据以上的分类方法，低压系统的接地类型有三个系统、五种形式。

（1）按电源、外漏可导电部分接地分为 TT 系统、TN 系统、IT 系统。

（2）TN 系统又分为 TN-C、TN-S、TN-C-S 三种形式。

需要说明的是：低压系统接地形式的分类字母，是法文的首字母，不是英文字母，但在非法文学术交流时，这些字母都按英文字母发音。

配电系统接地点通常是变压器或发电机的中性点，因此有的书把直接接地定义为：变压器或发电机的中性点直接或通过小电阻与接地装置相连。这种定义是不完善的，因为接地点可以是变压器或发电机的中性点，也可以是与变压器中性点相连的 N 线上的一点，甚至是相线上的一点。

64 什么是 TT 接地形式？ 接地点如何选择？

答：如图 4-12 所示为 TT 接地系统示意图。

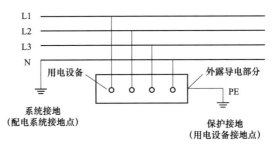

图 4-12 TT 接地系统示意图

TT 接地系统中的配电系统必须有一点直接接地，此接地称为系统接地，也可称为工作接地。接地点设置在变电站内，接地点可以是变压器的中性点，也可以是变电站内低压配电柜的 N 排。

配电系统的接地点由设计决定，不能任意变动，此接地点的选择取决于零序互感器的安装位置。

如果配电系统有零序保护，一旦发生中性线（N）过流或漏电过流，零序互感器中产生的电流使断路器动作，切断电源。

因为受零序互感器控制的断路器安装在低压配电柜内，因此零序互感器通常设置在低压配电柜内，如图 4-13 所示。

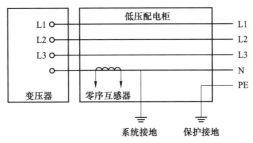

图 4-13 配电系统接地点设置在低压柜内的 TT 接地系统

对零序互感器装在低压配电系统内的 TT 接地系统，其接地点必须设在低压柜内零序互感器之后，才能保证来自中性线（N）的过流电流和通过系统接地回到变压器的漏电电流都通过零序互感器。

如果配电系统不装零序互感器，那么配电系统的接地点通常设置在变压器的中性点，如图 4-14 所示，当然也可以设在低压柜内。

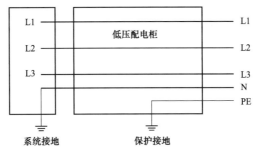

图 4-14 配电系统接地点设置在变压器中性点的 TT 接地系统

65 为什么 TT 接地系统中中性线不能作重复接地？

答：三相四线配电系统中，如果三相负载不平衡，中性线（N）在用户端又发生断裂，就会产生中性点漂移，导致单相电压升高或降低，损坏用电设备。为了减轻因 N 线断裂造成的影响，可以在配电线路的末端对 N 线进行再次接地。如图 4-15 所示的做法，能否减轻"断零"的后果？

如果 N 线未断裂，三相即使不平衡，测量相、地电压仍为 220V，但当 N 线发生断裂，三相负载又严重不平衡时，相、地电压就不再是 220V，三相负载越不平衡，相、地电压偏离 220V 就越大。因为 N 线阻抗以毫欧计，以大地作为通路，其阻抗则为几百欧计，两者相差悬殊。N 线重复接地不能减轻"断零"的后果。

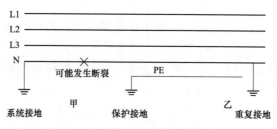

图 4-15　TT 接地形式中的重复接地

66 为什么农村低压电网宜采用 TT 接地系统？

答：农村低压电网采用哪种运行系统，应当根据负荷分布、负荷密度、负荷性质等相关因素决定，对于多数农村来说，都具有负荷小而分散、供电距离长、负荷密度小、动力负荷有较强季节性等特点，故采用 TT 接地系统比较合适。具体原因如下：

（1）可实施单相、三相混合供电，供电灵活，可节省导线。

（2）因为中性点直接接地，发生单相接地故障时能抑制电力网对地电压的升高。

（3）容易实施过流保护设施（包括短路保护和过负荷保护）。

（4）全网可以实施漏电分级保护，即漏电总保护、漏电中级保护、漏电末级保护。

（5）受电设备外露可导电部分发生带电故障时，不会延伸到其他受电设备的外壳上。

（6）受电设备外壳的保护接地电阻，极易满足规程的要求。

67 TT 接地系统的安装要求有哪些？

答：（1）除变压器低压侧中性点直接接地外，中性点不得再行接地，且应当保持与相线同等的绝缘水平。

（2）为了防止中性线机械断线，中性线截面应当符合规定："零线截面看相线，七零三五为界限；七零为铝三五铜，小于相等大一半"。

口诀解释：零线截面积要根据同电路相线截面积确定，以铝导线 70mm² 与铜导线 35mm² 为界限，以下相线与零线截面积相等，以上相线为零线截面积的一半。

（3）必须实施剩余电流保护，包括剩余电流总保护、剩余电流中级保护（必要时）、剩余电流末级保护。

（4）中性线不得装设熔断器或单独的开关装置。

（5）配电变压器低压侧及出线回路，均应装过电流保护（包括短路保护和过负荷保护）。

（6）同一低压电网不允许采用两种保护系统，否则会有触电隐患和危险。

68 什么是 TN-C 接地系统？ 在 TN-C 接地系统中为什么 PEN 线不准断裂？ 如何防止 PEN 线断裂？

答：在我国未参加 IEC（国际电工委员会）之前，称 TN-C 接地系统为三相四线接零制，TN-C 接地系统如图 4-16 所示。

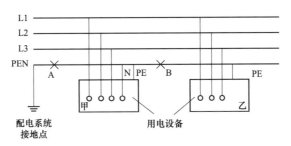

图 4-16　TN-C 接地系统

（1）PEN 线不准断裂。采用这种接地系统必须防止 PEN 线发生断裂，如果 PEN 线在图 4-16 中的 B 处断裂，那么用电设备乙的外壳就失去保护，因为用电设备乙的 PE 线和配电系统的接地分离了，如果 PEN 线在图 4-16 中的 A 处断裂，那么不仅用电设备甲和乙的外壳失去了保护，而且外壳都会出现 220V 电位，因为 PEN 线在，A 处断裂后，不仅使 PE 线断裂，同时也会使 N 线断裂。用电设备甲中有单相负荷，在电源端 N 线断裂的情况下，断裂点后的 N 线通过单相负荷而与相线同电位，又由于用电设备甲的 N 线与 PE 线在电源干线端是相连的，因此 PE 线的电位也升高到 220V，故用电设备甲和乙的外壳均出现危险的 220V 电压。

（2）防止 PEN 线断裂的措施。防止 PEN 线断裂的措施有两种：从提高 PEN 线的机械强度考虑，PEN 线的截面积：铜导线不准小于 $10mm^2$，铝导线不准小于 $16mm^2$。

采取重复接地也是有效的措施，可在图 4-16 的 A、B 处，或者配电线路 PEN 线的终端加重复接地。重复接地的接地电阻要求不大于 4Ω。

69 在 TN-C 接地系统中 PEN 线合为一根线的条件是什么？

答：PEN 线合为一根线的条件是：此线截面积若为铜导线不得小于 $10mm^2$。由于用电设备的电源线绝大多数小于 $10mm^2$，因此用电设备的 PE 线和 N 线不能合为一根线，必须分开，如图 4-16 中的用电设备甲。

由于来自电源的导线只有四根，PE 线和 N 线是合为一根线的，因此用电设备的 PE 线和 N 线与电源相接时，必须在电源处合并为一根线，即 PE 线和 N 线只能在 PEN 线上并头。

检查采取 TN-C 接地系统的旧厂房，常常可查到如下错误：

（1）插座和照明合用同一回路。插座和照明不宜合用一个回路，因为一旦插座上的用电器发生短路，就会使此回路的电源切断，殃及照明灯熄灭，给检修带来不便。

（2）插座的 PE 线和 N 线在照明灯头处并头。有的电工在墙上安装插座时，电源从照明灯头处引来，由于照明只用相线和零线两根，单相插座有相线、零线、保护线三根，于是把插座的零线和保护线在灯头处与灯具的零线并头。这是错误的，因为照明灯的导线横截面只有 2.5mm^2，不能作为 PEN 线。

70 为什么城镇和乡矿企业适宜采用 TN-C 接地系统？

答：一般来说，城镇和乡矿企业负荷集中，密度大，受季节影响轻，受电设备的利用小时高，并且人口密集，生活用电水平较高，安全问题不能掉以轻心，所以应当选用 TN-C 接地系统。此系统有以下特点：

（1）单、三相供电灵活。

（2）能抑制电网内发生单相接地时相对地电压的升高。

（3）由于受电设备的外露可导电部分采用接保护中性线的措施，所以人体的间接触电有充分的安全保证。

（4）容易实施过电流保护和漏电末级保护。

（5）但是，若城镇负荷密度不大、不集中，生活用电水平也不高，则可以考虑采用 TT 接地系统较为经济。

71 TN-C 接地系统安装时有哪些要求？

答：（1）为了保证在故障时保护中性线的电位尽可能保持接近大地电位，保护中性线应均匀分配地重复接地，如果条件许可，宜在每一接户线、引线接线处接地。

（2）用户端应装设剩余电流末级保护。

（3）保护装置的特性和导线截面积必须这样选择：当供电网内相线与保护中性线或外露可导电部分之间发生阻抗可忽略不计的故障时，则应在规定时间内自动切断电源。

（4）保护中性线的截面积应当符合规定。即口诀"零线截面看相线，七零三五为界限；七零为铝三五铜，小于相等大一半"。

（5）配电变压器低压侧及各出线回路，应当装设过电流保护，包括短路保护和过负荷保护。

（6）保护中性线不得装设熔断器或者单独的开关装置。

72 什么是 TN-S 接地系统？ 它有哪些优点？

答：随着对安全用电的重视，TN-C 接地系统已不再被推荐使用，取而代之的是 TN-S 接地系统。在这种系统中，PE 线和 N 线不再合用，而是各自独立，如图 4-17 所示，从图中可看出：PE 线和 N 线在电源端相连，在负载端是分开的。

TN-S 接地系统过去曾称为三相五线接零制，现在已不再使用这一名称，因为不论是 TT 接地系统，还是 TN 系统（TN-C 或 TN-S），实际上都属接地保护，它们的区别只在于 TT 接地系统通过保护接地极和地连接，TN 系统通过工作接地极和地连接。

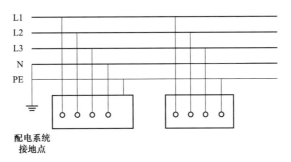

图 4-17　TN-S 接地系统

TN-S 接地系统的优点是：不论是断 N 线还是断 PE 线，电气设备外壳都不会带电。断 N 线仅使单相负载不工作，断 PE 线仅使电气设备失去接地保护而已，即使 N 线和 PE 线同时中断，外壳也不会带电。

73　TN-S 接地系统能否重复接地?

答：TN-S 系统可以重复接地，通常是对 PE 线进行重复接地，也可对 N 线进行重复接地，如图 4-18 所示。在必要的情况下，也允许对 PE 线和 N 线同时进行重复接地，但这两个接地极不准合用，相隔距离要远。PE 线和 N 线在负载端不准相互短路，也不准接反。如果 PE 线和 N 线不同时发生断裂，即使 PE 线和 N 线之间发生短路或接反，都不会产生危险，于是造成人们对此问题的不重视，但若 PE 线和 N 线同时发生断裂，就会出现如图 4-18 所示相同的结果，使断裂点之后的电气设备外壳带电，因此 PE 线和 N 线在负载端不准相互短路，也不准接反。

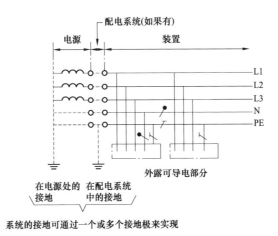

图 4-18　全系统将 N 与 PE 分开的 TN-S 系统

74　TN-S 接地系统适用于什么情况?

答：TN-S 接地系统适用于内部设有变电站的建筑物。因为在有变压器的建筑物内为 TT 系统分开设置在电位上互不影响的系统接地和保护接地是比较麻烦的。即使将变电站中性线的系统接地用绝缘导体引出另打单独的接地极，但它和与保护接地 PE 线连通的户外地下金属管道间的距离常难满足要求。而在此建筑物内如采用 TN-C 接地系统时，其前段 PEN 线上中性线电流产生的电压降将在建筑物内导致电位差而引起不良后果，例如对信息技术设备的干扰。因此在设有变电站的建筑物内接地系统的最佳选择是 TN-S 接地系统，特别是在爆炸危险场所，为避免电火花的发生，更宜采用 TN-S 系统。

75 什么是 TN-C-S 接地系统？ 为什么不存在 TN-S-C 接地系统？

答： TN-C-S 接地系统如图 4-19 所示，实际上是 TN-C 和 TN-S 两种接地系统的组合，靠电源端是 TN-C 接地系统，靠负载端是 TN-S 接地系统，A 点是两个接地系统的分界点。

TN-S-C 接地系统是不存在的，如图 4-20 所示。因为 TN-S 接地系统的 N 线和 PE 线，在负载端必须绝缘，由于车间里采取 TN-C 接地系统，使原 TN-S 部分的负载端发生短路，TN-S 转为 TN-C 接地系统，这是不允许的。因此只存在 TN-C-S 接地系统，不存在 TN-S-C 接地系统。

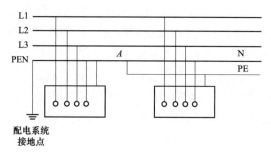

图 4-19 TN-C-S 接地系统

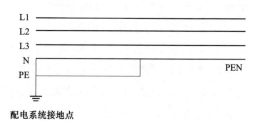

图 4-20 不存在的 TN-S-C 接地系统

76 TN-C-S 接地系统适用于什么情况？

答： TN-C-S 接地系统自电源到另一建筑物用户电气装置之间节省了一根专用的 PE 线。这一段 PEN 线上的电压降使整个电气装置对地升高 ΔU_{PEN} 的电压，但由于电气装置内设有总等电位连接，且在电源进线点后 PE 线即和 N 线即分开，而 PE 线并不产生电压降，整个电气装置对地电位都是 ΔU_{PEN}，在装置内并没有出现电位差，因此不会发生 TN-C 接地系统的种种电气不安全因素。在建筑物电气装置内，它的安全水平和 TN-S 系统是相仿的。

就信息技术设备的抗干扰而言，因为在采用 TN-C-S 接地系统的建筑物内同一信息系统内的信息技术设备的"地"即金属外壳，都是连接只通过正常泄漏电流的 PE 线的，PE 线上的电压降很小，所以 TN-C-S 接地系统和 TN-S 接地系统一样都能使各信息技术设备取得比较均等的参考电位而减少干扰。但就减少共模电压干扰而言，TN-C-S 接地系统内的中性线和 PE 线是在低压电源进线处才分开的，不像 TN-S 接地系统在变电站出线处就分开，所以在低压用户建筑物内 TN-C-S 接地系统内中性线对 PE 线的电位差或共模电压小于 TN-S 接地系统。因此对信息技术设备的抗共模电压干扰而言 TN-C-S 接地系统优于 TN-S 接地系统。

所以，当建筑物以低压供电如果采用 TN 接地系统供电时宜采用 TN-C-S 接地系统。

77 对用电设备采用单独的 PE 和 N 的多电源 TN-C-S 接地系统和对于具有多电源的 TN 接地系统，应符合哪些要求？

答：对用电设备采用单独的 PE 和 N 的多电源 TN-C-S 接地系统如图 4-21 所示，对于具有多电源的 TN 接地系统如图 4-22 所示，均应符合下列要求：

（1）不应在变压器的中性点或发电机的星形点直接对地连接。

（2）变压器的中性点或发电机的星形点之间相互连接的导体应绝缘，且不得将其与用电设备连接。

（3）电源中性点间相互连接的导体与 PE 之间，应只一点连接，并应设置在总配电屏内。

（4）对装置的 PE 可另外增设接地。

（5）PE 的标志，应符合 GB/T 7947—2010《人机界面标志标识的基本和安全规则导体的颜色或字母数字标识》的有关规定。

（6）系统的任何扩展，应确保防护措施的正常功能不受影响。

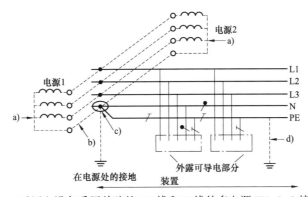

图 4-21 对用电设备采用单独的 PE 线和 N 线的多电源 TN-C-S 接地系统

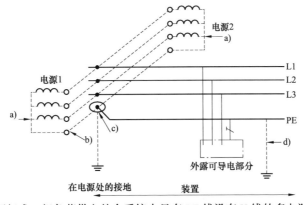

图 4-22 给两相或三相负荷供电的全系统内只有 PE 线没有 N 线的多电源 TN 接地系统

78 什么是 IT 接地系统？ 适用于什么情况？

答：IT 接地系统配电系统中性点与地绝缘，如图 4-23 所示，也可经过阻抗接地，如图 4-24 所示。

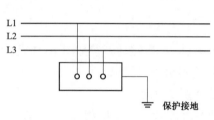

图 4-23　配电系统中性点与地绝缘

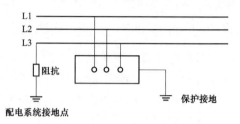

图 4-24　配电系统中性点经阻抗接地

电气设备的接地可以单独设置，如图 4-23 和图 4-24 所示，也可以接到配电系统中性点经阻抗接地的接地极上，如图 4-25 所示。

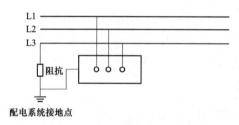

图 4-25　保护接地和系统接地共用一个接地极

IT 接地系统别适用于防爆区的配电，因为发生一相碰壳或碰地时，不会产生电火花，此时配电系统设置的报警设备会报警，通过检查来消除故障。

IT 接地系统也特别适用于要求能连续工作的电气设备，如大型电厂的厂用电和需要连续生产的生产线。

IT 接地系统相对于其他接地系统，它在工程中用得很少，因为采用这种接地系统后，若在消除第一次接地故障前，又发生了第二次接地故障，而且是不同相的双重接地短路时，故障点遭受线电压，故障电流很大，非常危险。因此采用这种接地系统必须具有可靠而且易于检测出故障点的报警设备。

IEC（国际电工委员会）对 IT 接地系统强烈要求不要配出 N 线，如果由于照明电压的需要 IT 接地系统要引出 N 线，那么在 N 线上需要装设过电流检测装置，该装置通过额定动作电流时，应将包括 N 线在内的所有带电导线从电源中断开。

如果该 N 线短路已受到电源侧保护电器的有效保护，或该回路由剩余电流保护装置保护，且其额定剩余电流不超过该 N 线载流量的 0.15 倍，该装置动作时又能将所有带电导线包括 N 线断开，则可不装设检测设备。

79 哪些接地系统时允许互切？

答：某工程两幢建筑物的电源各由一台变压器供电，两台变压器位于同一变压器室内，此变压器室建在其中一幢建筑物内，有变压器室的建筑物，配电系统采取 TN-S 接地系统，另一幢建筑物的电源，从变压器室用四芯电缆送至建筑物内的总配电箱后，采取 TN-S 配出，因此属 TN-C-S 接地系统。这两台变压器是可以互切的，因为它们都是 TN 接地系统，PE 线和 N 线在电源端是相连的。

如果一台变压器采取 TT 接地系统，另一台采取 TN 接地系统，则不能轻易互切，因为 TT 接地系统的 PE 线和 N 线在电源端和负载端都是绝缘的，而 TN 接地系统的 PE 线和 N 线，虽然在负载端是绝缘的，但在电源端是相连的，因此 TT 接地系统和 TN 接地系统不能轻易互切。

80　TN 配电系统中是否允许局部存在 TT 接地系统？

答：设计规范规定：在同一低压配电系统中，当全部采用 TN 接地系统确有困难时，也可部分采用 TT 接地系统，但采用 TT 接地系统部分均应装设能自动切除接地故障的装置（包括漏电电流动作保护装置）或经由隔离变压器供电，如图 4-26 所示。

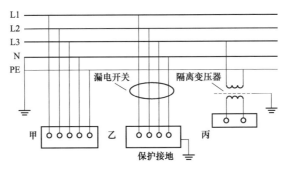

图 4-26　TN 接地形式中允许局部存在 TT 接地形式

图 4-26 中，电气设备甲采取 TN-S 接地系统；电气设备乙采取 TT 接地系统，但在电源的输入端有漏电开关保护；电气设备丙采取隔离变压器保护，因此符合设计规范。

电气设备丙采取隔离变压器保护后，电气设备外壳不接地，但隔离变压器若采用金属外壳，其外壳要接地。

81　TT 配电系统中是否允许出现 TN 接地系统？　为什么？

答：TT 配电系统中是绝对不允许出现 TN 接地系统的。

两种接地系统是否可以在同一配电系统中同时存在的判别方法：当采用其中一种接地系统的电气设备出现碰壳故障后，是否会影响到采取另一种接地系统的电气设备的安全。TN 配电系统中，若存在 TT 接地系统，当采取 TT 接地系统的电气设备相线碰壳，而在故障未解除之前，故障设备的外壳电位升高，同时零线电位也跟着升高，此时采取 TN 接地系统的设备，其外壳电位也升高，也就是外壳对地的电位升高，这就会引起触电的危险，如图 4-27 所示。

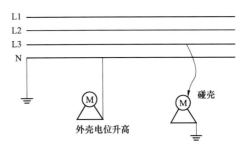

图 4-27　TT 接地形式中
不允许存在 TN 接地系统

在 TN 系统中，把 N 线又称为工作零线，把 PE 线称为保护零线，工作零线和保护零线在电源端是连在一起的，工作零线和保护零线合并为一根线，则称为 PEN 线。

TN 系统中电气设备的外壳和保护零线相连，此线中会出现交流电，会对高灵敏的电气设备产生干扰，因此对于心电图等医疗仪器，为了避免干扰，其外壳采取专用接地，也就是 TT 接地系统。

为了避免采取 TT 接地系统的设备在碰壳时使 N 线电位升高，因此采取局部 TT 接地系统的设备必须采取漏电保护，使这部分设备一旦出现碰壳，立即跳闸，切断电源，不使故障电压蔓延到采取 TN 接地系统的外壳上。

既然 TN 接地系统中允许出现局部 TT 接地系统，那么为什么在 TT 接地系统中不允许存在 TN 接地系统呢？因为 TT 接地系统中，N 线的电位只有在和系统接地点相连处的电位是地电位，离系统接地点越远。N 线对地的电位越高；三相越不平衡，流过 N 线的电流越大，N 线对地的电位就越高；即使三相完全平衡，只要存在非线性用电器，就会产生三次谐波，三次谐波在 N 线上不是相互抵消，而是相互加和，使 N 线对地电位升高。在 TT 接地系统中，若局部设备采取 TN 接地系统，其外壳的电位就会随着 N 线对地电位的升高而升高。更为严重的是，TT 部分的相线碰壳而在故障未解除前，N 线的电位就升高，若系统接地和保护接地的接地电阻相等，N 线的电位可升到 110V，电气设备的外壳和电位如此高的 N 线相连，当然是十分危险的。当然，若 TT 系统的所有电气设备和线路都用漏电开关加以保护，就允许局部出现 TN 系统，但 TT 系统中并不是所有的电气设备和线路都用漏电开关加以保护，也不能保证漏电开关不出现故障，因此 TT 配电系统中不允许出现 TN 接地系统。

82 PEN 线要采用什么颜色的绝缘导线？

答：PEN 线要采用颜色为黄绿相间的绝缘导线。

为了保证导线正确连接并便于安装和维修，对导线的颜色是有规定的，导线标准颜色有：白、红、黑、黄、蓝（或浅蓝）、绿、橙、灰、棕、青绿、紫、粉红 12 种。

用于交流电路中的导线颜色，我国规定相线为黄、绿、红；N 线为浅蓝；PE 线为绿—黄双色线。

绿—黄两种颜色的组合，其中任何一种均不得少于 30%，不大于 70%，并且在整个长度上保持一致。

绿—黄双色呈螺旋状组合，有利于和黄色线或绿色线区分开来，有的工厂生产的绿—黄双色线，采取绿色条和导线平行分布在导线的半面，在安装和维修时易错认为黄色线，这种导线安装时，一定要把绿色条面对操作面。

对 TN-C-S 接地系统，在 TN-C 部分，对 PE 和 N 合为一根的 PEN 线采用什么颜色呢？仍采用绿—黄双色线，但对其截面积有要求：若是铜线不能小于 $10mm^2$；若是铝线不能小于 $16mm^2$。

TN-C-S 接地系统的 TN-S 部分，PE 线采用绿—黄双色线，N 线采用浅蓝色。

83 为什么 PE 线的截面积不能减小？

答：规范规定，相线在 $16mm^2$ 以下时，PE 线和相线截面积相同。有不少人忽视 PE 线的截面积，认为 PE 线中平时几乎没有电流流动，截面积可以减小，即使发生相线与外壳短路，断路器会动作或熔丝会熔断，因此"PE 线和相线同截面积是浪费"的观点是错误的。某市的一幢住宅楼，采取 TN-S 接地系统，层楼干线为 5mm²×6mm² 时，施工人员私自把 PE 线改为 2.5mm² 时，又发生 PE 和 N 线接反的情况，结果造成 PE 线因过载而绝缘层烧熔。

84 在中性点直接接地的低压电力网中，采用接零保护有何规定？

答：在中性点直接接地的低压电力网中，电力设备的外壳宜采用低压接零保护，即接零。如用电设备较少、分散，采用接零保护确有困难，且土壤电阻率较低，可采用低压接地保护。但如用电设备漏电，设备外壳和与其有电气连接的金属部分可能带电，应采取装设自动切除接地故障的继电保护装置、使用绝缘垫、安装围栏或均压等安全措施。由同一台发电机、同一台变压器或同一段母线供电的低压线路，不宜采用接零、接地两种保护方式。在低压电力网中，当全部采用接零保护确有困难时，可同时采用两种保护方式，但不接零的电力设备或线段，应装设能自动切除接地故障的继电保护装置。城防、人防等潮湿或条件特别恶劣场所的供电电力设备的外壳应采用接零保护。

85 中性点直接接地的低压电力网中零线何时应重复接地？

答：中性点直接接地的低压电力网中，采用接零保护时，零线宜在电源处接地，但移动式电源设备除外。架空线路的干线和分支线的终端以及沿线 1km 处，零线应重复接地。电缆和架空线在引入车间或大型建筑物处，零线应重复接地（但距接地点不超过 50m 者除外），若屋内配电屏、控制屏有接地装置时，也可将零线直接连到接地装置上。

低压线路零线每一重复接地装置的接地电阻不应大于 10Ω。在电力设备接地装置的接地电阻允许达到 10Ω 的电力网中，每一重复接地装置的接地电阻不应超过 30Ω，但重复接地不应少于三处。零线的重复接地，应充分利用自然接地体。

86 在中性点非直接接地的低压电力网中，为防止变压器高、低压绕组间绝缘击穿引起危险，应采取哪些措施？

答：在中性点非直接接地的低压电力网中，应防止变压器高、低压绕组间绝缘击穿引起的危险。变压器低压侧的中性线或一个相线上必须装设击穿保险器，低压架空电力线路的终端及其分支线的终端，还应在每个相线上装设击穿保险器。在安全电压网络中，宜将安全电压供电网络的中性线或一个相线接地，防止高电压窜入引起危险；如接地确有困难，也可与该变压器一次侧的零线连接。

87 低压电气装置的接地装置，应符合哪些要求？

答：（1）接地配置可兼有或分别承担防护性和功能性的作用，但首先应满足防护的要求。

（2）低压电气装置本身有接地极时，应将该接地极用一接地导体（线）连接到总接地端子上。

（3）对接地配置要求中的对地连接，应符合下列要求：

1）对装置的防护要求应可靠、适用。

2）能将对地故障电流和 PE 电流传导入地。

3）接地配置除保护要求外还有功能性的需要时，也应符合功能性的相应要求。

88 住宅供电系统的设计，应满足哪些基本安全要求？

答：应采用 TT、TN-C 或 TN-S 接地系统。

（1）电气线路应采用符合安全和防火要求的敷设方式配线，导线应采用铜导线，每套住宅进户线截面积不应小于 $10mm^2$，分支回路截面积不应小于 $2.5mm^2$。

（2）每套住宅的空调电源插座、电源插座与照明，应分路设计；厨房电源插座和卫生间电源插座宜设置独立回路。

（3）除空调电源插座外，其他电源插座电路应设置漏电保护装置。

（4）每套住户应设置电源总断路器，并应采用可同时断开相线和中性线的开关电器。

采用接地故障保护时，在建筑物内应将下列导电体总等电位连接：①PE、PEN 干线；②电气装置接地极的接地干线；③建筑物内的水管、煤气管、采暖和空调管等金属管道。

89 如何判别低压公用电网的接地制式？

答：电源最终用户的电网电压都是低压电网，要判别低压电网的接地系统，必须确定低压电网来自何处，是来自供电局的公用电网，还是来自独立变电站的低压电网。

对来自供电局的低压电网，同一地区（市）的接地制式是相同的，例如上海、广州、北京、天津等地区的低压公用电网都采取 TT 接地系统。

不能认为所有的低压公用电网都采取 TT 接地系统，也有采取 TN 接地系统的。

低压公用电网也采用变压器降压后送到用户，变压器通常装在电线杆上，由于变压器的低压侧只需要 4 个接线端子，其低压输出线也只有 4 根，其中 3 根是相线，第 4 根线可以是 N 线（TT 接地系统），也可以是 PEN 线（TN 接地系统），因此在不了解当地低压公用电网的接地系统时，必须向当地供电局确认接地系统，不能自行决定。

在确认低压公用电网的接地系统后，检查用户的接地施工是否正确。在断电的情况下，用万用表欧姆挡检查进户端的 PE 线和 N 线之间的绝缘情况。如果 PE 线和 N 线不绝缘，则是 TN 接地系统；如果相互绝缘，则是 TT 接地系统。

在检查 PE 线和 N 线是否绝缘时，要区分两者是施工要求连接在一起，还是施工失误造成的两者短路。因此，在绝缘接近于零时，必须找到两者的连接点，此点通常在电源进户箱内。

为了识别是否是施工失误造成的 PE 线和 N 线短路，可把进户 N 线断开，用万用表欧姆挡测量断开点后的 N 线和 PE 线的绝缘情况，不论是 TN-S 还是 TT 接地系统，在断开进户 N 线后，PE 线和 N 线之间应该绝缘，若发现不绝缘，应该逐根断开 N 线，找出是哪一根 N 线与 PE 线或地发生了短路，并排除故障后方可用电。

90 如何根据进户电源判别接地形式？

答：要判断一幢建筑物电源的接地形式，首先要检查电源来自何处。如果此建筑物的用电量不大，电源取自供电局的低压电网，则采取的接地系统形式应符合供电局的规定。

如果建筑物的用电量很大，则必须建变电站，供电局高压电源（例 6kV 或 10kV）进变电站，通过变压器变压后，低压供给用户。建筑物的电源由变电站供电时，用户的接地形式必须与变电站规定采用的接地形式一致。

某证券交易所，用电量不大，在安装空调机组时要确定接地制式，检查其电源取自隔壁的工厂，因此要进一步检查此工厂的电源取自何处，经检查此工厂有变电站，供电局高压进户，因此证券交易所的接地形式必须与此工厂的变电站采取的接地制相同。

第四节　高压系统接地

91 电力电缆金属护套或屏蔽层，应按哪些规定接地？

答：（1）三芯电缆应在线路两终端直接接地。线路中有中间接头时，接头处也应直接接地。

（2）单芯电缆在线路上应至少有一点直接接地，且任一非接地处金属护套或屏蔽层上的正常感应电压，不应超过下列数值。

1）在正常满负载情况下，未采取防止人员任意接触金属护套或屏蔽层的安全措施时，50V。

2）在正常满负荷情况下，采取防止人员任意接触金属护套或屏蔽层的安全措施时，100V。

3）长距离单芯水底电缆线路应在两岸的接头处直接接地。

92 高压系统的接地形式如何分类？

答：目前工业企业和民用建筑高压供电系统的电压常用的为 10kV（6kV）、35kV（66kV）、110kV。

接地形式的分类方法有按接地方式分类和按接地设备分类两种。

（1）按接地方式分类。高压系统的接地形式按接地方式分类，分为直接接地形式和不接地形式两类。直接接地形式又称为大电流接地形式，不接地形式称为小电流接地形式。

（2）按接地设备分类。可以分为直接接地、小电阻接地、不接地、消弧线圈接地和高电阻接地 5 类。直接接地和小电阻接地可列入直接接地之类；不接地、消弧线圈接地和高电阻接地可列入不接地之类。

93 高压电力系统、装置或设备的哪些部分应接地？

答：（1）有效接地系统中部分变压器的中性点和有效接地系统中部分变压器、谐振接地、低电阻接地以及高电阻接地系统的中性点所接设备的接地端子。

（2）高压并联电抗器中性点接地电抗器的接地端子。

（3）电机、变压器和高压电器等的底座和外壳。

（4）发电机中性点柜的外壳、发电机出线柜、封闭母线的外壳和变压器、开关柜等（配套）的金属母线槽等。

（5）气体绝缘金属封闭开关设备的接地端子。

（6）配电、控制和保护用的屏（柜、箱）等的金属框架。

（7）箱式变电站和环网柜的金属箱体等。

（8）发电厂、变电站电缆沟和电缆隧道内，以及地上各种电缆金属支架等。

（9）屋内外配电装置的金属架构和钢筋混凝土架构，以及靠近带电部分的金属围栏和金属门。

（10）电力电缆接线盒、终端盒的外壳，电力电缆的金属护套或屏蔽层，穿线的钢管和电缆桥架等。

（11）装有地线（架空地线，又称避雷线）的架空线路杆塔。

（12）除沥青地面的居民区外，其他居民区内，不接地、谐振接地和高电阻接地系统中无地线架空线路的金属杆塔。

（13）装在配电线路杆塔上的开关设备、电容器等电气装置。

（14）高压电气装置传动装置。

（15）附属于高压电气装置的互感器的二次绕组和铠装控制电缆的外皮。

94 附属于高压电气装置和电力生产设施的二次设备的哪些金属部分可不接地？

答：（1）在木质、沥青等不良导电地面的干燥房间内，交流标称电压380V及以下、直流标称电压220V及以下的电气装置外壳，但当维护人员可能同时触及电气装置外壳和接地物件时除外。

（2）安装在配电屏、控制屏和配电装置上的电测量仪表、继电器和其他低压电器等的外壳，以及当发生绝缘损坏时在支持物上不会引起危险电压的绝缘子金属底座等。

（3）安装在已接地的金属架构上，且保证电气接触良好的设备。

（4）标称电压220V及以下的蓄电池室内的支架。

（5）除特殊情况外，应由发电厂和变电站区域内引出的铁路轨道。

95 人工接地极的材料、尺寸有何规定？

答：人工接地极水平敷设时可采用圆钢、扁钢；垂直敷设时可采用角钢或钢管。腐蚀较重地区采用铜或铜覆钢材，水平敷设的人工接地极可采用圆铜、扁铜、铜绞线、铜覆钢绞线、铜覆圆钢或铜覆扁钢；垂直敷设的人工接地极可采用圆铜或铜覆圆钢等。

接地网采用钢材时，按机械强度要求的钢接地材料的最小尺寸，应符合表4-4的要求。接地网采用铜或铜覆钢材时，按机械强度要求的铜或铜覆钢材料的最小尺寸，应符合表4-5的要求。

表4-4　　　　　　　　　　　　钢接地材料的最小尺寸

种类	规格及单位	地上	地下
圆钢	直径（mm）	8	8/10
扁钢	截面（mm²）	48	48
	厚度（mm）	4	4
角钢	厚度（mm）	2.5	4
钢管	管壁厚（mm）	2.5	3.5/2.5

注　1. 地下部分圆钢的直径，其分子、分母数据分别对应于架空线路和发电厂、变电站的接地网。

　　2. 地下部分钢管的壁厚，其分子、分母数据分别对应于埋于土壤和埋于室内混凝土地坪中。

　　3. 架空线路杆塔的接地极引出线，其截面积不应小于50mm²，并应热镀锌。

表4-5　　　　　　　　　　铜或铜、钢接地材料的最小尺寸

种类	规格及单位	地上	地下
铜棒	直径（mm）	8	水平接地极为8
			垂直接地极为15
扁铜	截面（mm²）	50	50
	厚度（mm）	2	2
铜绞线	截面（mm²）	50	50
铜覆圆钢	直径（mm）	8	10
铜覆钢绞线	直径（mm）	8	10
铜覆扁钢	截面（mm²）	48	48
	厚度（mm）	4	4

注　1. 铜绞线单股直径不小于1.7mm。

　　2. 各类铜覆钢材的尺寸为钢材的尺寸，铜层厚度不应小于0.25mm。

96 **不要求采用专门敷设的接地导体（线）接地时，应符合哪些要求？**

答：（1）电气装置的接地导体（线）宜利用金属构件、普通钢筋混凝土构件的钢筋、穿线的钢管和电缆的铅、铝外皮等，但不得使用蛇皮管、保温管的金属网或外皮，以及低压照明网络的导线铅皮作接地导体（线）。

（2）操作、测量和信号用低压电气装置的接地导体（线）可利用永久性金属管道，但可燃液体、可燃或爆炸性气体的金属管道除外。

（3）用第（1）项和第（2）项所列材料作接地导体（线）时，应保证其全长为完好的电气通路，当利用串联的金属构件作为接地导体（线）时，金属构件之间应以截面积不小于100mm²的钢材焊接。

97 **高压架空线路杆塔的接地装置，可采用哪些形式？**

答：（1）在土壤电阻率 $\rho \leqslant 100\Omega \cdot m$ 的潮湿地区，可利用铁塔和钢筋混凝土杆自然

接地。发电厂和变电站的进线段，应另设雷电保护接地装置。在居民区，当自然接地电阻符合要求时，可不设人工接地装置。

（2）在土壤电阻率 $100\Omega\cdot m<\rho\leqslant300\Omega\cdot m$ 的地区，除应利用铁塔和钢筋混凝土杆的自然接地外，还应增设人工接地装置，接地极埋设深度不宜小于 0.6m。

（3）在土壤电阻率 $300\Omega\cdot m<\rho\leqslant2000\Omega\cdot m$ 的地区，可采用水平敷设的接地装置，接地极埋设深度不宜小于 0.5m。

（4）在土壤电阻率 $\rho<2000\Omega\cdot m$ 的地区，接地电阻很难降到 30Ω 以下时，可采用 6~8 根总长度不超过 500m 的放射形接地极或采用连续伸长接地极。放射形接地极可采用长短结合的方式。接地极埋设深度不宜小于 0.3m。接地电阻可不受限制。

（5）居民区和水田中的接地装置，宜围绕杆塔基础敷设成闭合环形。

（6）放射形接地极每根的最大长度应符合表 4-6 的规定。

表 4-6   放射形接地极每根的最大长度

土壤电阻率（Ω·m）	$\rho\leqslant500$	$500<\rho\leqslant1000$	$1000<\rho\leqslant2000$	$2000<\rho\leqslant5000$
最大长度（m）	40	60	80	100

（7）在高土壤电阻率地区应采用放射形接地装置，且在杆塔基础的放射形接地极每根长度的 1.5 倍范围内有土壤电阻率较低的地带时，可部分采用引外接地或其他措施。

第五章

配 电 系 统 保 护

第一节　配 电 线 路 保 护

1 配电系统装设继电保护的目的是什么？

答： 配电系统在设备运行中，由于绝缘老化、机械损伤或其他原因可能导致各种故障和异常工作状态，最常见的故障有各种类型的短路，包括三相短路、两相短路、两相接地短路以及电机或变压器的一相绕组匝间短路；还可能发生单相或两相断线故障。各种短路故障的发生可能会引起下列后果：

（1）故障点通过很大的短路电流和所燃起的电弧将故障设备损坏甚至烧毁。

（2）用电设备端电压极大降低，使正常生产遭到破坏，甚至使产品报废。

（3）若事故扩大将造成大范围停电，造成更大的停电损失。

（4）较长时间的停电会造成用电设备报废（如炼钢炉等）或人身伤亡。

配电系统电气设备正常工作遭到破坏成为异常状态。异常状态会使电能质量变坏，常见的不正常状态是过负荷和配电系统的功率不足导致频率下降、电压降低等。

对配电系统故障状态和不正常状态需要装设继电保护，目的就是反映电气设备的故障和不正常状态，作用于断路器跳闸或发出报警信号，从而实现切除故障和提醒运行人员注意系统的异常状态。

2 对继电保护的基本要求是什么？

答： 继电保护应尽可能满足灵敏性、选择性、可靠性和速动性的要求。

（1）灵敏性。是指保护范围内发生故障和不正常状态时，继电保护的反应能力。设计保护时都必须进行灵敏性校验，灵敏性通常用灵敏系数来表示。

（2）选择性。是指保护装置动作时，仅将故障元件从配电系统中切除，使停电范围尽量小，保证系统中非故障部分仍能安全运行。继电保护的选择性可通过不同延时或不同动作电流的办法得到，因此有时限阶段特性和反时限特性保护，前后两级之间灵敏性和动作时限均应相互配合。有时，根据配电系统要求，需加速切除短路时，可使保护无选择性动作，但应采取重合闸或备用电源自动投入装置来补救。

（3）可靠性。是指对于其保护范围内发生了他应该动作的故障时能可靠动作，而在任何其他该保护不应该动作的情况下，则不应误动作。

（4）速动性。是指发生故障后能尽可能快的切除故障，以减少用户在电压降低情况下工作的时间，以及减少故障元件的损坏程度。保护的速动性对配电系统的可靠性和稳定性关系很大。当系统发生短路故障并引起电源端母线电压降低时，非故障线路上的电动机工作恢复与否与故障切除时间关系密切。如企业使用的启动困难的大型空气压缩机，当电压全部消失后，只能支持 0.2s 工作；如切除故障和电压恢复时间不超过 0.2s，则安装在用户处的该类设备不需要从电网中切除，反之则会影响其用电可靠性。为了保证快速切除故障，既要选用快速动作的继电保护，又需选用快速动作的断路器。

在考虑继电保护方案时。要正确处理以上四个基本要求之间相互联系又相互矛盾的关系，使继电保护技术上既安全可靠，经济上又合理。

③ 中性点非直接接地系统配电线路保护配置一般有哪些？

答：中性点非直接接地系统可能发生故障有单相接地、两相短路或两相接地短路、三相短路等。产生这些故障的原因是电气绝缘破坏，如内部过电压、直接雷击、绝缘材料老化、绝缘配合不当、机械损坏等原因；另外像倒杆、倒塔事故、带负荷拉隔离开关、带接地线合断路器、飞禽跨接载流导线等也会导致短路。

对中性点非直接接地配电系统的架空线路和电缆线路，应根据现行继电保护规程，针对不同故障装设不同的保护。

相间短路保护配置如下：

（1）单回线路保护。3~10kV 单回配电线路一般采用电流速断或过电流保护。35kV 单回线路一般采用一段或两段式电流速断保护和过电流保护，必要时可增设电压闭锁元件或复合电压闭锁元件和方向元件。

（2）双侧电源或环形网络供电的电缆线路和架空短线路的保护。3~10kV 线路不宜采用环网运行方式，应开环运行，35~66kV 线路宜开环运行。平行线路宜解列运行，当必须并列运行时，应配以纵差保护、带方向或不带方向的电流保护作为后备。

双电源或环形网络供电的电缆线路和架空短线路，当采用电流电压保护不能满足选择性、灵敏性要求时，宜采用纵差保护作主保护，带方向或不带方向的电流保护作后备保护。纵差保护如需敷设专用辅助导线时，对 6~10kV 架空线路的纵差保护，其专用辅助导线长度一般不宜超过 1~2km；对 35kV 架空线路的纵差保护，其长度一般不超过 3~4km。较长的段线路应配置光纤纵联差动保护。

（3）过负荷保护。按运行方式可能经常出现过负荷的电缆线路或电缆与架空混合线路，宜装设过负荷保护。保护宜带时限动作于信号，必要时可动作于跳闸。

④ 3~10kV 单回配电线路的电流保护配置有何要求？

答：3~10kV 单回配电线路一般配置速断或过电流保护。当过电流保护动作时限不大于 0.5~0.7s 且满足保护配合时限要求时，可不装设瞬时动作的电流速断保护；为防止雷击事故扩大，对采用钢筋混凝土杆、铁横担的 6～10kV 架空配电线路，应采用电流速断保护。对重要的降压变电站（或配电站）母线所引出的不带电抗器的线路，应装设电流速断保护，当线路短路使母线电压低于 50%～60% 额定电压以及线路导线截面积过小，不允许带时限切除短路时，应能快速切除短路。为了满足这一要求，必要时允许保护装置无选择性动作（即电流速断瞬时动作），并用自动重合闸或备用电源自动投入装置补救。

⑤ 中性点非直接接地系统的配电线路，其单相接地保护如何配置？

答：对中性点非直接接地配电系统中的单相接地故障，一般在配电站或变电站母线上装设接地监视信号。

有条件安装零序电流互感器的线路，如电缆线路或经电缆引出的架空线路，当单相接地电流能满足保护的选择性和灵敏性要求时，应装设作用于信号的单相接地保护。

如果线路不能安装零序电流互感器，而单相接地电流又足以克服不平衡电流的影响，如单相接地电流较大或保护装置反映接地电流的暂态值等，也可将保护装置接在由三个电流互感器构成的零序回路中。

⑥ 什么是三段式过电流保护？

答：配电系统发生短路时，最重要的特征之一就是线路电流大大增加。过电流保护装置就是根据这一特征构成的。当流经保护装置的电流超过整定值时，保护动作使线路断路器跳闸。反映短路电流通过电流继电器或通过微机保护程序判断，过电流保护接在被保护线路电流互感器二次回路中。

三段式电流保护由三部分组成：电流速断、限时电流速断和定时限过电流保护。速断保护不能保护线路的全长，但是瞬时动作；限时电流速断能保护线路全长，但是为了与下一段线路的保护配合，保证保护动作的选择性，需要延时动作（一般在 0.4～0.6s 左右）；定时限过电流保护在发生短路后按照整定的时间（时间长短根据实际情况而定）动作，一般作为本段线路和下段线路的后备保护。

由于定时限过电流保护起动电流按照躲开最大负荷电流整定，所以对于单侧电源放射型线路，当某一点发生短路时，流过短路电路的保护装置都会动作，为了保证各段线路定时限过流保护的选择性，需要设定不同的动作时间。如图 5-1 所示，该线路由断路器分为 4 段，每段线路的断路器和过电流保护装在该段线路靠近电源侧一端。各段线路保护的选择性靠不同的动作时限来保证。各级保护的动作时限从用户至电源逐级增长，即 $t_1 > t_2 > t_3 > t_4$；为了保证保护的选择性，每个时限之间应有一定的时间间隔，用 Δt 表示。即

$$t_1 < t_2 + \Delta t_{12}$$

$$t_2 < t_3 + \Delta t_{23}$$

$$t_3 < t_4 + \Delta t_{34}$$

这样构成的时限特性称为阶梯时限特性。按阶段时限特性选择保护动作时限的这种

时限选择原则叫阶梯原则。

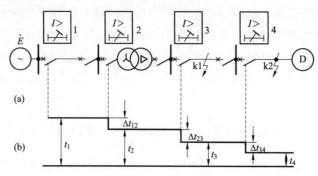

图 5-1　单侧电源放射式配电系统中的定时限过电流保护

（a）保护装置配置图；（b）按阶梯原则选择的时限图

1、2、3、4—定时限过流保护装置

7 中性点非直接接地系统的配电线路，电流互感器采用不完全星形接线有什么优点？

　　答：中性点非直接接地配电系统中的配电线路电流互感器采用不完全星形接线，如图 5-2 所示，电流互感器一般接在 U 相与 W 相，过电流保护分别从 U、W 两相取得电流信号。

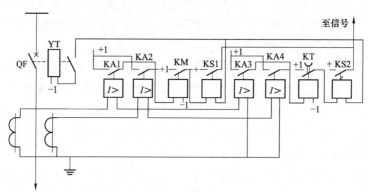

图 5-2　电流互感器不完全星形接法过电流保护原理接线图

　　这种接线方式，单系统中发生两条线路不同相的单相接地故障时，有 1/6 的机会只切除一条线路，从而避免两条线路都切除造成停电范围扩大。如同一电网中 A、B 两条线路由于天气原因发生单相接地，其中 A 线路 U 相接地，B 线路 V 相接地，此时该电网构成两相接地，短路电流很大，通过电流互感器反映在电流继电器上，达到过电流保护整定值，从而过电流保护动作跳闸。但是由于 A、B 线路电流互感器都是接在 U、W 相上的，所以 A 线路 U 相电流互感器可以将短路电流信号送给保护装置，而 B 线路 V 相没有安装电流互感器，所以过电流保护装置测不到短路电流，因而 B 线路保护不动作。最后结果是 A 线路过电流保护动作跳闸，而 B 线路带一个接地点继续运行，从而缩小跳闸范围，提高了供电可靠性。

8 什么是低电压闭锁的过电流保护？

答： 低电压闭锁的过流保护是指，过电流保护动作要满足两个条件：一是保护流过的电流达到过电流整定值；二是保护装置测得电压降低到整定值（一般按 0.7 倍的额定电压整定）。两个条件都满足后，该过电流保护装置才会动作跳闸，其中任何一个不满足，保护都不会动作。

这种保护的目的是为了提高保护动作的灵敏性。因为在有些运行方式下，电网中的过负荷电流与短路电流差别不大，如果将过电流整定太小，可能会在正常运行过负荷情况下保护误动，而如果过电流整定值过大，又可能在发生短路电流较小的故障情况下保护拒动。为了解决这个问题，在保护回路中装设低电压继电器，当过负荷时，系统电压正常，电压条件不满足，保护不会误动；当发生短路时，系统电压显著降低，低电压条件满足，而且由于过电流整定值小，所以可以保证保护可靠动作。

9 什么是复合电压闭锁的过电流保护？

答： 复合电压闭锁的过电流保护是指，过电流保护采用低电压或负序电压闭锁，两个电压条件满足其中之一，并且过电流达到整定值时，保护动作。

这种保护与低电压保护作用一样是为了提高过电流保护动作的灵敏性。低电压反映对称性短路故障，负序电压可以反映各种不对称短路故障。当发生对称性短路时，低电压条件满足；当发生各种不对称相间短路故障时，负序电压条件满足；而当系统正常运行时，即使过负荷，系统电压也在额定电压附近，两个条件都不会满足，这样保证在正常运行的时候过电流保护不会动作。

10 什么是方向过电流保护？

答： 在具有两侧电源的线路上或单侧电源的环网线路上，线路两端均需要装设断路器和保护，为保证其选择性，可装设方向过电流保护。

方向过电流保护由三个元件组成：①启动元件—电流继电器；②方向元件—功率方向继电器；③时间元件—时间继电器。启动元件和时间元件的作用与过电流保护中相应的元件作用相同，功率方向元件用以判断线路功率方向。只有三个元件都动作才会动作于跳闸。如图 5-3 所示，在两侧电源的网络上增加方向闭锁元件（功率方向继电器）。该方向元件仅当短路功率方向由母线流向线路时动作。动作方向在图 5-3 中用箭头标出，图中同方向的保护时间，仍按阶梯形的时限特性整定，$t_2>t_4>t_6$，$t_5>t_3>t_1$。当 k1 点短路时，保护 1、4、6 由于方向不对，不会启动，保护 2、3、5 启动，而由于保护 5 动作时间大于保护 3，因此，最后由保护 2 与保护 3 动作切除故障。k2 点的故障分析过程与 k1 点类似。

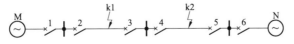

图 5-3 方向保护原理示意图

11 什么是自动重合闸？ 为什么架空线路要安装自动重合闸装置？

答： 自动重合闸是指当电力系统发生短路事故，断路器跳闸后，自动重合闸动作将断路器自动重合一次，若为瞬时故障则重合成功，线路可以继续运行，若为永久性故障则继电保护装置再次跳闸，之后不再重合。

架空线路的故障多是因为雷击、鸟害、树枝和风筝碰线等引起的瞬时性短路。瞬时性短路当采用重合闸后，可以迅速恢复供电，重合闸成功率可达到 60%～90%。配电系统采用自动重合闸，主要有以下作用。

（1）提高供电可靠性，减少线路停电次数，对单侧电源的单回线路尤为明显。

（2）对断路器本身由于操动机构不良或继电保护误动作而引起的误跳闸，能起到纠正作用。

在配电网中一般采用三相一次重合闸。在线路发生任何形式的短路时，保护装置都将断路器三相一起跳开，然后重合闸起动，将断路器合上。若故障为瞬时性的则重合成功，若为永久性的，则保护再次将断路器三相一起断开，不再重合。在采用就地型的控馈线自动化系统中，为自动隔离线路上的故障区段，并恢复非故障区段供电，变电站出线断路器需要采用三相二次重合闸方式，以与线路上的分段开关配合。

12 什么是保护后加速配合方式？

答： 为了减少对配电网的冲击，自动重合闸应该与保护配合，尽快动作切出故障。配合方式有两种：保护后加速与保护前加速。

保护后加速配合方式是指当线路第一次故障时，保护有选择性的动作，然后重合。如果合于永久性故障上，则保护加速动作（瞬时切出故障），而与第一次动作时是否带时限无关。

后加速配合方式广泛用于 35kV 及以上的配电网，以及对重要负荷供电的线路上，因为这些线路一般都有完善的保护，如三段式的电流保护，因此第一次有选择性的瞬时动作或有 0.5s 的延时切除故障。而在重合闸后保护后加速动作（一般是加速 Ⅱ 段，即取消其延时，有时也加速 Ⅲ 段动作），就可以很快的切除永久性故障。

13 什么是保护前加速配合方式？

答： 保护前加速配合方式，是当线路上发生故障时，第一次由电源端保护瞬时动作跳闸，断路器跳闸后，即启动重合闸重新恢复供电，从而纠正第一次无选择性的动作；如果故障为瞬时性，则在重合后即恢复了供电；如果是永久性故障，则保护第二次由各段线路保护有选择性的切出故障。

前加速配合方式的优点是快速切除瞬时性故障，可能使瞬时性故障来不及发展成永久性故障，从而提高重合闸成功率；而且只需在线路最前端的断路器处装设一套重合闸，简单、经济。其不足之处是断路器第一次动作无选择性，可能造成瞬时停电范围扩大，并且使装设重合闸的断路器动作次数较多。

前加速配合方式主要用于 35kV 以下由发电厂或重要变电站引出的直配线路上，以便快速切除故障，保证母线电压。

14 什么是备用电源自动投入装置（BZT）？

答： 备用电源自动投入装置，简称备自投装置。在配电网因故障等原因工作电源被断开后，备自投自动而迅速地将备用电源投入工作或将用户切换到备用电源上去，从而不至于造成用户供电中断，提高供电可靠性。

在变电站中，变电站的分段母线一般是由彼此无联系的线路或变压器供电，中间使用母线联络断路器联络。在联络断路器上装备自投装置，控制联络断路器的开合，为断电母线提供备用电源。

15 备自投装置的工作方式有哪些？

答： 下面以变电站单母分段为例介绍备自投工作方式。

如图5-4（a）所示，备自投控制高压侧进线断路器。正常运行时，断路器 QF1、QF3 处于合位，断路器 QF2 处于分位，进线 L1 同时给两个变压器供电，进线 L2 则处于备用状态。当进线 L1 发生故障被切除时，断路器 QF1 跳开。这时，备自投装置检测到变压器高压侧失压而备用电源有压，自动将高压侧进线断路器 QF2 投入，恢复对变压器供电。这种工作方式，正常运行时，备用电源不工作，因此称为明备用方式。

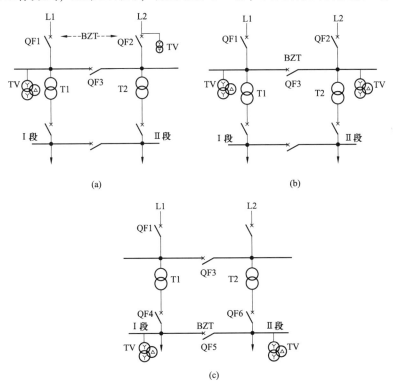

图 5-4 备用电源工作方式示意图

（a）明备用方式；（b）暗备用方式1；（c）暗备用方式2

图 5-4 (b) 中，备自投控制高压侧分段断路器。正常运行时，断路器 QF1、QF2 处于合位，QF3 处于分位，进线 L1、L2 分别给两台变压器供电。在一路工作电源发生故障时被切除后，例如进线 L2 故障，断路器 QF2 跳开。这时，备自投装置检测到变压器 T2 高压侧失压而进线 L1 有压，自动将断路器 QF3 投入，恢复变压器 T2 供电。此种方式在正常运行时，备用电源也投入运行，因此称为暗备用工作方式。

图 5-4 (c) 中，备自投装置控制低压侧分段断路器。低压侧分段断路器 QF5 断开，低压侧Ⅰ、Ⅱ段母线负荷分别由变压器 T1、T2 供电。当其中一台变压器故障时，进线断路器 QF1 跳开，备自投装置检测到Ⅱ段母线失去电压而Ⅰ段母线有电压，自动将分段断路器 QF5 合上，恢复Ⅰ段母线供电。此方案也是一种暗备用工作方式。

实际应用中，备自投多采用暗备用方式。

16 什么是自动低频减载装置？

答： 自动低频减载装置，简称低频减载装置，是在系统发生严重功率缺额，引起系统频率下降时，迅速断开一定数量的负荷，使系统频率在不低于某一允许值的情况下，达到有功功率的平衡，以确保电力系统安全运行，防止事故扩大。

低频减载装置按负荷的重要性，将多条配电线路分成若干个基本级和特殊级。基本级是不重要负荷，特殊级是重要负荷。系统频率下降时，首先是基本级元件第一级启动，经预定延时后切除第一级基本负荷；如果频率继续下降，则依次延时切除其他基本负荷，以限制频率继续下降。当基本负荷全部切除后，如果系统频率仍长时间停留在较低水平上，则特殊级元件启动，切除第一级特殊负荷，如果频率仍然不能恢复正常，则继续切除较重要负荷，直至特殊级负荷全部切完。对配电网来说，大面积的低频减载装置完全动作后，应该切除相当于最大负荷 40% 的负荷量。

基本级第一级整定频率一般为 47.5~48.5Hz，最末一级的整定频率一般为 46~46.5Hz，相邻两级的整定频率差为 0.5~0.7Hz，整定时限差取为 0.5s。特殊级动作频率可取 47.5~48.5Hz，动作时限可取 12~25s，时限级差取 5s 左右。

低频减载装置应能够在各种运行方式和功率缺额情况下，有计划的切除负荷，有效防止系统频率下降至危险点以下，要使切除的负荷尽可能少，并且不使事故后频率长期运行于某一过低的数值上。

为防止误切负荷，在线路故障或变压器跳闸失压时，系统发生低频振荡以及受谐波干扰时，低频减载装置应可靠闭锁。常用的闭锁方式有低电压闭锁和滑差闭锁。低电压闭锁利用电源断开后电压迅速降低，来闭锁低频减载装置；滑差闭锁利用频率变化率闭锁，即利用频率变化是否超过设定值，判断频率下降是系统功率缺额引起还是电动机反馈作用造成。在系统功率缺额时，频率下降较慢，而在电源短时消失或重合闸过程中，电动机反馈电压频率下降较快。为躲过短路故障影响，装置带有一定延时。

17 什么是自动低压减载装置？

答： 电力系统或其某一局部在运行过程中可能会出现无功电源不足，运行电压过低的情况，当在极限值（保持电压稳定的最低值）以下时，会出现无功缺额增大和电网电压进一步下降的恶性循环，以致输电线路过负荷跳闸，发电机失去同步而解列，造成大面积停电。因此，有必要在配电网中负荷集中而无功电源不足的地区装设自动低压减载装置，在配电网运行电压低到一定值时自动切除一部分负荷，使配电网恢复正常电压水平。

与低频减载类似，低压减载装置也是根据电压下降的严重程度，分级、分批地切除用电负荷。低压减载装置整定值范围一般选为 85%~90% 的额定值。低压减载的延时时间主要取决于负荷的特性。如负荷主要为带恒定功率特性的电动机负荷，电压降低对负荷特性影响较大（会导致电动机转矩大幅降低），则低电压切负荷速度要快，切负荷的延时时间不能超过 1.5s。如负荷主要为恒阻抗特性的照明或电加热装置时，电压降低对负荷特性影响不是很敏感，低电压切负荷的速度可慢一些，延时一般为 3~6s，甚至会更长一些。低压减载安排切负荷量应安排足，以满足各种不同故障形态下系统电压恢复的要求，一般情况下所安排的低电压切负荷量不能少于该地区负荷的 10%~20%。低压减载装置可以与低频减载装置安排切除相同的负荷。根据负荷重要程度由低频减载或低压减载直接启动切除所安排的负荷。

第二节　高压并联电容器保护

18 高压并联电容器常见的故障有哪些？　如何防止？

答：电容器常见的故障有渗油、漏油、外壳膨胀等，严重时内部串联元件逐步击穿形成极间短路而引起爆炸。造成电容器故障的主要原因是制造工艺的质量问题和耐压试验及运行维护不当等。

要防止电容器发生上述故障，需要采取多方面的措施。如改进制造工艺，提高产品质量；加强运行管理，改善通风条件；装设可靠的保护装置等。

19 高压并联电容器哪些故障或运行方式应装设保护装置？

答：对于 3kV 及以上的并联补偿电容器组的下列故障及运行方式，应装设相应的保护装置：

（1）电容器组合断路器之间连线短路。

（2）电容器内部故障及其引出线短路。

（3）电容器组中某一故障电容器切除后所引起的过电压。

（4）电容器组的单相接地。

（5）电容器组过电压。

（6）电容器所连母线失压。

20 高压并联电容器组合断路器之间连线的短路保护如何设置？

答：400kVA 以上容量的高压电容器组，一般采用断路器作为开关电器。对断路器至电容器组之间线路上的短路，采用下列方式之一进行保护。

（1）采用在断路器操动机构中装两个瞬时过电流脱扣器直接动作于断路器跳闸，作为瞬时过电流保护，或采用两相两个过电流继电器，作为瞬时过电流保护。

（2）采用两个过电流继电器、一个时间继电器和一个信号继电器，作短延时（0.1~0.3s）过电流保护。

容量在400kVA及以下的高压电容器组可以采用负荷开关操作，熔断器作为由短路保护。若电容器采用断路器，则采用继电保护进行保护。

21 电容器内部故障及其引出线上的短路保护如何设置？

答： 高压电容器内部故障及其引出线上的短路保护，采用下列保护方式之一。

（1）用一个熔断器保护一台电容器。

（2）用一个熔断器保护一组3~5台电容器。

（3）双星形接线电容器组的中性点不平衡电流保护。

（4）串联电容器组的桥式差电流保护。

（5）串联电容器组的电压差动保护。

（6）单三角形接线电容器组的零序电压保护。

保护方式（1）和（2）比较简单，保护可靠，而由于电容器容量一般都不大，可以采用以上两种方式。保护方式（3）~（6）比较复杂，一般用于地区变电站中容量较大及对保护可靠性要求较高的高压电容器组，大型工矿企业总降压变电站和配电站中的高压电容器组。

22 电容器过电压保护如何设置？

答： 过电压保护是为了防止配电系统运行电压过高危及电力电容器组的安全运行而装设的保护。为避免电容器组在工频过电压下运行发生绝缘破坏，并联电容器设计规定电力电容组应装设过电压保护。标准规定电力电容可在1.1倍额定电压下长期运行，1.15倍额定电压运行30min，1.2倍额定电压运行5min，1.3倍额定电压运行1min。为了安全起见，一般动作整定值比较保守，如1.1倍额定电压时延时动作于信号，在1.2倍额定电压时5~10s动作于断路器跳闸，延时跳闸的目的是为了避免瞬时电压波动引起的误跳闸。

23 电容器为什么要装设失压保护？

答： 为了防止电容器所连的母线失压后对电容器造成损坏，需要装设失压保护。母线失压对电容的危害主要有：

（1）电容器装置失压后立即恢复供电（如电源线路自动重合闸）将可能造成电容器过电压而损坏电容器。

（2）变电站失压后恢复供电，可能造成变压器带电容器合闸涌流及过电压，或失电后的恢复供电可能因无负荷造成电压升高构成的过电压损坏电容器。

24 电容器失压保护如何设置？

答：失压保护的整定值既要保证失压后，电容器尚有残压时能可靠动作，又要防止在配电系统瞬间电压降低时发生误动作。一般失压保护的电压继电器动作可整定为50%~60%配电网额定电压，带短延时跳闸。延时时限应考虑下面两个方面：

（1）同级母线上的其他出线故障时，在故障被切除前不应先跳闸。

（2）当有备用电源自动投入装置时，在自动合上电源前或在电源有失电重合闸时在重合闸前应先跳闸。

25 电容器组为什么要设置过负荷保护？

答：由于在配电系统中，并联电容器常受到谐波的影响，特殊情况下可能发生谐振，产生很大的谐波电流。谐振电流会使电容器过负荷，振动发生异常响声，使串联电抗器过热，甚至烧毁。另外局部电容损坏也会造成过负荷。所以 GB 50227—2008《并联电容器装置设计规范》中规定高压并联电容器装置宜装设过负荷保护，带时限动作信号或跳闸。

第三节　低压系统保护

26 400V 分段母线保护如何设置？

答：400V 配电系统一般为单母线或单母线分段接线，对单母线分段相间短路和单相接地短路故障一般用三段式过电流保护，以保证保护的选择性和灵敏性。一般只设一段电流定值和一个时间段，有时也采用变压器低压侧进线保护设两段时限，以第一段时限先跳开分段的方法省略分段保护。

27 400V 进线保护如何设置？

答：400V 进线一般不装设复杂的保护，只需装设短延时过电流保护即可满足保护范围及保护配合的要求。往往为了简化保护及减少级差，在双绕组变压器低压侧不装设保护，因为变压器高压侧的过电流保护可作为低压母线及馈线的后备保护。当需要快速断开母线上的短路故障时，可以在低压侧投入短延时过电流保护。当用户考虑要把低压侧断路器也作为一级保护时（考虑高压侧断路器及保护可能拒动），也可以投入低压侧短延时过电流保护。根据配合要求可采用定时限过电流或反时限过电流保护。设计保护时应当注意，如采用保护相间短路的两相式接线不能保护未接电流互感器相的单相接地短路故障。

对中性点经高阻接地配电系统的单相接地故障，电阻一般接于电源变压器中性点，可用电源变压器中性点零序电流保护进行保护，在没有分支的低压进线回路，进线回路可不再装设零序电流互感器和保护。高阻接地的低压配电系统，其接地保护通常动作于信号，然后由工作人员去处理。

28 400V 出线保护如何设置？

答：400V 出线一般装设电流速断与过电流保护即可满足保护范围及保护配合的要求。过电流保护根据被保护设备及配合要求可采用定时限过电流保护或反时限电流保护。另外，当所装设的相间短路保护对单相接地短路灵敏度不够时，则装设零序过电流保护。

29 400V 低压电动机相间短路保护如何设置？

答：相间短路保护用于电动机绕组内部及其引出线上的相间短路故障，保护装置可按电动机重要性结合所选用的一次设备配置，一般采用下列方式之一：

（1）熔断器和磁力启动器或接触器组成的一次供电回路，由熔断器作为相间短路保护。

（2）断路器或断路器和操作设备（接触器）组成一次供电回路，用断路器本身所带的电流、电压保护作为相间短路保护，也可以采用断路器本身所带的电流脱扣器进行保护，但要注意其灵敏性是否符合要求，即在电动机出线端子处短路时，灵敏系数必须大于 1.5。

30 400V 低压电动机单相接地保护如何设置？

答：低压电动机单相接地保护有下面两种情况：

（1）对中性点直接接地的低压配电系统，通常容量为 100kW 以上的电动机装设单相接地保护；对 55kW 及以上的电动机，当装设了三相式电流保护满足对地单相接地故障灵敏性时也可不装设单相接地保护。对装设熔断器保护的回路，其单相接地故障靠熔断器熔断来切除。

（2）对中性点经高阻接地的低压配电系统，其单相接地不要求跳闸，通常是把接地电流限制在 10A 以下。对低压电动机的单相接地故障，应装设有选择性的接地检测装置，动作于信号或跳闸。

31 400V 低压电动机过负荷保护如何设置？

答：对装设有继电保护装置的低压电动机可采用如高压电动机的保护装置作为过负荷保护，对小型电动机可由热继电器作为过负荷保护。

32 什么是低压智能型断路器？

答：带有微机型保护及控制、测量功能的断路器常称为智能型断路器。目前国内外生产的断路器，不论塑壳式还是框架式，许多都装设有智能控制器，一般包括以单片机为核心构成的综合测控和保护。如引进的 M 系列断路器、F 系列断路器及国产的 M 系列、AH 系列、DW48 型、HSW1 型断路器等都采用了智能控制器，如图 5-5 所示为 DW 型万能断路器。

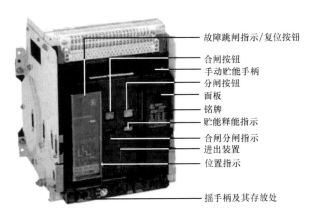

故障跳闸指示/复位按钮
合闸按钮
手动贮能手柄
分闸按钮
面板
铭牌
贮能释能指示
合闸分闸指示
进出装置
位置指示

摇手柄及其存放处

图 5-5　DW 型万能断路器

33 400V 配电系统万能式断路器常配有哪些保护方式？

答：带有智能控制器的低压断路器也称为万能式断路器。万能式断路器常采用的保护多为三段式或两段式电流保护。万能式断路器可设各种脱扣器，如过电流脱扣器、分励脱扣器、失压脱扣器、过载脱扣器等。

34 400V 智能断路器中，智能控制器的功能有哪些？

答：（1）保护功能。包括过载长延时保护、短路短延时过电流保护、特大短路瞬时速断保护，以及单相接地、漏电流、负载监控等几种保护，还有发光指示和故障记录功能。

（2）测量显示功能。包括测量相电流、相电压及线电压、功率、功率因数和电能量以及母线频率，测量数据不但可以就地显示，有的还可以通过通信系统上传到上位机在中央控制室显示。

（3）通信测控功能。国外和部分国产智能控制器设有数据通信功能，可以传输每相电流整定值和参数、断路器位置状态、越限报警、自监控和触头磨损状况、负载监控输出状态等，并可以由控制中心上位机对本系统具有通信功能的断路器进行"四遥"（遥测、遥信、遥控、遥调）控制。

35 剩余电流动作保护器的用途是什么？ 类型有哪些？

答：剩余电流动作保护器，也称为漏电保安器，当剩余电流达到或超过给定值时能自动断开电路或发出报警信息的低压开关电器或组合电器。用于低压电路中作为防止人身触电和由于漏电引起的火灾、电气设备烧损及爆炸事故的安全电器。主要功能是提供间接接触保护，漏电动作电流小于 30mA 的保护器，也可以作为直接接触的补充保护，但不是唯一保护。

电流型的漏电保护开关在国际电工委员会标准中又称为"剩余电流动作保护器"。按其动作时间分类，可分为：

（1）快速型：能在 0.1s 内动作。

（2）延时型：动作时间在 0.1~2s 内。

（3）反时限型：通过额定动作电流时，动作时间超过 0.2s，但在 1s 内；通过电流为额定电流的 1.4 倍时，动作时间为 0.1s~0.5s；通过电流为额定电流 4.4 倍时，动作时间在 0.05s 以内。

按其动作灵敏度分类，可分为：

（1）高灵敏型：额定动作电流在 30mA 以下。

（2）中灵敏型：额定动作电流为 30~100mA。

36 剩余电流动作保护器的基本原理是什么？

答：电流动作型漏电保护开关由零序电流互感器 TAN、放大器 A 和低压断路器（含脱扣器）QF 等组成，如图 5-6 所示。

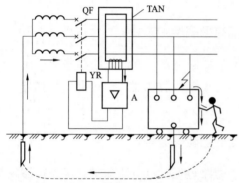

在设备正常运行时，线路中的电流相量和为零，零序电流互感器铁芯中没有磁通，其二次侧没有输出电流。当设备发生单相接地故障或有人触及带电设备时，主电路中的电流相量和不为零，在互感器铁芯中形成零序磁通，其二次侧输出电流，经电子放大器放大后，通入脱扣器，当漏电流达到动作值时，断路器跳闸切断电路，从而起到保护作用。

图 5-6　电流动作型漏电保护开关原理示意图

37 剩余电流动作保护器的基技术参数有哪些？　含义是什么？

答：剩余电流动作保护器的基技术参数及含义如下：

（1）额定漏电动作电流（$I_{\Delta定}$）。它是指在规定的条件下，漏电保护装置必须动作的漏电动作电流值。该值反映了漏电保护装置的灵敏度。例如 30mA 的保护器，当通入电流值达到 30mA 时，保护器即动作断开电源。我国标准规定的额定漏电动作电流值为：6、10、（15）、30、（50）、（75）、100、（200）、300、500、1000、3000、5000、10000、20000mA 共 15 个等级（带括号的值不推荐优先采用）。其中，30mA 及以下者属于高灵敏度，主要用于防止各种人身触电事故；30~1000mA 者属中灵敏度，用于防止触电事故和漏电火灾；1000mA 以上者属低灵敏度，用于防止漏电火灾和监视一相接地事故。

（2）额定漏电不动作电流（I_{no}）。它是指在规定的条件下，漏电保护装置必须不动作的漏电不动作电流值。为了防止误动作，漏电保护装置的额定不动作电流不得低于额定动作电流的 1/2。在规定的条件下，漏电保护器不动作的电流值，一般应选漏电动作电流值的二分之一。例如漏电动作电流 30mA 的漏电保护器，在电流值达到 15mA 以下时，保护器不应动作，否则因灵敏度太高容易误动作，影响用电设备的正常运行。

（3）漏电动作分断时间。它是指从突然施加漏电动作电流开始到被保护电路完全被切断为止的全部时间。为适应人身触电保护和分级保护的需要，漏电保护装置有快速型、延时型和反时限型三种。例如 30mA 分断时间的保护器，从电流值达到 30mA 起，到主触头分离止的时间不超过 0.1s。

（4）额定频率为 50Hz。

（5）额定电压为 220V 或 380V。

（6）额定电流（I_N）为 6、10、16、20、25、32、40、50、（60）、63、（80）、100、（125）、160、200、250A（带括号值不推荐优先采用）。

38 农村配电网安装剩余电流动作保护器对低压电网的要求有哪些？

答：（1）安装分级保护的农村低压配电网应采用 TT 接线。

（2）从总保护侧引出的中性线不得重复接地，并应具有与相线相同的绝缘水平。用电设备采用保护接零方式的必须改为保护接地。总保护后的中性线、相线均不得与其他回路共用。

（3）电动机及其他设备接保护装置后，其外露可导电部分必须可靠接地。其接地电阻不得超过表 5-1 的规定。当保护器额定动作电流小于 30（15）mA，且确认保护器性能可靠时。

表 5-1　　　　　　　　　电气设备安装保护器后对接地电阻的要求

保护器额定动作电流（mA）		15	30	50	75	100	200	300
接地电阻（Ω）	一般场所	*	*	500	500	500	250	160
	特别潮湿场所	*	500	500	330	250	125	80
＊允许不另装设专用接地装置								

（4）应保持低压配电网各相负荷平衡，当采用地埋电缆时，应保证三相长度相等。

（5）保护器安装地点的对地绝缘电阻晴天时不应小于 0.5MΩ。用户对地泄漏电流限值见表 5-2。当用户对地泄漏电流依不同地区大于 5（10）mA 时，表明出现接地故障。这时用户应切除故障后再恢复供电。电动机及其他电气设备在运行时对地绝缘电阻不应小于 0.5MΩ。

表 5-2　　　　　　　　　　用户对地泄漏电流限值

区域	平均值	最大值
干燥地区	<1	≤5
潮湿地区	<1.5~2	≤10

（6）装有保护器的线路及设备，其泄漏电流不应大于其额定动作电流的 30%；达不到要求时应查明原因，处理达标后再投入运行。

39 什么是分级漏电保护？

答：有两级及以上漏电保护构成的漏电保护系统叫作分级漏电保护。保护器分别安装在低压电网的电源端、支（干）线路、负载端，且各级漏电保护的动作电流或动作时间相互配合。实现具有选择性的分级保护，靠近电源端的漏电保护相对其后安装的漏电保护称为上级保护。农村分级保护一般采用总保护（中级保护）、户保和末保的多级保护方式，其配置如图5-7所示。

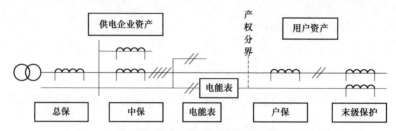

图 5-7　农村配电网剩余电流动作保护配置示意图

总保护是安装在农村配电台区变压器低压侧的第一级保护，也叫总保；中级保护是安装在台区总保与户保之间的低压线路干线（分支线）的剩余电流动作保护器，也称中保；户保是安装在用户进线处的剩余电流动作保护器，也称家保；末级保护是用于单台电气设备（工器具）的剩余电流动作保护器。

40　总保护安装配置有什么要求？

答：农村公用变压器和专用变压器的 TT 接线方式必须安装总保护，总保护接线方式有以下三种：

（1）三相配电变压器低压侧配置的总保护器应安装在配电变压器的每一回路低压侧出线（可缩小低压电网的故障停电范围，提高低压电网供电可靠性）；

（2）单相配电变压器低压侧出线应设置台区总保护器。

41　中级保护安装位置有什么规定？

答：（1）新建或改造的配电台区低压电网宜配置中级保护。

（2）计量装置采取集中表箱安装的，宜在集中表箱内配置中级保护；根据电源进线方式，宜配置三极四线或二极二线中级保护，如图5-8所示。

（3）计量装置采取分散安装的，宜在分支线分支点或主干线分段点安装分支箱，并配置中级保护，如图5-9所示。

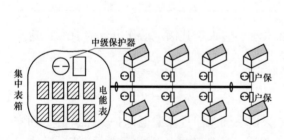

图 5-8　集中表箱内配置中级保护

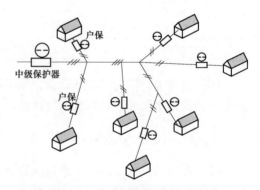

图 5-9　分支箱内配置中级保护

(4) 单相配电变压器供电台区不宜设中级保护。

42 户保的作用是什么？ 安装配置有什么要求？

答：农户必须安装户保，户保一般安装在用户进线上。户保和末保属于用户资产，一般应由用户出资安装并承担维护、管理责任。户保的作用是当用户产权分界点以下的户内线路剩余电流达到动作值时，切断本户电源开关。

不设末级保护时，户保应选用快速型剩余电流动作保护器，并确保其正常投入运行，不得擅自解除或退出运行。

43 哪些情况应装设末级保护？

答：(1) 农业生产用的电气设备，大棚种植或农田灌溉用电力设施。
(2) 温室养殖与育苗、水产品加工用电。
(3) 抗旱排涝用的潜水泵，家庭水井用潜水泵。
(4) 安装在水中的供电线路和设备，游泳池、喷水池、浴池的电气设备。
(5) 安装在户外的电气设备。
(6) 施工工地的电气机械设备。
(7) 工业生产用的电气设备。
(8) 属于 I 类的移动式电气设备及手持电动工具。
(9) 机关、学校、宾馆、饭店、企事业单位和住宅等除壁挂式空调电源插座外的其他电源插座或插座回路。
(10) 临时用电的电气设备，应在临时线路的首端设置末级保护。
(11) 其他需要设置保护器的场所。

44 农村台区剩余电流动作保护器的动作电流设置有什么要求？

答：农村台区剩余电流动作保护器的动作电流设置要求见表 5-3。

表 5-3 农村台区剩余电流动作保护器的动作电流设置要求

序号	用途	级别	额定剩余动作电流最大值（mA）	
			一般地区	高湿度地区
1	总保	一级	(50)*、100、200、300	300
2	中保	二级	50、100	100
3	户保	三级	10 (15)、30	30
4		末级	一般选择 10mA，特殊潮湿场所选 6mA	

* 50mA 挡只适用于单相变压器供电的总保护。

注 总保护的剩余动作电流应分挡可调。

45 公用三相变压器台区剩余电流动作保护器的时限配合有什么要求？

答：公用三相变压器台区剩余电流动作保护器的动作电流设置要求见表 5-4。

表 5-4　　　　　　公用三相变压器台区剩余电流动作保护器的时限配合要求

序号	用途	级别	≤2$I_{\Delta2}$		5$I_{\Delta1}$、10$I_{\Delta0}$	
			极限不驱动时间（s）	最大分断时间（s）	极限不驱动时间（s）	最大分断时间（s）
1	总保	一级	0.2	0.3	0.15	0.25
2	中保	二级	0.1	0.2	0.06	0.15
3	户保	三级	不设置动作延时	0.04	—	—
4		末级	不设置动作延时			

46 公用单相配电变压器台区剩余电流动作保护器的动作电流设置有什么要求？

答：公用单相配电变压器台区剩余电流动作保护器动作延时应符合表 5-5 的规定。

表 5-5　　　公用单相配电变压器台区剩余电流动作保护器的动作电流设置要求

序号	用途	级别	≤2$I_{\Delta2}$		5$I_{\Delta1}$、10$I_{\Delta0}$	
			极限不驱动时间（s）	最大分断时间（s）	极限不驱动时间（s）	最大分断时间（s）
1	总保	一级	0.1	0.2	0.06	0.15
2	户保	三级	不设置动作延时	0.04	—	—
3		末级	不设置动作延时			

47 剩余电流动作保护器安装有何要求？

答：剩余电流动作保护器安装应符合下列规定：

（1）厂家应提供安装和使用说明书，应详细说明安装方法。特殊要求与厂家商定。

（2）保护器各项参数应符合被保护线路和设备要求。

（3）接线正确。接线方式如图 5-10 所示。

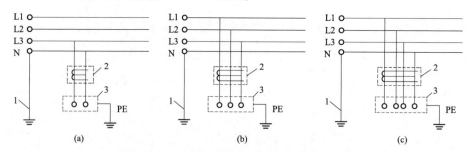

图 5-10　TT 系统剩余电流动作保护器接线图

（a）方式一；（b）方式二；（c）方式三

L1、L2、L3—相线；N—中性线；PE—接地保护线；1—电源端接地；2—保护器；3—用电设备外露可导电部分

48 剩余电流动作保护器安装后投运有何要求？

答：（1）必须按产品说明书的接线图认真查线，确认安装接线正确，方可通电试验。

（2）用试验按钮试跳三次，应正确动作。

（3）各相用试验电阻（一般为 $1\sim2k\Omega$）接地试验三次，应正确动作。

（4）带负荷分合三次，不得有误动作。

49 剩余电流动作保护器运行管理有何要求？

答：（1）供电企业应对管辖范围内的总保、中保建立设备档案、运行记录和试验记录。

（2）总保是否启用重合闸由当地根据气象条件、地理环境和电网状况决定。

（3）使用单位应对总保和中保定期进行检查和测试，并做好记录。

（4）用户应保证户保完好。户保动作后再检查无绝缘损坏，且保证人畜不会触电情况下可试送一次，如果再次跳闸，应查明原因，严禁强行连续送电。必要时对其进行动作特性试验，经检查确认漏保故障时，应立即予以更换，严禁退出运行或私自拆除。

（5）用户对户保每月试跳一次，并做好记录。

（6）末级保护在使用前应试跳一次。

第六章

配 电 网 智 能 化

第一节　智能配电网

1 智能电网的概念是什么？

答： 由于各国的经济发展状况不同，电网的建设水平不同，电网发展的内外部环境不同，所以各国对于智能电网的建设愿景及侧重点也不同，对智能电网的概念描述也不相同。截至目前，世界范围内对智能电网的概念尚没有达到统一，仍然处在不断探索中。

（1）中国智能电网是指坚强智能电网。坚强智能电网是以特高压电网为骨干网架、各级电网协调发展的坚强网架为基础，以通信信息平台为支撑，具有信息化、自动化、互动化的特征，包含电力系统的发电、输电、变电、配电和用电，以及调度各个环节。覆盖所有电压等级，实现"电力流、信息流、业务流"的高度一体化融合，是坚强可靠、经济高效、清洁环保、透明开放、友好互动的现代电网。其总体规划如图6-1所

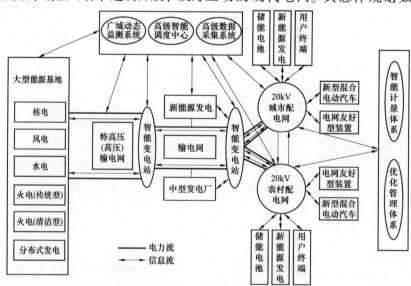

图6-1　统一坚强智能电网总体规划

示，战略框架体系见表 6-1。

表 6-1　　　　　　　　　　　坚强智能电网的战略框架

框架	内容
一个目标	统一坚强智能电网
两条主线	技术主线：信息化、自动化、数字化、互动化 管理主线：集团化、集约化、精益化、标准化
三个阶段	规划试点（2009~2010年）、全面建设（2011~2015年）、完善提升（2016~2020年）
四个体系	电网基础体系、技术支撑体系、智能应用体系、标准规范体系
五个内涵	坚强可靠、经济高效、清洁环保、透明开放、友好互动
六个环节	发电、输电、变电、配电、用电、调度

"坚强"与"智能"时现代电网的两个基本发展要求。"坚强"是基础，"智能"是关键。强调坚强电网网架与电网的智能化的有机统一，是以整体性、系统性的方法来客观描述现代电网发展的基本特征。

 智能电网对配电网的新要求是什么？

答：智能电网战略目标为配电网注入了新的内涵，也给配电网带来了新的生机，为配电网的发展指明了方向。

从以下六个方面介绍了配电网面临的新的发展要求，提出了需要从更高的角度建设智能配电网。

（1）分布式能源接入的需要。面对短时电力负荷高峰和人们对供电质量和可靠性的要求，大量分布式能源接入配电网，对配电网带来极大挑战。作为智能配电网重要组成部分的微电网技术可以很好解决分布式电源的灵活接入，实现配电网的安全、可靠、经济运行。

（2）低碳经济的需要。智能配电网一方面能通过改造传统配电一次设备降低配电网自身的损耗，另一方面通过需求侧管理合理安排分行，提高电能利用效率。

（3）更高供电可靠性的要求。智能配电网能快速实现在复杂网架下的快速故障处理和恢复，使停电时间大大缩短，供电可靠性达到一个新的水平。

（4）更高电能质量的需求。随着技术产业的发展，对电网的电能质量要求更高，智能配电网可以利用各种智能化设备对电能质量进行抑制和治理，为用户提供更优质的电能。

（5）经济发展的需要。随着经济的发展，各行各业用电持续增长，智能配电网的快速故障处理和恢复能力、对分布式电源的兼容能力等可以更好地为经济发展提供有力支撑。

（6）防灾减灾。配电网面对自然灾害时的调控能力不足，而智能配电网能很好地实现"孤岛"情况下的配电网运行调度，确保重要负荷的正常工作。

3 智能配电网（SDG）的概念是什么？

答：智能配电网（smart distribution grid，SDG）是以配电网高级自动化技术为基础，通过应用、融合先进的测控和传感技术、计算机和网络技术、信息与通信技术，采用智能化的开关设备、智能配电终端设备，智能配电主站系统，在坚强电网网架结构以及双向通信网络的物理支持和各种具备高级应用功能的可视化软件支持下，允许可再生能源和分布式电源的大量接入和微网运行，鼓励不同类别的电力用户积极参与电网互动，以实现配电网在正常运行状态下完善的监测、保护、控制、优化和非正常运行状态下的自愈控制，最终为电力用户提供安全、可靠、优质、经济、环保的电力供应和其他附加服务。

4 智能配电网的功能特征是什么？

答：智能配电网是智能电网中配电网这部分的内容，与传统的配电网相比，智能配电网的主要功能特征如下：

（1）较强的自愈能力。自愈是智能配电网的重要特征。它不仅能够及时监测出已发生的故障，并对故障进行故障定位、隔离和健全区域恢复供电，更重要的是能够及时检测故障前兆和评估配电网的健康水平，在故障实际发生前进行安全预警，并采取预防性控制措施，避免故障的发生。

（2）安全性高。智能配电网能够很好地抵御战争攻击、恐怖袭击、病毒侵袭和自然灾害的破坏。避免出现大面积停电，能将外部破坏限制在一定的范围内，保障重要用户的不停电供电。

（3）电能质量更优。智能配电网能够实时监测并控制电能质量，使电压的有效值和波形符合用户的需求，保证电压合格，实现对电能质量敏感设备的不间断、高质量、连续供电，即能够保证用户设备的正常运行并且不影响其使用寿命。

（4）兼容性更好。这是智能配电网区别于传统配电网的主要特征。在智能配电网中，不再是被动地限制分布式电源（distributed electric resource，DER）的接入点与容量，而是综合考虑可再生能源足额上网和节省整体投资等这些因素，积极主动的接入DER并发挥作用。通过保护控制的自适应以及系统接口的标准化，支持DER的"即插即用"。

（5）与用户互动能力强。应用智能电能表，实行分时电价、动态实时电价，让用户自行选择用电时段，在节省电费的同时也为降低电网高峰负荷做出贡献。另外还积极创造条件让拥有DER的用户在用电高峰时段向电网送电。

（6）电网资产利用率高。智能配电网能在保证安全的前提下，增加传输功率，提高系统容量利用率；通过对潮流分布进行优化，提高运行效率；通过在线监测运行状态，延长设备使用寿命。

（7）可视化管理平台。智能配电网能为运行人员提供高级的图形界面，使其能够全面掌握电网及其设备的运行状态，克服目前配电网因"盲管"造成的反应速度慢、效率低下的问题。

（8）配电管理与用电管理的信息化。智能配电网将配电网实时运行与离线管理数据高度融合、深度集成，实现设备管理、检修管理、停电管理以及用电管理的信息化。

5 智能配电网的技术内容都包含哪些？

答：（1）灵活可靠的配电数据通信网络。覆盖配电网中所有节点（控制中心、变电站、分段开关、用户端口等）的通信网，采用光纤、无线与载波等多种组网技术，将彻底解决配电网的通信瓶颈问题。

（2）先进的传感测量技术。如电力设备状态在线监测、架空线路与电缆温度测量、电能质量测量等技术。

（3）先进的保护控制技术。如自适应保护、广域网保护、网络重构等技术。

（4）高级配电自动化。包含配电运行自动化、配电管理自动化以及用户自动化三个方面的内容。

（5）高级量测体系（advanced metering architecture，AMA）。是支持用户互动的关键技术，是传统自动读表（automatic meter reading，AMR）技术的新发展，属于用户自动化的内容。AMA 是通过智能配电终端按设定的方式采集并分析用户用电数据的系统。

（6）分布式电源（distributed electric resource，DER）并网技术。包含配电网的规划建设、DER 并网保护控制与调度管理、系统与设备接口的标准化以及微网在主网停电时孤立运行等。

（7）DFACTS 是柔性交流输电（flexible alternating current transmission systems，FACTS）技术在配电网的延伸，包括电能质量与动态潮流控制两部分内容。

（8）故障电流限制技术。指利用电力电子、高温超导技术限制短路电流的技术。

6 智能配电网的组成有哪几部分？

答：智能配电网的组成有以下四部分。

（1）能量与通信系统集成。它是开放式的、基于标准的架构，集成了数据通信网络和智能设备，用于支持未来的电力交换系统。

（2）分布式电源。它的建设可以提高效率和降低成本；它的辅助服务是对电网的支持。

（3）用户入口。它是电网和用户之间进行双向交流的大门。

（4）高级量测系统。具备智能化的变电站监视、配电系统的高级（下一代）传感器、支持智能配电网的功能。

7 智能配电网的建设目标是什么？

答：为了满足智能配电网的建设和发展需要，智能配电网应达到以下目标：

（1）建设可靠的配电网架。建设结构坚强合理，运行灵活，电压层次简化，供电安全可靠的主网架。

（2）配电设备性能先进适用、安全可靠。通过引进或研发先进设备和先进适用技术，促进城网技术升级，推广可靠、占地少、维护量小、智能化程度高的设备和装置。

（3）支持可再生、分布式能源的接入。实现电源"即插即用"的友好、灵活接入方式，保持电网系统的稳定。

8 供电区域指的是哪些区域？

答： 按照"统筹城乡电网、统一技术标准、差异化指导规划"的思想，国家电网公司明确了供电区域划分原则，并将公司经营区分为 A+、A、B、C、D、E 六类供电区域。供电区域划分见表 6-2。

表 6-2　　　　　　　　　　供电区域划分情况

供电区域负荷密度		A+	A	B	C	D	E
行政级别	直辖市	市中心区	市区	市区或城镇	城镇或农村	农村	—
	省会城市、计划单列市	市中心区	市中心区	市区或城镇	城镇或农村	农村	—
	地级市（自治州、盟）	—	市中心区	市中心区、市区或城镇	市区或城镇	城镇或农村	农牧区
	县（县级市、旗）	—	—	城镇	城镇	城镇或农村	农牧区
自动化建设模式		集中式或智能分布式			集中式或就地型重合器	故障指示器	
通信方式		光纤通信			光纤通信与无线网络结合	无线网络	
自动化覆盖率		100%		95%		85%	80%

注 1. 供电区域的负荷密度分为 A+、A、B、C、D、E6 个。
　2. 供电区域面积一般不小于 5km²。
　3. 计算负荷密度时，应扣除 110（66）kV 专线负荷，以及高山、戈壁、荒漠、水域、森林等无效供电面积。

9 什么是微电网？

答： 从系统观点来讲，微电网是将发电机、负荷、储能装置及控制装置等结合，形成一个单一可控的独立供电系统。它利用现代电力电子技术，将微型电源和储能设备并在一起，直接接在用户侧。

美国电器可靠性联合会对微型电网的定义为："微电网是由负荷和微型电源共同组成的系统，可同时提供电能和热能；微电网是由一些分布式发电系统、储能系统和负载构成的独立网络，既可以和公共电网并联运行，也可以单独运行。微电网还可以覆盖传统电力系统无法达到的偏远地区，并可提高供电可靠性及电能质量。"典型微电网系统结构如图 6-2 所示。

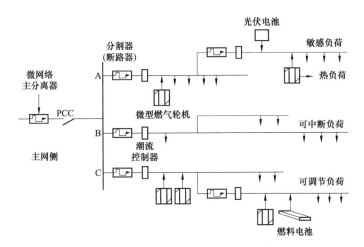

图 6-2 典型微电网系统结构

10 微电网的主要特征和组成有哪些？

答：微电网的特征如下：

（1）微电网的电压等级相对比较低，一般为 10kV 或 380V。

（2）微电网的规模都比较小，一般在 5000kW 以下。

（3）微电网类型众多，有城市并网型微电网、海岛地区离网型微电网等。

典型微电网的组成有集控中心、多种分布式电源、多种智能化用户、具有自愈能力的电力网络、多种储能设备。

11 微电网有哪些优点？

答：（1）微电网几乎具有智能配电网的所有特点，如双向交互性、网络自愈功能等。

（2）微电网能提高分布式电源的有效运行时间。

（3）微电网能在电网受到外力或自然灾害破坏的情况下，保证重要负荷的持续供电。

（4）微电网能避免分布式电源周围用户电能质量的影响。

（5）微电网能就地平衡分布式发电的电能，实现优化利用可再生能源和降低电网损耗。

12 即插即用技术是什么？

答：即插即用技术就是为用户拥有的分布式电源（如燃料电池、光伏电池等）及新型用电设备（如电动汽车）等，提供便捷、安全、可靠的接入电网的方式，保证用户设备与电网互联后，均正常运行。

13 智能配电网与微电网的关系是什么?

答：智能配电网与微电网密不可分，表现在以下几个方面。

（1）结构上。二者都包含系统的配电和用电环节。

（2）技术上。二者都融合了各种先进的技术和设备。

（3）需求上。二者都能为用户提供更好的服务，满足用户多样化的需求。

（4）效益上。二者都以经济效益、能源效益和环境效益作为发展智能化的驱动力，实现效益的最大化，微电网能够充分利用自身特色帮助推动配电网智能化的实现。

因此，微电网将是未来智能配电网新的组织形式。

14 智能配电网的通信特点?

答：（1）通信节点多、网络拓扑复杂。智能配电网中涵盖了大量的智能化设备、终端节点和信息中心等通信节点，这些节点间采用的通信规约也不完全相同，所以通信的介质也有所不同，这就造成组网的方式也不同，这些在一定程度上加大了网络间通信的复杂度和成本。

（2）通信方式不同。智能配电网在组网上一般采用主干通信结合小区域分支通信的通信方案，区域内通信距离较短，主干通信距离较远。因此，采用的通信方式不同，主干通信多采用光纤，而小区域分支通信多采用多种通信技术相结合，如光纤、电缆、ZigBee/WiFi/LTE 等。

（3）通信频繁，数据种类多，数据量大。智能配电网对通信数据的要求比传统配电网高。智能配电网中各通信节点信息交互频繁，不同设备不同节点间通信数据种类多，单个的数据量有限，因此，在总量上各个节点间的数据交互量大，对网络的带宽和传输速率有较高的要求。

因此，需要建立一个可靠、通用、高效、自愈能力强的广域通信网络来支撑智能配电网的业务、拓扑和数据的需求。

15 智能配电网的通信网络结构是什么样的?

答：智能配电网的通信网络根据传输信息的实时性和数据量的不同，分为骨干层网络和接入层网络，其结构如图 6-3 所示。

配电主站与配电子站之间的通信通道为骨干层通信网络。骨干层通信网络原则上应采用光纤传输网，特殊情况下，也可采用其他专用网通信方式作为补充。骨干层网络是整个配电网的控制和管理核心，所以骨干层网络应健全且具备自愈功能，满足系统高可靠性的要求。

接入层通信网络应因地制宜，可综合采用光纤专用、配电线载波、无线等多种通信方式。采用多种通信方式时应实现多种方式的统一接入、统一接口规范和统一管理，配电网对接入层的主要需求是数据接入容量和接入数据的稳定性。

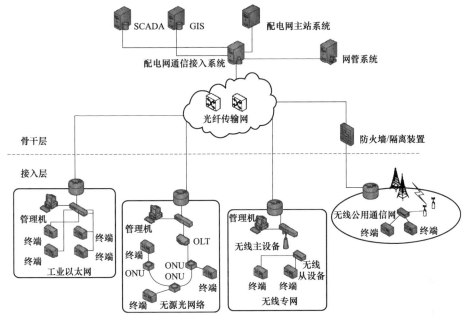

图 6-3　配电网通信网络结构图

16 智能配电网对通信接入网有哪些要求？

答：智能配电网对通信接入网的网络结构、覆盖范围、技术应用、宽带需求和业务管理等方面提出了更高的要求。

（1）逐步建设和完善通信接入网的网络结构。智能配电网的网络结构是"骨干通信网＋接入层通信网"的形式。通信接入网应该形成骨干网与接入网上下贯通、面向用户、安全防控的一体化通信平台。

（2）提升网络覆盖率。通信接入网主要覆盖配电网的开关站、配电室、配电变压器、环网柜、柱上开关、配电线路、分布式能源站点、电动汽车充电站等；通信接入网应能实现对所有电力用户和关口的全面通信覆盖。

（3）依托公司骨干通信网和中低压电力线路资源，形成以光纤通信为主，中低压电力线载波为辅，无线公网等其他方式为补充和延伸的通信接入网。

（4）完善和优化现有业务网络，提升业务网服务能力。根据通信技术的发展，实现各类业务网络的平滑演进和融合，为配电自动化、电力光纤到户、电动车充电站等业务提供支持和保障。

（5）在带宽需求上，通信接入网上端与骨干网相连，向下承载配电自动化、电力光纤到户、电动车充电站等业务。通信接入网的带宽要保证所承载业务的信息流快速、可靠、安全传输，满足电力光纤到户通信上联需求。

（6）建设统一接口、统一标准的配用电一体化通信网管系统和管理平台。满足配用电各个环节、各层次之间信息采集、存储、交互、处理等多方面的需求，实现对各种通信方式的集中管理。

17 智能配电网的建设给信息安全带来哪些新的挑战？

答：智能配电网的某些特点，比如信息系统与外界之间的交互增加、数据传输的实时性增强、智能终端接入方式增多、用户服务需求提升等。这些都给信息安全带来新的风险，给电网企业信息安全防护工作带来新的挑战。主要有以下几方面：

（1）信息系统遭受攻击后危害更加巨大。智能配电网环境下，信息系统的集成度更高，任何环节的安全隐患，都可能会导致服务完全中断或大面积安全事故。

（2）数据安全的重要性提升。随着智能配电网的建设，电力企业信息化程度在不断提升，关键数据越来越集中。在这种情况下，数据安全的重要性就格外重要，数据一旦丢失或泄密，轻者影响信息系统的日常运作，重者带来难以估量的社会影响。

（3）信息安全防控难度加大。智能配电网下信息内外网边界的各类接入对象采用多种接入方式和信息内、外网进行数据交换与通信。智能配电网将面临更加复杂的接入环境、多样灵活的接入方式，这些都对信息安全的防控能力提出了新的挑战。

（4）在一回进线存在危险点（源），可能影响供电可靠性的情况下，其变电站全部负荷可临时调至另一条进线供电，启用线路备自投方式。待危险点（源）消除后，变电站恢复正常备自投方式。

（5）具备条件的开关站、配电室、环网单元，宜设置备自投，提高供电可靠性。

第二节　分布式并网发电及并网技术

18 什么是分布式电源？什么是分布式发电？

答：分布式电源（distributed electric resource，DER）是指不直接与集中输电系统相连的 35kV 及以下电压等级的电源，主要包括发电设备和储能装置。其另一种说法是，分布式电源是指位于用户附近，所发电能就地利用，以 10kV 及以下电压等级接入电网，且单个并网点总装机容量不超过 6MW 的发电项目。包括太阳能、天然气、生物质能、风能、地热能、海洋能、资源综合利用发电等类型。

分布式发电（distributed generation，DG）指的是小型的、直接连到配电网上的、一般向当地负荷供电的发电方式。一般认为其发电机组在 50MW 以下。

从并网发电的角度，分布式电源、分布式发电不做严格区分。

19 分布式电源的优点是什么？

答：（1）分布式发电系统中各电站相互独立，用户可以自行控制，不会发生大规模停电事故，所以安全可靠性比较高。

（2）分布式电源可以作为一种后备电源，弥补大电网安全稳定性的不足，在意外灾害发生时继续供电。

（3）可对区域电力的质量和性能进行实时监控，非常适合向农村、牧区、山区，发展中的中、小城市或商业区的居民供电，可大幅度减小环保压力。

（4）分布式发电的输配电损耗很低，无须建配电站，可减少输电所带来的损耗和降低附加的输配电成本，同时土建和安装成本低。

（5）可以满足特殊场合的需求，如用于重要集会或庆典的移动分散式发电车。

（6）调峰性能好，操作简单，由于参与运行的系统少，启动和停止快速，便于实现全自动。

20 分布式电源的缺点有哪些？

答：（1）分布式电源中风电和太阳能发电等具有随时的波动性，分布式电源单独作为发电系统时不能满足电能质量。

（2）分布式电源并入配电网，使配电网的结构越来越复杂，优化规划越来越困难。

（3）分布式电源接入配电网会对电力系统中的潮流分布、电压、频率以及网络损耗产生巨大影响。

21 分布式电源对智能配电网规划有什么影响？

答：（1）增大问题求解难度。配网规划一般考虑 5~20 年，一般在此年限内，通常假定电网负荷逐年增长，新的中压/低压节点不断出现，结果会增建一个或更多的变电站。如果出现许多发电机节点，寻找到最优的网络布置方案将更困难。

（2）增加不确定性因素。在电力市场的环境下，用户安装的分布式电源有可能与电力负荷直接抵消，影响整个电力系统的负荷增长，进而对电源的扩建规模和进度产生影响。因此必须研究用户侧分布式电源对电网侧负荷增长模式的影响。如果配电网的位置和容量不合适，可能会导致电能损耗的增加，还可能会改变故障电流的大小、持续时间合方向。因此，对于不同的区域及发展阶段，应探讨分布式电源的合理规模、最优分布点以及电网扩展规划问题。准确评估分布式电源对配电网的影响。

（3）产生配电网双向潮流。不含分布式电源的配电网一般采用环网结构，开环运行，潮流单向流动。而含有分布式电源的配电网产生了双向潮流，这可能会对传统配电网的过流保护造成影响，导致保护失去选择性或降低灵敏度。

（4）含分布式电源的配电网规划情况。依据出发点不同，分两种情况，即分布式电源在配电网中的布点规划及考虑分布式电源的配电网扩展规划。前者以电源规划为出发点，后者以电网规划为出发点。

（5）增加运营管理难度。大量分布式电源的接入将对配电网的结构产生严重影响（如电压调整、无功平衡等），为了保证电网的安全与优质运行，不仅需要改造现有的配电自动化系统，还需要将配电网被动管理转变为主动管理。

22 分布式电源的种类有哪些？

答：分布式电源可分为热电冷联产发电、内燃机组发电、燃气轮机发电、小型水力发电、风力发电、太阳能光伏发电、燃料电池等。

23 什么是热电冷联产发电？ 其特点有哪些？

答：热电冷联产发电是指锅炉产生的蒸汽在背压汽轮机或调节抽气式汽轮机做功发电，其排气或抽气，除满足供热等各种热负荷外，还可做吸收式制冷机的工作蒸汽，利用热能产生冷水用于制冷，生产 $6\sim8℃$ 冷水用于空调或工艺冷却。

（1）蒸汽不在降压或经减温减压后供热，而是先发电，然后用抽气或排气满足供热、制冷的需要，可提高能源利用率。

（2）增大背压机负荷率，增加机组发电，减少冷凝损失，降低煤耗。

（3）保证生产工艺，改善生活质量，减少从业人员，提高劳动生产率；代替数量大、形式多的分散空调，改善环境景观，避免"热岛"现象。

24 什么是分布式光伏发电？ 其特点是什么？

答：分布式光伏发电是指采用光伏组件，将太阳能直接转换为电能的分布式发电系统。它是一种新型的、具有广阔发展前景的发电和能源综合利用方式，它倡导就近发电、就近并网、就近转换、就近使用的原则，不仅能够有效提高同等规模光伏电站的发电量，同时还有效解决了电力在升压及长距离输送中的损耗问题。

（1）发电设备主要由电子元器件构成，不涉及机械部件，也没有回转运动部件，运行没有噪声。

（2）没有燃烧过程，发电过程不需要燃料。

（3）发电过程没有废气污染，没有废水、废物排放。

（4）设备安装和维护都十分简便，维修保养简单，维护费用低，运行可靠稳定，使用寿命长。

（5）环境条件适应性强，可在不同环境下正常工作。

（6）能够在长期无人值守的条件下正常稳定工作。

（7）根据需要很容易进行容量扩展，扩大发电规模。

25 光伏发电系统有几种类型？

答：分布式光伏发电系统可以分为独立光伏发电系统和并网光伏发电系统两种。

独立光伏发电系统也叫离网光伏发电系统，是指太阳能发电系统不与公用电网连接的发电方式。其概要图如图6-4所示。

独立光伏发电系统的工作原理：太阳能电池方阵吸收太阳光并将其转化为电能后，在防止反充电二极管的控制下为蓄电池组充电。直流或交流负载通过开关与控制器连接，控制器负责保护蓄电池，防止出现过充电或过放电情况，也就是说当蓄电池达到过充电时，控制器自动切除充电电路；当蓄电池达到一定的放电深度时，控制器自动切除负载。

并网光伏发电系统是指将太阳能发电系统直接连接到公用电网的发电方式，其概要图如图6-5所示。

并网光伏发电系统的工作原理：太阳能电池方阵吸收太阳光发出的电是直流电，通过逆变装置变换成交流电，再并入电网的交流电系统中。

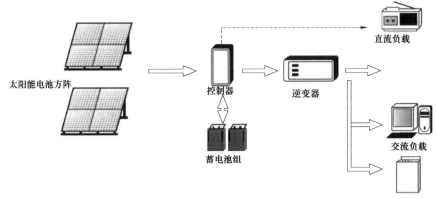

图 6-4　独立光伏发电系统概要图

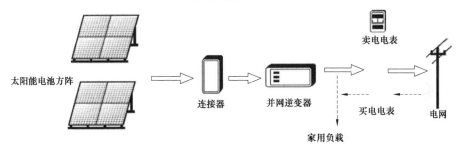

图 6-5　并网光伏发电系统概要图

26 独立光伏发电系统可分哪几类?

答: 独立光伏发电系统根据负载的特点可分为四种类型,分别是直流光伏系统、交流光伏系统、交直流混合光伏系统、有后备能源和放电器的光伏系统。它们最主要的区别在于系统中是否存在逆变器。其框图如图 6-6 所示。

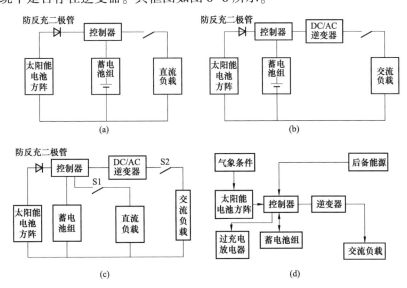

图 6-6　独立光伏发电系统框图

(a) 直流光伏系统;(b) 交流光伏系统;(c) 混合光伏系统;(d) 有后备能源和放电器的光伏系统

27 分布式光伏电源并网系统的类型有哪些？

答： 分布式光伏发电并网系统根据光伏电压是否被允许向主电网馈电，可分为可逆流系统与不可逆流系统。

（1）当光伏发电能力大于负载或发电时间同负荷用电时间不一致时，一般均设计成可逆流系统，以保证电能平衡。

（2）当光伏发电量始终小于或等于负荷的用电量时，可设计为不可逆流系统，使光伏电源与电网电源并联向负载供电。

28 分布式光伏并网发电系统由哪些部分组成？

答： 分布式光伏并网发电系统有光伏阵列、控制器和并网逆变器三个部分。其结构如图 6-7 所示。

图 6-7 典型分布式光伏并网发电系统的组成结构

29 什么是风力发电？ 其优缺点是什么？

答： 风力发电是以风力作为动力，带动发电机将风能转化为电能的过程。

（1）风力发电的优点是清洁、可再生、基建周期短、装机规模灵活等。

（2）风力发电的缺点是噪声大、有视觉污染、占用大片土地、不稳定、不可控、成本高、影响鸟类等。

30 什么是生物质发电？ 其特点是什么？

答： 生物质发电是利用生物质所具有的生物质能进行的发电，是可再生能源发电的一种，包括农林废弃物直接燃烧发电、农林废弃物气化发电、垃圾焚烧发电、垃圾填埋气发电、沼气发电。其具有增加我国清洁能源比重；改善环境；增加农民收入，缩小城乡差距的意义。

生物质发电的特点如下：

（1）生物质发电的技术是生物质能的转化技术，且转化设备必须安全可靠、维修保养方便。

（2）原料必须有足够的存储数量，保证持续供应。

（3）所用发电设备的装机容量比较小，一般多为独立运行方式。

（4）利用当地生物质能的资源就地发电、就地利用，不需要增加燃料的运送费和远距离输电的费用，适用于居住分散、人口稀少、用电负荷较小的农牧业区和山区。

（5）生物质发电所用的能源是可再生能源，污染小，清洁卫生，利于保护环境。

31 什么是地热发电？

答：地热发电是利用地下热水和蒸汽为动力源的一种新型发电技术。地热发电就是把地下的热能转变为机械能，然后再将机械能转变为电能的能量转变过程或称为地热发电。地热发电的示意图如图 6-8 所示。

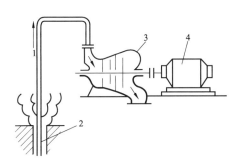

图 6-8　地热发电示意图
1—地热蒸汽；2—地热蒸汽井；3—汽轮机；4—发电机

32 地热发电的类型有哪些？

答：按照载热体类型，地热发电可分为地热蒸汽发电和地热热水发电两大类。

（1）地热蒸汽发电根据所采用的汽轮机形式，分背压式汽轮机发电系统和凝汽式汽轮机发电系统。

1）背压式汽轮机发电系统的工作原理：首先把干蒸汽从蒸汽井中引出，加以净化，然后经过分离器分离出所含的固体杂质，最后把蒸汽通入汽轮机做功，驱动发电机发电。做功后的蒸汽，既可以直接排入大气，还可以用于生产中的加热过程。

2）凝汽式汽轮机发电系统比较常用，其蒸汽在汽轮机中能够膨胀做功，做功后的蒸汽排入混合式凝汽器，被循环水泵打入冷却水冷却凝结成水，之后排走。

地热蒸汽发电主要有一次蒸汽法、二次蒸汽法和混合蒸汽法三种。

（2）地热热水发电可分两种方式，①直接利用地下热水所产生的蒸汽进入汽轮机工作的闪蒸地热发电系统；②利用地下热水加热某种低沸点工质产生的蒸汽进行做功的双循环地热发电系统。

1）闪蒸地热发电系统又称减压扩容法地热发电系统，可以分为单级闪蒸地热发电系统、两级闪蒸地热发电系统和全流法地热发电系统。

2）双循环地热发电系统又称低沸点工质地热发电或中间介质法地热发电。可以分为单级双循环地热发电系统、两级双循环地热发电系统和闪蒸与双循环两级串联发电系统。

33 什么是余热发电？　其特点是什么？

答：余热发电是指生产过程中多余的热能转换为电能的技术。其特点如下：

（1）余热发电不仅节能，还有利于环境保护。

（2）余热发电的重要设备是余热锅炉。

（3）利用废气、废液等工质中的热或可燃质作热源，生产蒸汽用于发电。

（4）锅炉体积大，耗用金属多。

34 什么是分布式电源并网点、接入点、公共连接点？

答：（1）分布式电源的并网点。对于有升压站的分布式电源，并网点为分布式电源升压站高压侧母线或节点；对于无升压站的分布式电源，并网点为分布式电源的输出汇总点。如图6-9所示，A1、B1、C1点分别为分布式电源A、B、C的并网点。

（2）分布式电源的接入点。分布式电源的接入点指电源接入电网的连接处，该电网既可能是公共电网，也可能是用户电网。如图6-9所示，A2、B2、C2点分别为分布式电源A、B、C的接入点。

（3）分布式电源的公共连接点。分布式电源的公共连接点指用户系统（发电或用电）接入公共电网的连接处。如图6-9所示，C2、D点均为公共连接点，A2、B2点不是公共连接点。

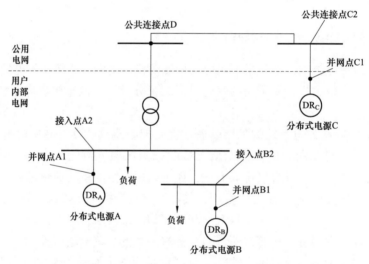

图6-9　分布式电源并网点、接入点和公共连接点示意图

35 分布式电源接入电网有哪些接线方式？

答：（1）专线接入：指分布式电源接入点处设置分布式电源专用的开关设备（间隔），如分布式电源直接接入变电站、开闭站、配电室母线，或环网柜等方式。

（2）T接：指分布式电源接入点处未设置专用的开关设备（间隔），如分布式电源直接接入架空或电缆线路方式。

36 分布式电源接入系统的原则是什么？

答：（1）并网点的确定原则为电源并入电网后能有效输送电力并且能确保电网的安全稳定运行。

（2）当公共连接点处并入一个以上的电源时，应总体考虑他们的影响。分布式电源总容量原则上不宜超过上一级变压器供电区域内最大负荷的 25%。

（3）分布式电源并网点的短路电流与分布式电源额定电流之比不宜低于 10。

（4）分布式电源接入电压等级规定为：200kW 及以下分布式电源接入 380V 电压等级电网；200kW 以上分布式电源接入 10kV（6kV）及以上电压等级电网。经过技术经济比较，分布式电源采用低一级电压等级接入优于高一级电压等级接入时，可采用低一级电压等级接入。

37 分布式电源接入电网有哪些安全要求？

答：（1）为保证设备和人身安全，分布式电源必须具备相应继电保护功能，以保证电网和发电设备的安全运行，确保维修人员和公众人身安全，其保护装置的配置和选型必须满足所辖电网的技术规范和反事故措施。

（2）分布式电源的接地方式应和电网侧的接地方式保持一致，并应满足人身设备安全和保护配置的要求。

（3）分布式电源必须在并网点设置易于操作、可闭锁、具有明显断开点的并网断开装置，以确保电力设施检修维护人员的人身安全。

（4）对于以 220/380V 并网的分布式电源，连接电源和电网的专用低压开关柜应有醒目标识。标识应标明"警告""双电源"等提示性文字和符号。标识的形状、颜色、尺寸和高度参照 GB 2894—2008《安全标志及其使用导则》执行。

（5）10（6）~35kV 系统并网的分布式电源根据 GB 2894—2008 在电气设备和线路附近标识"当心触电"等提示性文字和符号。

38 分布式电源接入配电网的电压等级要求是什么？

答：对于单个并网点，接入的电压等级应按照安全性、灵活性、经济性的原则，根据分布式电源容量、发电特性、导线载流量、上级变压器及线路可接纳能力、用户所在地区配电网情况，经过综合比选后确定，具体可参考表 6-3。

表 6-3　　　　　　　　　分布式电源接入电压等级推荐表

单个并网点容量	并网电压等级
8kW 以下	220V
400kW 以下	380V
400~6MW	10kV
6~20MW	35kV

注　最终并网电压等级应根据电网条件，通过技术经济比选论证确定。若高低两级电压均具备接入条件，优先采用低电压等级接入。

39 分布式电源接入配电网的接入点是如何选择的？

答：分布式电源接入点的选择应根据其电压等级及周边电网情况确定，具体见

表 6-4。

表 6-4 分布式电源接入点选择推荐表

电压等级	接入点
35kV	用户开关站、配电室或箱式变压站母线
10kV	用户开关站、配电室或箱式变压站母线、环网单元
380V/220V	用户配电室、箱式变压站低压母线或用户计量配电箱

40 分布式电源的并网功率因数是如何规定的?

答:分布式电源接入系统工程设计的并网点功率因数应满足以下要求:

(1)380V 电压等级。通过 380V 电压等级并网的分布式发电系统应保证并网点处功率因数在 0.95 以上。

(2)35/10kV 电压等级。

1)接入用户系统、自发自用(含余量上网)的分布式光伏发电系统功率因数在 0.95 以上。

2)采用同步电机并网的分布式电源,功率因数应在 0.95 以上。

3)采用感应电机及除光伏外变流器并网的分布式电源,功率因数应为 1~0.95(滞后)。

41 分布式电源输送的电能质量应满足什么?

答:分布式电源向配电网送出的电能质量应该满足以下性能指标:

(1)电压波动:输出为正弦波,电压波形失真度不超过 5%。

(2)电压值:35kV 电压值偏差小于额定电压的 10%,10kV/380V 的电压值偏差小于额定电压的 7%,220V 电压值偏差小于额定电压的 -7%~10%。

(3)频率:输出电流频率为 50Hz。

(4)谐波:分布式电源接入配电网后,公共连接点的谐波电压应满足 GB/T 14549—1993《电能质量公用电网谐波》的规定。

(5)直流分量:向公共连接点注入的直流电流分量不超过其交流额定值的 0.5%。

(6)三相平衡度:以 220V 接入配电网时,应尽量保证三相平衡。

42 分布式电源接入配电网的通信方式有哪几种形式?

答:分布式电源接入配电网时应根据当地电力系统通信现状,因地制宜地选择下列通信方式,满足电源接入需求。

(1)光纤通信。根据分布式电源接入方案,光缆可采用 ADSS 光缆、OPGW 光缆、管道光缆,光缆芯数 12~24 芯,纤芯均采用 ITU-TG.652 光纤。结合本地电网整体通信网络规划,采用 EPON 技术、工业以太网技术、SDH/MSTP 技术等多种光纤通信方式。

(2)电力线载波。对于接入 35/10kV 配电网中的分布式电源,当不具备光纤通信条件时,可采用电力线载波技术。

（3）无线方式。可采用无线专网或 GPRS、CDMA 无线公网通信方式。当有控制要求时，不宜采用无线公网通信方式；如采用无线公网通信方式且有控制要求时，应按照 GB/T 22239—2008《信息安全技术信息系统安全等级保护基本要求》的规定，采取可靠的安全隔离和认证措施。采用无线公网的通信方式应满足 Q/GDW 625—2011《配电自动化建设与改造标准化设计技术规定》和 Q/GDW 380.2—2009《电力用户用电信息采集系统管理规范　第二部分：通信信道建设管理规范》的相关规定，支持用户优先级管理。

43 分布式电源接入配电网的信息传输原则是什么？

答：（1）35kV 接入的分布式电源，其远动信息上传宜采用专网方式，可单路配置专网远动通道，优先采用电力调度数据网络。

（2）10kV 接入用户侧的分布式光伏发电、风电、海洋能发电项目、220/380V 接入的分布式电源项目，可采用无线公网通信方式，但应满足信息安全防护要求。

（3）通信方式和信息传输赢符合相关标准的要求，一般可采取基于 DL/T 634.5101—2002《远动设备及系统　第 5101 部分：传输规约基本远动任务配套标准》和 DL/T 634.5104—2009《远动设备及系统　第 5104 部分：传输规约采用标准传输协议子集的 IEC 61870-5-101 网络访问》通信协议。

（4）当分布式电源以 10/35kV 接入配电网时，应上传并网设备状态，并网点电压、电流、有功功率、无功功率等实时运行信息并按照相关要求定时上传发电量信息。

44 10kV 及以下的分布式电源接入电网的形式有哪几种形式？

答：10kV 及以下的分布式电源接入电网的形式有逆变器和旋转电机两类。逆变器类型：分布式电源经逆变器接入电网，主要包括光伏、全功率逆变器并网风机等；旋转电机类型：分布式电源分为同步电机和感应电机两类，同步电机类型分布式电源主要包括天然气三联供、生物质发电等，感应电机类型分布式电源主要包括直接并网的感应式风机等。

45 分布式电源在正常运行方式下的运行管理有哪些要求？

答：（1）分布式电源的有功功率控制、无功功率与电压调节应满足 GB/T 29319—2012《光伏发电系统接入配电网技术规定》和 NB/T 32015—2013《分布式电源接入配电网技术规定》的要求。

（2）省级电网范围内，分布式光伏发电、风电、海洋能发电项目总装机容量超过当地年最大负荷的 1% 时，省级电网公司调控部门应根据分布式电源预测结果调整电网电力平衡。

（3）通过 10（6）~35kV 电压等级接入的分布式电源，应纳入地区电网无功电压平衡。地市供电公司调控部门应根据分布式电源类型和实际电网运行方式确定电压调节方式。

46 分布式电源在电网事故或紧急控制方式下的运行管理有哪些要求?

答:(1)分布式电源应配合电网调控部门保障电网安全,严格按照电网调控部门指令参与电力系统运行控制。

(2)在电力系统事故或紧急情况下,为保障电力系统安全,电网调控部门有权限制分布式电源出力或暂时解列分布式电源。10(6)~35kV 接入的分布式电源应按地市供电公司调控部门指令控制其有功功率;380/220V 接入的分布式电源应具备自适应控制功能,当并网点电压、频率越限或发生孤岛运行时,应能自动脱离电网。

(3)分布式电源因电网发生扰动脱网后,在电网电压和频率恢复到正常运行范围之前不允许重新并网。在电网电压和频率恢复正常后,通过 380/220V 接入的分布式电源需要经过一定延时时间后才能重新并网,延时值应大于 20s,并网延时时间由地市供电公司调控部门在接入系统审查时给定,避免同一区域分布式电源同时并网;通过 10(6)~35kV 接入的分布式电源恢复并网应经过地市供电公司调控部门的允许。

(4)10(6)~35kV 接入的分布式电源因故退出运行,应立即向地市供电公司调控部门汇报,经调控部门同意后方可按调度指令并网。分布式电源应做好事故记录并及时上报调控部门。

47 对接入分布式电源的 10kV 配电网运行维护有哪些要求?

答:(1)调度运行管理按照电源性质实行。

(2)系统侧设备消缺、检修优先采用不停电作业方式。

(3)系统侧设备停电检修工作结束后,分布式电源用户应按次序逐一并网。

48 对接入分布式电源的 220/380V 配电网运行维护有哪些要求?

答:(1)系统侧设备消缺、检修优先采用不停电作业方式。

(2)系统侧设备停电消缺、检修,应按照供电服务相关规定,提前通知分布式电源用户。

49 什么是孤岛和防孤岛? 防孤岛保护的作用是什么? 什么是反孤岛装置?

答:孤岛即公共电网失压时,电源扔保持对用户电网中的某一部分线路继续供电的状态。孤岛现象可分为非计划性孤岛现象和计划性孤岛现象。非计划性孤岛现象是指非计划、不受控地发生孤岛现象。计划性孤岛现象是指按预先设置的控制策略,有计划地发生孤岛现象。

防孤岛是指防止非计划性孤岛现象的发生。

防孤岛保护是当检测到分布式电源处于孤岛运行状态,动作与断开分布式电源与公用电网连接的保护措施。

反孤岛装置是指可向分布式电源并网点主动注入电压或频率扰动信号的专用安全保障设备,消除逆变器设备自身防孤岛检测失效带来的安全隐患。

第三节　配 电 自 动 化

50 什么是配电自动化?

答：配电自动化（distribution automation，DA）以一次网架和设备为基础，综合利用计算机、信息及通信等技术，以配电自动化系统为核心，并通过与相关应用系统的信息集成，实现对配电网的监测、控制和快速故障隔离。

51 配电自动化发展经历了哪些阶段?

答：我国配电自动化的发展大致分为三个阶段。

第一阶段：基于自动化开关设备相互配合的馈线自动化（feeder automation，FA）。其特点是不需要建设通信网络和主站计算机系统，通过重合器和分段器等自动化开关设备相互配合实现故障隔离和健全区域恢复供电。这一阶段的技术以日本东芝公司的重合器与电压时间型分段器配合模式以及美国 Cooper 公司的重合器与重合器配合模式为代表。

第二阶段：基于通信网络、馈线终端单元和后台计算机网络的实时应用系统，即配电自动化。其特点是能监视配电网正常运行状况并能遥控改变运行方式，同时故障发生时能够及时察觉，并由调度员通过遥控操作隔离故障区域和恢复健全区域供电。

第三阶段：基于实时应用和管理应用于一体的配电自动化系统。其特点是能覆盖整个配电网调度、运行、生产的全过程，同时支持客户服务。这一阶段的典型代表是配电管理系统（distribution management system，DMS）。

52 什么是配电自动化系统?

答：配电自动化系统（distribution automation system，DAS）实现配电网的运行监视和控制的自动化系统，具备配电 SCADA（监督控制和数据采集）、馈线自动化、电网分析应用及与相关应用系统互连等功能。

53 配电自动化与配电自动化系统的区别是什么?

答：配电自动化的概念范围要大于配电自动化系统的概念。

配电自动化是以配电自动化系统为核心，但不仅仅包含了配电自动化系统，还包含了实现配电网科学管理有关的信息系统，一般包括配电地理信息系统、生产管理系统、调度自动化系统以及生产抢修指挥平台等系统。

配电自动化系统是整个配电自动化的一部分，它主要包含的功能为"三遥"以及配电网故障定位、隔离以及非故障区域的恢复功能。

54 什么是配电管理系统?

答:配电管理系统(distribution management system,DMS)是变电、配电到用电过程的监视、控制和管理的综合自动化系统,它是为实现对配电网进行全面的自动化管理的总体目标而提出来的,它主要包括配电自动化系统、配电地理信息系统、管理信息系统、需求侧管理。

55 什么是配电数据采集与监视控制系统? 具有哪些功能?

答:配电数据采集与监视控制系统(distribution supervisory control and data acquisition,DSCADA)是配电自动化主站系统的基本功能,是一类功能强大的计算机远程监视控制与数据采集系统,是指配电主站通过人机交互,完成对测控点分散的各种过程或设备的实时数据采集,本地或远程的自动控制,以及生产过程的全面实时监控,实现配电网络安全、经济运行的目的,同时为各级管理人员提供生产管理决策依据。

DSCADA 主要功能包括数据采集、数据处理及数据记录、事件与事故处理、人机界面、操作与控制、分区分流、系统多态、网络拓扑、防误闭锁、系统时钟和对时、打印、Web 发布浏览。

56 什么是配电数据采集和监控系统与配电地理信息系统的图模一体化?

答:配电地理信息系统(GIS)和配电数据采集和监控系统(SCADA)作为配电管理系统(DMS)的两个子系统,通常是独立建设的。配电 GIS 实现配电设备、线路及图形的管理功能,而配电 SCADA 系统则实现对配电网运行数据的采集、监控和分析功能。配电设备相关的数据,特别是动态数据以及相应的模型定义信息是配电 GIS 和 SCADA 系统所共需的,对配电 GIS 和 SCADA 中的配电设备相关图模采用一体化维护,不但可以减少重复劳动,保证数据的一致性,还可以在此基础上实现实时数据的同步和共享,为配电 GIS 的自动空间信息为基础的配电管理系统的基础数据平台,为配电 SCADA 提供配电数据模型,而配电 SCADA 为配电 GIS 提供实时数据,两者的有机结合,提高了配电管理系统的实用性、可靠性和运行管理效率。

57 什么是 SOE?

答:SOE 即事件顺序记录(sequence of even),将电力系统中发生的开关、保护动作等事件用毫秒级的时间记录下来,可以区分各事件发生的先后顺序。

58 什么是信息交互?

答:信息交互(Information exchange,IE)是为扩大配电信息覆盖面,满足更多应用功能的需求基于信息传输机制,配电自动化系统与其他相关应用系统间通过标准接口实现信息交换和数据共享。

59 什么是信息交互总线？

答： 信息交换总线是一个基于 IEC 61968/61970 标准，实现通信、互连、转换、可移植性和安全性标准接口的集成应用基础软件平台，由中间件技术实现并支持 SOA 的一组基础架构功能，支持异构环境中的服务、消息以及基于事件的交互，并且具有适当的服务级别和可管理性。通过其实现已有的调度/配电自动化系统、生产管理系统、GIS 系统、营销管理系统等信息集成，实现数据自动同步、配电数据管理的流程化、信息化和应用集成。

信息交换总线作为各业务系统的数据传输通道，负责将安全隔离区打通，实现数据的安全传输，以及透明访问。

60 什么是配电地理信息系统？

答： 配电地理信息系统（geographic information system，GIS）是利用计算机技术、网络技术将配电网的分布、属性及实时信息按其实际地理位置描述在地理背景图上，形成的集查询统计、运行维护、分析管理等功能于一体的应用系统软件。

61 什么是需求侧管理？

答： 需求侧管理（demand side management，DSM）是指在政府法规和政策的支持下，采取有效的激励措施和引导措施以及适宜的运作方式，通过发电公司、电网公司、能源服务公司、社会中介组织、产品供应商、电力用户等共同协作，提高终端用电效率和改变用电方式，在满足相同用电功能的同时，减少电量消耗和电力需求，达到节约资源和保护环境的目的，实现社会效益最好、各方受益、最低成本能源服务所进行的管理活动。

62 什么是管理信息系统？

答： 管理信息系统（management information system，MIS）是一个以人为主导，利用计算机硬件、软件、网络通信设备以及其他办公设备，进行信息的收集、传输、加工、储存、更新和维护，以企业战略竞优、提高效益和效率为目的，支持企业的高层决策、中层控制、基层运作的集成化的人机系统。

63 配电自动化建设存在哪些问题？

答：（1）配电网基础仍然薄弱。一是部分城市配网投入不足、网架结构不清晰，线路间负荷转供能力较差；二是配电自动化配套工程工作量大、投资占比高，尤其是开关设备改造、光缆敷设等，施工难度大、停电时间长；三是配电网基础资料有待加强，部分单位设备台账和 GIS 信息录入不及时、准确性不高。

（2）主站功能需进一步优化。一是基本功能应用不足，个别单位开关遥控使用率低，配网设备监控等基本功能未发挥实际作用；二是高级功能实用性不强，部分高级功能完全套用主网调度系统设计，不能适应配网灵活多变特征，在实际应用中效果较差。

（3）终端及通信设备可靠性需进一步提高。一是终端及通信设备多安装于户外，部分设备环境适应能力较差，故障率较高；二是设备制造厂商多，形式繁杂且缺乏统一制造标准，现场施工调试及运维工作难度较大。

（4）运维体系建设有待完善。配电自动化设计开关、通信和自动化等多个专业，由于历史原因，配电技术人员严重不足，大部分一线员工难以独立完成运维工作，主站和现场设备维护多依靠厂家进行。

64 智能配电自动化的主要技术难点有哪些？

答：（1）配电通信网络架构技术。随着城市基础建设的深入，各节点之间的通信光缆建设较困难，而且由于配网网络构架的调整，通信环网的构架不能及时同步进行调整，影响配网自动化系统的可靠运行。

（2）可靠性设计技术。配电自动化系统大量的站端设备都安放在户外，工作环境恶劣，须考虑雷击、高低温、潮湿、电磁干扰等因素的影响。此外，站端设备操作频繁，因此其可靠性、稳定性的要求要高。

（3）配电网自愈控制技术。配电网自愈技术能实现对配电网的运行状态进行连续的在线自我评估，实现故障快速查找和定位、故障快速隔离、网络重构。目前的测量机制对小负荷线路的测量不够精确，这对于快速实现网络自愈增加了困难。解决这一困难的理想方法是安装小信号非线性 TA，但是这种 TA 的造价较高，不适合大面积推广。

（4）配电网优化运行。配电自动化需要优化电网结构与运行方式，降低线路损耗，提高供电质量。

（5）清洁能源接入系统技术。兼容风能、太阳能等分布式可再生能源，应用可调度的风/光发电系统最优容量配比和协调控制技术，开发集成储能的风电/光伏电站公里平滑调节装置。

（6）微网运行技术。微网系统既要能够并网运行又要能够脱网独立运行，并能保证分布式发电供能系统的可靠运行。

（7）接口的开放性技术。许多配电设备接口没有统一，需要保证接口的开放性和即插即用。

65 配电自动化的发展趋势有哪些？

答：（1）多样化。虽说配电自动化技术的发展经历了 3 个阶段，但各个阶段的技术还都在使用，并且各有其适应范围。在我国，针对不同城市、不同供电企业的实际需求，配电自动化系统的实施规模、系统配置、实现功能上不尽相同。

（2）标准化。为了促进支持电力企业配电网管理的各种分布式应用软件系统的应用间集成和规范各个系统间的接口，国际电工委员会（IEC）制定了 IEC 61968（配电管理的系统接口）系列标准。

（3）自愈。自愈不仅仅是在故障发生时自动进行故障定位、隔离和健全区域恢复供电，更重要的是能够实时检测故障前兆和评估配电网的健康水平，在故障实际发生前进行安全预警并采取预防性控制措施，避免故障的发生，或使配电网更加健壮。

（4）经济高效。与发达国家相比，我国配电网的设备利用率还普遍较低，尽管在城市中已经基本建成了"手拉手"环状网，但是为了满足 $N-1$ 安全准则，其最大利用率仍不超过 50%，多分段多联络和多供一备等接线模式有助于提高设备利用率，但是还必须在发生故障时采取模式和故障处理措施。

（5）适应分布式电源接入。随着智能电网建设，光伏发电、风电、小型燃气轮机、大容量储能系统等分布式电源都有可能分散接入配电网，一方面对配电网的短路电流、潮流分布、保护配合等带来一定影响，另一方面又能在故障时支撑有意识孤岛供电，增强应急能力。

66 配电自动化主站系统是什么？

答：配电自动化主站系统（简称配电主站系统）是配电自动化系统的核心，主要完成配电网运行实时数据的采集、处理、监视和控制，并对配电网进行分析、计算与决策，具有与其他应用信息系统进行信息交互、共享和综合应用的功能，为配电网调度运行、生产管理和故障抢修指挥提供技术支撑，其结构如图 6-10 所示。

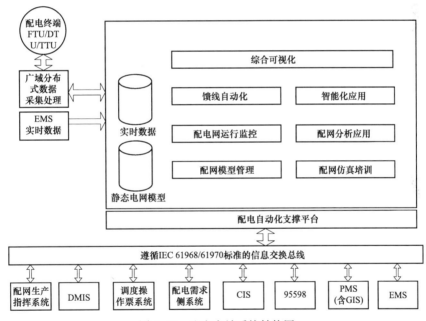

图 6-10　配电主站系统结构图

67 配电主站的基本功能有哪些？

答：配电主站是整个配电自动化系统的监控管理中心，是配电自动化系统的核心，它采集处理来自现场终端装置的配电网实时运行数据，为运行人员提供配电网运行监控界面，完成馈线自动化等应用。配电主站通常具备如下功能：

（1）系统管理。包括权限管理、配置管理和版本管理等。

（2）通用服务。包括图形、模型与数据库管理、公式计算与统计、告警服务、曲线服务、打印服务、报表服务等。

（3）配电 SCADA。包括数据采集与处理、事件告警、SOE、运行状况分区监视、远方控制与操作、分布式电源监控等。

（4）馈线自动化。用于完成线路故障的快速定位、隔离和非故障区段的供电恢复。

（5）配电高级应用分析（PAS）。包括网络拓扑、解合环分析、状态估计、潮流计算、网络重构、负荷转供、负荷预测、自愈控制、无功优化、仿真培训、经济优化运行等。

（6）Web 发布。以服务的形式对外提供系统 Web 服务，实现实时信息及系统数据的 Web 发布。

（7）与其他应用系统接口。与调度自动化、计量自动化、配电网 GIS 平台、配电网生产系统以及营销管理系统等实现互联。

68 配电主站故障处理的功能有哪些？

答：（1）配电终端将检测到的故障信息或故障指示器的故障信息送至主站，由主站进行故障定位、故障隔离和非故障区域的恢复供电。

（2）根据配电终端传送的故障信息，快速自动定位故障区段，在接线图上以醒目方式显示。

（3）支持各种拓扑结构的故障分析，电网的运行方式发生改变对馈线自动化的处理不造成影响。

（4）能够处理配电网各种短路故障类型，对于线路上同时发生的多点故障可以综合处理。

（5）能够同时处理多重故障，能根据每条配电线路的重要程度对故障进行优先级划分，重要的配电网故障可以优先进行处理。

（6）可灵活设置故障处理闭锁条件，避免保护调试、设备检修等人为操作的影响。

（7）进行故障定位并根据故障定位结果确定隔离方案，故障隔离方案可自动执行或经调度员确认执行。

（8）可自动设计非故障区段的恢复供电方案，避免恢复过程导致其他线路的过负荷；在具备多个备用电源的情况下，能根据各个电源点的负荷能力，对恢复区域进行拆分恢复供电。

（9）故障处理的全部过程信息保存在历史数据库中，以备故障分析时使用。

69 什么是配电网的负荷转供？ 其功能有哪些？

答：配电网负荷转供是指通过对检修、越限或停电设备进行影响负荷分析，并将受影响的负荷安全转由其他电源点供电，提出包括转供路径、转供容量等信息的负荷转供操作方案。

配电网负荷转供功能如下：

（1）检修、越限或停电设备的影响负荷范围及负荷设备基本信息的统计分析。

（2）影响负荷的转供路径搜索功能。

（3）结合拓扑分析和潮流计算的结果，进行可转供容量分析。

（4）支持模拟条件下转供方案生成及展示。

（5）转供方案可设置选择由系统自动执行或由调度运行人员人工介入执行。

70 什么是配电网的网络重构？ 其功能有哪些？

答：配电网的网络重构是通过改变分段开关、联络开关的组合状态来改变配电线路的运行方式，即选择用户的供电路径，达到降低网损、消除线路过负荷、平衡负荷、提高电压质量等目的。

配电网的网络重构的功能如下：

（1）可满足正常运行方式下的配电网优化调整，也可满足新建、改建、扩建配电网以及故障条件下的网络重构。

（2）通过优化配电网运行方式，不仅能降低配电网线损，提高系统经济性，还能均衡负荷，消除过负荷，提高供电电压质量。

（3）配电网发生故障时，通过调整网络运行方式，实现非故障区的恢复供电，提高供电可靠性。

（4）网络重构方案可以自动或手动计算产生，也可根据配电网的运行方式或需求进行修改、保存和实施网络重构策略表。

71 配电网的网络重构目标和用途是什么？

答：配电网的网络重构目标是在满足网络约束和辐射状网络结构的前提下，通过开关操作改变负荷的供电路径，以使网损最小，或解除支路过负荷和电压越限，或平衡馈线负荷。

配电网的网络重构用途如下：

（1）用于配电网规划和配电网改造。

（2）正常运行状态下的网络重构可以降低网损，平衡负荷，提高系统运行的经济性与供电可靠性。

（3）故障情况下的网络重构可用于配电网事故后的供电恢复。

72 什么是配电网的自愈控制？ 其功能有哪些？

答：配电网的自愈控制是在馈线自动化的基础之上，结合配电网的状态估计和潮流计算等分析结果，自动诊断配电网目前所处的运行状态（紧急状态、恢复状态、异常状态、警戒状态和安全状态），并进行控制策略决策，实现对配电网一、二次设备的自动控制，消除配电网运行隐患，缩短故障处理时间，提高运行安全裕度，具备使配电网转向更好运行状态的能力。

配电网自愈控制的功能如下：

（1）智能预警。为配电网自愈控制实现提供理论基础和分析模型依据。

（2）校正控制。各级控制策略保持一定的安全裕度，满足 $N-1$ 准则。

（3）具备相关信息融合分析的能力。在故障信息漏报、误报和错报条件下能够容错故障定位。

（4）支持配电网大面积停电情况下的多级电压协调、快速恢复功能。

（5）支持大批量负荷紧急转移的多区域配合操作控制。

（6）自愈控制宜延伸至配电高电压等级统一考虑。

73　配电主站的故障隔离和恢复方式有哪些？

答： 配电主站的故障隔离和恢复方式有自动恢复和人工干预恢复。

当主站收到配电终端上报的故障信息后，启动故障隔离程序隔离故障区段，之后主站启动故障恢复程序，实现非故障区域的自动恢复。

人工干预恢复指系统分析网络的实时遥测、遥信，提供几种非故障区域的供电建议方案，并具有方案模拟预演的功能，如潮流分布、操作开关、失电线路等。确定采纳某种方案后，可以通过遥控实现故障的人工恢复。

74　配电自动化子站系统是什么？

答： 配电自动化子站系统（简称配电子站）是为了优化系统结构层次、提高信息传输效率、便于配电通信系统组网而设置的中间层，实现所辖范围内的信息汇集、处理或配电网区域故障处理、通信监视等功能。

配电子站包含通信汇集型子站和监控功能型子站两种形式。

75　配电子站的功能要求有哪些？

答： 配电子站功能一般包括以下几个方面：

（1）可根据需要配置通信断口，支持 IEC 101、IEC 104 等多种通信协议。

（2）通信子站与配电终端、配电主站及其他智能设备（如微机保护、智能电能表等）通信，将收集到的信息及其运行状态转发到配电主站，并将配电主站的控制信息转发至配电终端。

（3）能够进行通信通道监视和通道故障报警，支持就地和远方维护，包括参数设定、工况显示、系统诊断等，并具备自恢复功能。

（4）具备 RS-232/RS-422/RS-485 接口和以太网络接口，接口数量和类型可配置，具备独立的 RS-232 或以太网络维护接口。

（5）支持双路电源供电，并可自动切换。

76　配电自动化终端是什么，常见的配电自动化终端有哪几种？

答： 配电自动化终端（简称配电终端）是安装于中压配电网现场，并远程实现对设备监测、控制单元的总称，完成数据采集、控制、通信等功能。

77　什么是馈线终端？

答： 馈线终端（FTU）是装设在配电网架空线路开关旁的开关监控装置。这些馈线开关指的是户外柱上开关，比如 10kV 线路的断路器、负荷开关等。馈线终端按照功能分为"三遥"终端和"二遥"终端，从结构上可以分为罩式终端和箱式终端，其实物图如图 6-11 和图 6-12 所示。

图 6-11　"罩式"终端　　　　　图 6-12　"箱式"终端

78 对 FTU 用的蓄电池有什么要求？

答：由于 FTU 大多运行于杆上等户外恶劣环境，因此要求 FTU 用的蓄电池免维护、能在宽温度范围内输出供电。

目前采用较多的铅酸电池中，普通（商用）的铅酸电池难以满足上述要求，主要是因为在超出其标称工作温度范围 0~45℃时，蓄电池不能正常工作，尤其是在低温时，蓄电池的放电特性明显下降，无法带正常负荷。所以在选用时一定要选择满足运行环境温度条件的电池。另外，在使用蓄电池时，一定要有欠电压保护措施，防止因蓄电池过放电而报废。

79 什么是站所终端？

答：站所终端是指安装在配电网馈线回路的开关站、配电室、环网柜、箱式变电站等处，具有数据采集与监控终端装置，按照功能分为"三遥"终端和"二遥"终端，从结构上可分为壁挂式和机柜式，其实物图如图 6-13 和图 6-14 所示。

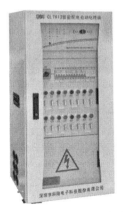

图 6-13　"壁挂式"终端　　　　图 6-14　"机柜式"终端

80 站所终端有哪几种不同的结构形式？有什么区别？

答：站所终端有集中式和分布式两种结构。

（1）集中式站所终端多采用插箱式测控单元，对站所进出线进行集中测控。一般情况下，开闭所、配电所空间较为充足，站所终端通常采用标准屏柜安装，有壁挂式、机柜式之分。

（2）分布式站所终端面向站所间隔层一次设备配置，即每回路开关设备配置一个测控单元，主控单元负责采集每一回路的测控单元的数据并与主站通信。其安装方式可以面向间隔层分散安装，也可以集中组屏安装。分布式结构配置灵活，安装维护方便，任一测控单元故障不会影响其他单元，可以节约二次电缆与安装空间，但相对于集中式结构，其成本较高。

81 什么是配变终端？

答：配变终端是指装设在配电变压器旁监视、测量配电变压器运行状态的终端装置。它实时监测配电变压器的运行工况，并能将采集的信息传送到主站或其他智能装置，提供配电系统运行控制及管理所需的数据。配电变压器终端实物如图 6-15 所示。

图 6-15 配电变压器监测终端

82 配电自动化终端电源如何配置？

答：配电自动化终端电源通常配置供电电源与不间断供电（后备）电源两部分。配电自动化终端不同站点交流电源的选配原则及其容量要求见表 6-5。

表 6-5 电源选配原则及容量

站点类型	输入电源选择		容量（VA）
	首选	备选	
柱上开关	线路电压互感器	附近公用变压器	按配电终端功耗及其配套通信设备功耗选择
环网柜	母线或线路电压互感器	附近公用变压器	
户内开关站	所内交流电源	母线电压互感器	
户外开关站	母线或线路电压互感器	附近公用变压器	
配电站（箱式变电站）	站内低压电源		

配电终端后备电源配置见表 6-6。

表 6-6　　　　　　　　　　　　配电终端后备电源配置

终端类型	类型	电压（DC）	容量要求	备注
二遥型	超级电容器	24V 或 48V	维持终端及通信模块运行 2min 以上，并能满足开关一次分闸操作	推荐使用
	蓄电池	24V 或 48V	维持终端及通信模块运行 30min 以上，并能满足开关一次分闸操作	
三遥型	超级电容器	24V 或 48V	维持配电终端及通信设备运行 15～30min，并能满足开关三次分合闸操作	推荐使用
	蓄电池	24V 或 48V	维持配电终端及通信设备运行 8h 以上，并能满足开关三次分合闸操作	

83　在一次设备上工作时，对配电终端采取哪些措施可以确保工作安全？

答：（1）在一次设备上工作前，先将终端分/合闸连接片退出，再将"远方/就地"切换开关调制"就地"挡，并悬挂"禁止操作，有人工作"标示牌。

（2）在架空线路上作业前，应闭锁该条线路及其联络线路终端的自动故障隔离功能，禁止调度员远方操作其他开关设备。

（3）在不影响一次设备运行时，应采取防止 TA 开路、TV 短路、一次设备分合等安全措施。

84　什么是故障指示器？

答：故障指示器是一种安装在电力线（架空线、电缆、母排）上，用于在线检测和指示短路故障和零序故障的装置，大多数故障指示器仅可以通过检测短路电流的特征来判别、指示短路故障。在分支点和用户进线等处安装短路故障指示器，可以在故障发生后借助于指示器的指示，迅速确定故障分支和区段，大大减少寻找故障点的时间，有利于快速排除故障，恢复正常供电，提高供电可靠性。

故障指示器通常有架空线型故障指示器、电缆型故障指示器、母排型故障指示器等。

故障指示器的优点有：

（1）单价低，利于大面积推广。

（2）可以带电安装，不需要停电。

（3）维护工作量小。

85　故障指示器由哪几部分组成？

答：故障指示器由传感器和显示器两部分组成。

传感器负责探测线路通过的电流，通常包括三个短路故障传感器和一个零序故障传感器；显示器负责对传感器传送来的电流信息进行判断及做出故障指示动作。传感器和显示器之间通过电缆或光缆连接。

86 故障指示器的故障指示方式有哪几种?

答：架空线型故障指示器通常是旋转指示方式（即通常所说的"翻牌"）；电缆型故障指示器通常是 LED 发光指示，也可以提供开关触点指示，把故障信号传送给 DTU 并上传至配电主站。

87 故障指示器在配电网中有哪些作用?

答：在线路上安装故障指示器后，当系统发生故障时，由于从故障点到电源点的线路都出现了故障电流，导致从故障点到电源点之间线路上所有的故障指示器动作，指示灯就会闪亮。

从电源点开始，沿着故障指示灯闪亮的线路一直查找，最后一个闪亮点就是故障点。

使用故障指示器，有助于在较短的时间内找到故障点，是提高配电网运行水平和事故处理效率的一条有效途径。

88 什么是一遥、二遥和三遥?

答：一遥是指遥信；二遥是指遥信和遥测；三遥是指遥信、遥测和遥控。

遥信（YX），即远程信号，是指运用通信技术，完成对设备状态信息的远程监视，如开关位置、报警信号等离散变化数字量的上传。

遥测（YC），即远程测量，是指运用通信技术，把模拟变量的值（如电压、电流、功率等连续变化的模拟量）传输至配电主站。

遥控（YK），即远程切换，指运用通信技术，对具有两个确定状态的运行设备所进行的远程操作，即数字量的输出，如控制断路器的分合。

89 智能终端的基本功能要求是什么?

答：（1）遥控、遥测、遥信功能。

（2）参数设置功能。

（3）电源失电保护功能。

（4）对时功能。

（5）自诊断、自恢复功能。

（6）历史记录及上报功能。

（7）故障及越限监测功能。

（8）通信功能。

（9）当地调试功能。

（10）输入、输出回路安全防护功能。

（11）高级故障处理功能。

90　配电自动化操作有哪两种形式？

答：配电自动化操作包括远方操作和就地操作两种形式，值班监控员负责对管辖范围内已投运配电自动化开关设备实施远方遥控操作。

91　国家电网公司对配电管理的总体要求是什么？

答：国家电网公司对配电管理的总体要求是：以覆盖全部配电网设备为基本考虑、以信息资源综合利用为重要手段、以生产指挥/配电网调度为应用主题、以提高配电网自动化水平和管理水平为主要目的。

92　配电网指挥系统的设计目标是什么？

答：配电网指挥系统的设计目标是在确保配电网安全运行的前提下，以配电网自动化为基础，以配电网调控一体化智能技术支持系统为手段，优化配电网运行、检修、抢修等配套机制，跨区域调配抢修资源，实现配电网调度、监视和控制的统一集中管理，提升配电网故障异常应急响应速度，提高配电网供电可靠性。

93　配电自动化的功能配置原则是什么？

答：（1）配电主站应包括实时数据采集与监控功能。①数据采集和监控包括数据采集、处理、传输、实时报警、状态监视、事件记录、遥控、定值远方切换、统计计算、事故追忆、历史数据存储、信息集成、趋势曲线和制表打印等功能；②馈电线路自动化正常运行状态下，能实现运行电量参数遥测、设备状态遥信、开关设备的遥控、保护、自动装置定值的远方正定以及电容器的远方投切。事故状态下，实现故障区段的自动定位、自动隔离、供电电源的转移及供电恢复。

（2）配电子站应具有数据采集、汇集处理与转发、传输、控制、故障处理和通信监视等功能。

（3）配电远方终端应具有数据采集、传输、控制等功能。也可具备远程维护和后备电池高级管理等功能。

94　配电自动化通信网络的技术要求有哪些？

答：（1）配电通信网络建设遵循"因地制宜、适度超前、统一规划、分步实施"的原则，并纳入配电网规划，与配电网规划同步规划、同步建设、同步投产，满足配电网生产管理业务的需求。

（2）配电通信网络应独立组网，不与调度数据网和综合数据网连通。

（3）配电网通信网络建设时应同期建设通信设备网管，满足网络拓扑、设备配置、告警等网络管理功能，实现对不同通信设备厂商、多种类型通信设备的监控管理。

95　配电自动化系统对通信通道的要求有哪些？

答：配电自动化系统对通信的基本要求主要体现在通信的可靠性、实时性、双向性、灵活性和可扩展性。

（1）可靠性。通信系统要经受雷电、电磁等的干扰，需保持稳定运行。

（2）实时性。能够实时监控网络运行并进行在线分析，实时性对通信传输速率提出了较高的要求。特别是在配电网发生故障时，主站系统和DTU、FTU等终端之间需要及时交换数据，需要快速及时传送故障数据。

（3）双向性。对主站来说，不仅要向终端下发控制命令，也需要接收终端上传的数据，配电自动化系统各层次之间的通信均要求是双向的。如故障区段隔离和恢复正常区段供电，远方的FTU必须能向主站上报故障信息以供主站确定故障区段，主站必须再向FTU下达控制命令，才能实现故障区段隔离和非故障线路的正常供电。

（4）灵活性。配电自动化系统需要配合的通信系统点多面广，规模庞大，这就要求通信设备具有较强的灵活性，选择标准接口的通信设备，便于安装、调试、运行和维护。

（5）可扩展性。依托于配电通信网的业务将呈现出从固定速率、小流量的业务逐步向多种速率、大流量的业务转变的特征。通信设备需要具备系统宽带的可扩展性和业务接口的多样性，以适应未来的网络演进。

96 配电自动化终端采用什么样的通信接入方式？

答： 开闭所/环网柜/柱上FTU承担配网实时监控的任务，负责故障检测、隔离、远方控制等主要功能，必须保证通信可靠和实时性。因此，FTU的接入应采用光纤方式。

TTU一般作为台边或箱式变压器的监测，获取电压合格率、过负荷等信息，数据的实时性要求不强，一般无控制功能，可以考虑采用无线传输方式如GSM。如果箱变位置距离光缆很近，也可以采用光纤接入。

电子式多功能表采集电量信息，大部分具备通信接口和采样计算功能，可取代TTU，一般数据实时性要求不强，也可以考虑采用无线传输方式如GSM。但应保证数据的传输可靠性，要采取数据校验、重传等机制。

97 配电自动化通信系统的规划设计要求是什么？

答：（1）配电通信系统的建设和改造应充分利用现有通信资源，完善配电通信基础设施，避免重复建设。在满足现有配电自动化系统需求的前提下，充分考虑业务综合应用和通信技术发展前景，统一规划、分步实施、适度超前。

（2）对于配置有遥控功能的配电自动化区域应优先采用光纤专网通信方式，可以选用无源光网络等成熟通信技术。依赖通信实现故障自动隔离的馈线自动化区域采用光纤专网通信方式，满足实时响应需要；对于配置"两遥"或故障指示器的情形，可以采用其他有效的通信方式。

（3）全面确保通信系统满足安全防护要求，必须遵循国家电网公司《中低压配电网自动化系统安全防护补充规定（试行）》（国家电网调〔2011〕168号）标准，所有通信方式，包括光纤专网通信在内，对于遥控须使用认证加密技术进行安全防护。

98 配电网通信系统可分为几个层次？

答：通信系统一般可以分为三个层次，如图 6-16 所示。

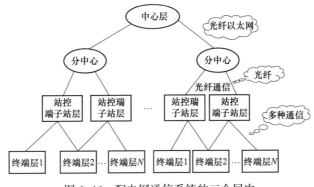

图 6-16　配电网通信系统的三个层次

第一层次为配电自动化主站至二级子站之间，通信上为点对点或环形连接。现有系统一般采用光缆，网络交换机直接建立在光纤之上或经光端机的以太网口，采用基于 TCP/IP 的局域网连接方式。

第二层次为配电自动化二级子站与设备层 FTU 之间，通信物理路由采用星形或环形。

第三层次为设备层配电终端（FTU、TTU、DTU）之间的通信连接。

99 配电自动化二次系统安全防护建设方案包含几部分？

答：二次系统安全防护建设方案包括横向系统通信和纵向系统通信两部分。横向系统通信建立各配电相关业务系统之间的数据交换机制，纵向系统通信建立配电自动化主站系统和配电终端间数据交换机制。

100 横向系统通信安全防护建设是怎样的？

答：横向系统通信以满足各配电相关业务系统信息交互为目的，基于 IEC 61970 的 CIM/CIS 通信接口应成为系统的基本组成部分，支持 CIS 所有的通信接口标准。

配电自动化主站部署在Ⅰ区（除 Web 部署在Ⅲ区）。配电自动化主站通过物理隔离设备实现与Ⅲ区的隔离，包括与配电自动化主站 Web 的隔离、无线采集数据的接入，保证外部系统不能直接访问，确保主站的安全运行。横向系统通信安全防护如图 6-17 所示。

配电自动化主站与 EMS 系统同属Ⅰ区，通过访问控制策略实现互联，同时增设防火墙。

配电自动化信息交互总线部署在Ⅰ区、Ⅲ区，总线具备跨物理隔离传输功能，实现Ⅰ区与Ⅲ区的信息交互，Ⅰ区总线通过防火墙与Ⅱ区系统信息交互，接口服务器通过防火墙与其他系统信息交互。

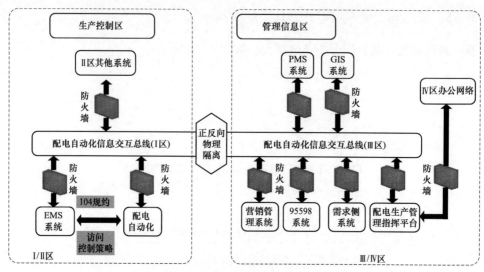

图 6-17　横向系统通信安全防护示意图

101 纵向系统通信安全防护建设是怎样的？

答：纵向系统通信主要以满足主站系统与配电终端纵向通信为目标。主站系统与终端的通信方式采用无线通信方式。安全防护分为网络入侵和数据加密两个层次，通过对网络的入侵访问控制和数据的加密技术，构成纵向通信系统的安全防护。

（1）主站系统与配电终端通信数据加密防护。主站系统的数据采集服务器安装国家电网公司认证的 PCI 硬件加密卡及 ECC 加密软件，配电终端内置 ECC 加密软件，如图 6-18 所示。对于下行遥控命令，主站系统采用私钥签名，并使用非对称密钥对数据进行加密，终端使用同一非对称密钥解密后，采用主站公钥鉴别。

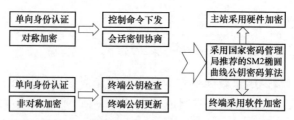

图 6-18　主站系统与配电终端通信数据认证加密图

这种加密措施是对配电主站与配电终端原始通信数据进行加密，解决配电通信网络的入侵和数据模拟控制问题。

（2）无线公网通信的综合防护。采用无线公网 GPRS 时选用无线加密技术，同时采用（APN+VPN）逻辑隔离、访问控制、认证加密、物理隔离等安全措施。

102 配电自动化系统与继电保护是如何配合的？

答：配电网自动化（馈线自动化）作为一种隔离故障、缩小故障停电范围的重要措施，是配电网继电保护技术的延伸与补充，其应该与继电保护有序配合。

（1）保护的配置与整定是保证配电网供电可靠性的基础措施，应放在与配电网网架同等重要的位置上考虑。

（2）在建设配电网自动化系统之前，必须对现有的配电网继电保护系统进行评估，确认其配置与整定的合理性。

（3）根据供电可靠性改进的要求，综合考虑配电网继电保护与配电网自动化的成本及其发挥的作用，选择最佳的布点方案。

103 配电网生产抢修指挥平台指的是什么？ 其工作内容包含哪些？

答： 配电网生产抢修指挥平台是配网生产抢修指挥中心业务应用的信息化支撑平台，该平台整合配电自动化信息、PMS/GIS 信息、95598 信息、CIS 信息、用电信息采集信息、GPS 信息、视频等信息，以生产和抢修指挥为应用核心，实现生产指挥、故障抢修指挥、日常办公等应用。

配电网生产抢修工作内容包括三个方面，分别是客户报修响应、抢修指挥和配电网运行控制。

（1）客户报修响应：主要负责抢修工单受理、处置等工作。

（2）抢修指挥：主要负责抢修队伍、车辆、物资等抢修资源的管理和统一调配。

（3）配电网运行控制：主要负责负荷转移、设备操作许可、安全隔离等工作。

104 配电网生产抢修工作模式有哪几种？

答： 配电网抢修工作主要有三种模式，分别是分署、合署、全业务管理。

（1）分署管理模式。在地市检修公司设置抢修机构或班组，统一负责客户报修响应与抢修指挥业务，由调控中心负责运行控制业务，检修公司与调控中心配合完成配电网抢修业务。

（2）合署管理模式。在不改变调度、运检、营销人员隶属关系前提下，通过集中合署办公的方式，组建配电网抢修指挥机构，优化配电网抢修工作流程，强化相关专业横向协作，提高配电网抢修工作效率。

（3）全业务管理模式。在地市检修公司设立配电网抢修指挥中心，负责客户报修响应、配电网抢修指挥和运行控制等抢修全业务。

三种管理模式的优缺点比较见表 6-7。

表 6-7　　　　　　　　　　三种管理模式的优缺点比较

管理模式	优点	问题
分署管理	保证专业垂直管理，便于提高专业水平	易产生多头管理、工作流程不畅等问题
合署管理	兼顾专业垂直管理和业务协同需求	不利于人员管理、责任落实和绩效考核
全业务管理	以效率和服务为导向，中间环节少，业务协高，信息系统一体化程度高	对人员综合素质、现场工作经验以及配网基础管理要求高

105 配电网生产抢修指挥平台由哪几部分组成？

答： 配电网生产抢修指挥平台由 5 部分组成，分别是基础应用平台、生产指挥应用、停电研判、抢修指挥、分析与决策，其功能架构如图 6-19 所示。

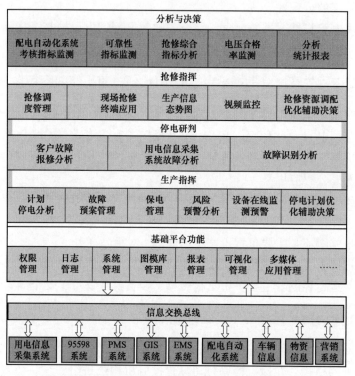

图 6-19　配电网生产抢修指挥平台系统功能架构图

（1）基础应用平台。作为配电网生产抢修指挥应用的支撑。

（2）生产指挥应用。为正常生产提供指导、辅助决策分析。

（3）停电研判。从各系统获得信息，识别停电，进行故障判定分析。

（4）抢修指挥。为故障抢修提供展现、辅助决策，实现快速、高效抢修。

（5）分析与决策。对关键指标进行监控与管理，对生产、抢修进行统计分析。

106 配电网生产抢修指挥平台的信息来源是什么？

答： 配电网生产抢修指挥平台的信息来自于配电自动化系统、调度自动化、调度运行管理系统、生产管理、地理信息、营销管理、95598、用电信息采集等系统。利用信息交互总线，从上、下游已经建立的应用系统中获取相关的应用服务，达到信息共享的目标，其结构如图 6-20 所示。

按照国网统一信息标准，各个应用系统之间的信息集成和业务应用必须依据"源端唯一、全局共享"原则进行。通过信息交互实现配电网生产抢修指挥平台与相关应用系统之间的资源共享和功能整合。

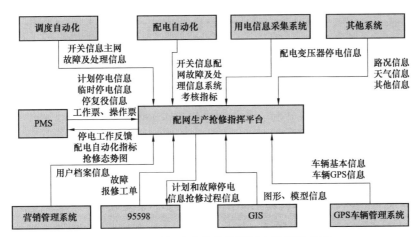

图 6-20 配电网生产抢修指挥平台的信息交互

107 配电网抢修指挥平台的总体运行流程是什么？

答： 配电网抢修指挥平台的总体运行流程如图 6-21 所示。

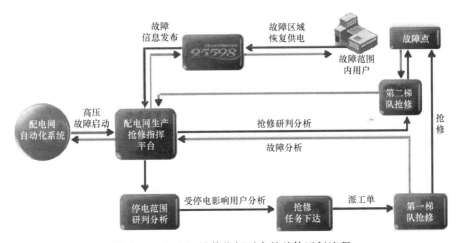

图 6-21 配电网抢修指挥平台的总体运行流程

第四节 馈线自动化

108 什么是馈线自动化（FA）？

答： 馈线自动化（feeder automation，FA），利用自动化装置（系统），监视配电线路（馈线）的运行状况，及时发现线路故障，迅速诊断出故障区间并将故障区间隔离，快速恢复对非故障区间的供电。实施馈线自动化的意义是：

（1）提高供电可靠性。通过对配电网和设备运行状态的实时监视，及时发现并消除故障隐患，降低故障发生概率；应用 FA 的配电网络能够在几分钟甚至几毫秒的时间内完成故障隔离、非故障区域的正常供电，可以显著的减少故障影响范围、缩短故障恢复时间。

（2）提高电能质量。利用 FA 对馈线设备进行实时检测，可实时监控配电线路供电电压的变化及谐波含量等，运行人员能根据这些数据及时发现电能质量问题，通过调整运行方式，调节变压器分接头挡位、投切无功补偿电容组等措施。

109 馈线自动化的功能有哪些？

答：（1）运行状态监测。运行状态监测分为正常状态和事故状态的监测。正常状态的监测主要通过馈线线路终端监测电压幅值、电流、有功功率、无功功率、功率因数、电量和开关设备的运行状态。事故状态的监测主要是指配电线路和配电设备的事故状态监测。在装有 FTU 设备的地点可以直接完成故障的监测。

（2）故障定位、故障隔离与非故障区域的自动恢复供电。这是 FA 的一项重要应用功能。

（3）数据采集与数据处理和统计分析以及完成"四遥"功能。

（4）无功补偿和电压调节。能实现线路上无功补偿电容器组的自动投切控制功能；具有保持电压水平且提高电压质量，减少线路损耗的功能。

110 馈线自动化有几种形式？

答：馈线自动化有三种形式，分别是就地式馈线自动化、集中式馈线自动化、智能分布式馈线自动化。

（1）就地控制型馈线自动化。指不需要配电主站或配电子站控制，通过终端相互通信、保护配合或时序配合，采用具有就地控制功能的线路自动重合器和分段器，在配电网发生故障时，隔离故障区域，恢复非故障区域的供电。

如电压—时间型馈线自动化。其完全依靠控制器检测正常运行时电压的存在和故障时电压的消失，通过对电压的监测和延时重合的方法来进行故障的判断和处理。

（2）集中控制型馈线自动化。指借助通信手段，通过配电终端和配电主站/子站的配合，在发生故障时，由配电自动化主站根据所采集到的故障信息实现故障定位，并通过遥控或人工隔离故障区域，恢复非故障区域供电。

如电流集中型馈线自动化。其利用现场的 FTU 将故障信息通过一定的通道送到控制中心，控制中心根据开关状态、故障检测信息、网络拓扑分析，判断故障区段，下发遥控命令，跳开故障区段两侧的断路器，重合变电站断路器和闭合联络断路器，恢复非故障线路的供电。

（3）智能分布式馈线自动化。指在配电线路故障时，不依赖于配电主站或子站的干预，各智能分布式配电终端仅通过与相邻智能分布式配电终端之间的对等通信收集故障信息，根据故障处理逻辑实现故障隔离和非故障区域恢复供电，可将故障处理结果上报给配电主站或子站。同时智能分布式终端可以实施对配电线路正常运行工况的在线监测。

111 集中式馈线自动化运行方式分为哪几类?

答: 根据是否需要人工干预,集中型馈线自动化分为全自动方式和半自动方式。

(1) 全自动方式。配电主站通过收集区域内配电终端的信息,判断配电网运行状况态,集中进行故障定位,自动完成故障隔离和非故障区域恢复供电。

(2) 半自动方式。配电主站通过收集区域内配电终端的信息,判断配电网运行状态,集中进行故障识别,通过人工干预完成故障隔离和非故障区域恢复供电。

112 电压时间型馈线自动化的功能特点是什么?

答: (1) 来电即合、无压释放。断路器在线路来电时自动合闸,失电时自动分闸,不需要蓄电池作操作电源,操动机构也无须弹簧储能环节,很方便手动进行分、合闸操作,同时也能远方遥控操作,避免了因停电时需要操作断路器而需要大容量的蓄电池。

(2) X 时限。指从分段器电源侧加压开始,到该分段器合闸的延时时间。

(3) Y 时限。若合闸后,Y 时间内一直可检测到电压,则 Y 时间后发生失电分闸,分段器不闭锁,当重新来电时,经过 X 时限,还会合闸;若合闸后,没有超过 Y 时限又失压,则分段器分闸,闭锁在分状态。

113 电压时间型馈线自动化的闭锁机制是什么?

答: 电压时间型 FA 的开关有两套功能,一套是面向处于动断状态的分段开关(S模式),另一套是面向处于动合状态的联络开关(L 模式)。这两套功能可以通过一个操作手柄相互切换。

(1) 分段开关(S 模式)如图 6-22 所示。

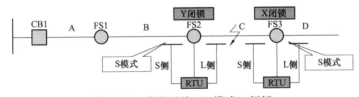

图 6-22 分段开关(S 模式)闭锁

1) 通过延时,错开 S 侧和 L 侧的供电时间(X 时限)。

2) 在 S 侧的供电时间里重合失败,则判断故障在 S 侧,启动 X 闭锁。

3) 在 L 侧的供电时间里重合失败,则判断故障在 L 侧,启动 Y 闭锁。

4) 若在 X 时限内,另一侧也来电,启动两侧电压闭锁,防止合环。

(2) 联络开关(L 模式)如图 6-23 所示。

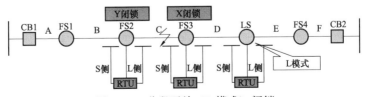

图 6-23 分段开关(L 模式)闭锁

1）当检测到单侧失电后，启动 XL 延时计数。

2）XL 延时完毕后，若故障侧仍未供电，则判定故障在除本开关近区外的其他区段，令联络开关合闸。

3）在 XL 延时中，若有短时电压出现在停电侧，则判定故障在本开关近区，启动瞬时加压闭锁，联络开关闭锁在分闸状态。

4）若在 XL 时限内，另一侧恢复供电，启动两侧电压闭锁，禁止合闸，防止合环。

114 电压时间型馈线自动化的时限整定原则是什么？

答：（1）保证任一时刻没有两个或两个以上开关同时合闸。出现事故后，如果有两个以上的开关同时合闸，会导致事故区间扩大。如图 6-24 所示，A 为变电站断路器，a1-a5 为分段器，AC-00 与 AB-00 为联络开关，当所示区间出现永久性事故后，a2、a4 开关会同时合闸，判定事故区间为 a2~a3 和 a4~a5，事故区间扩大。将 a4 开关的 X 时限调整为 21 负荷整定原则。

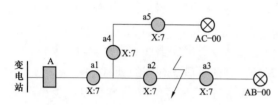

图 6-24　两个开关同时合闸线路示意图

（2）联络开关 XL 时限，大于两侧故障隔离的时间。如果 XL 小于故障隔离时间，当联络合闸后会导致对侧线路停电。

115 电压时间型馈线自动化的线路事故处理过程是怎样的？

答：如图 6-25 所示：A、B、C、D 为分段模式，E 为联络模式，CB 为变电站断路器，重合闸动作时间设定为 1s。当区间 c 出现永久性短路故障后，查看隔离故障、恢复非故障区供电的过程。

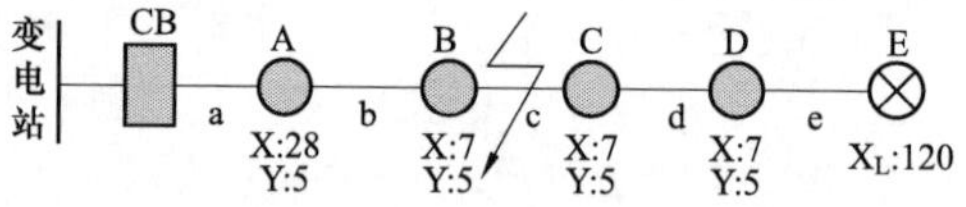

图 6-25　电压时间型 FA 的单线图

⊙—开关合闸；⊗—开关分闸

（1）事故发生时 CB 跳闸，线路失压，分段开关 E 开始计时。

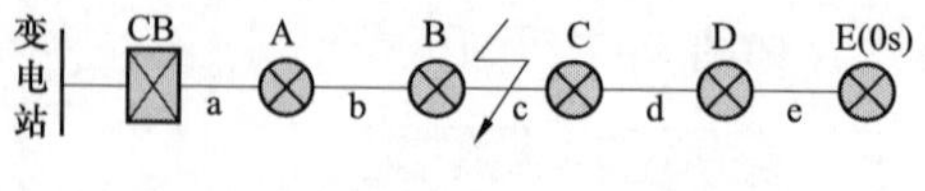

（2）1s：断路器 CB 合闸（重合闸动作时间设定为 1s）。

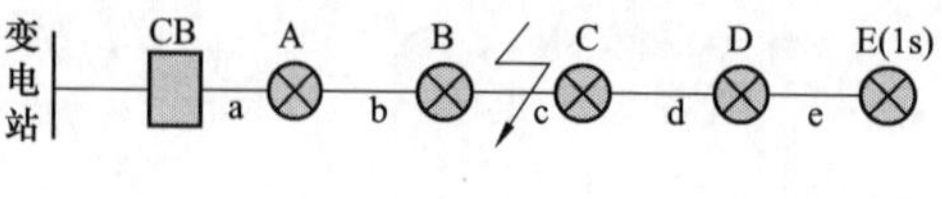

（3）29s（1s+28s）：A 合闸。

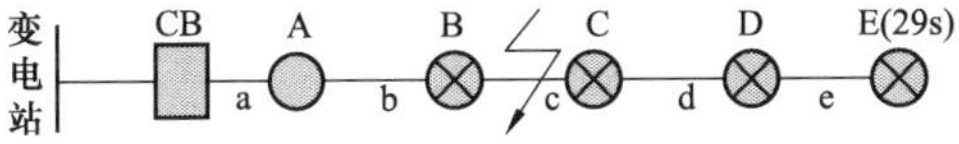

（4）36s（1s+28s+7s）：开关 B 合闸。

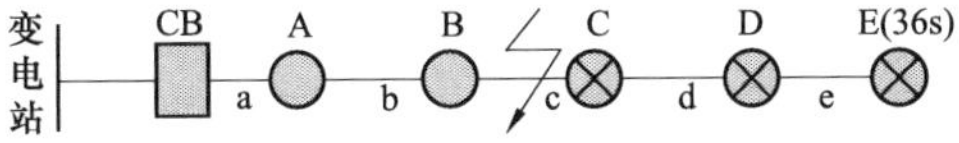

（5）供电到故障区间，引起变电站再次跳闸，线路失压，同时开关 B 和开关 C 闭锁。

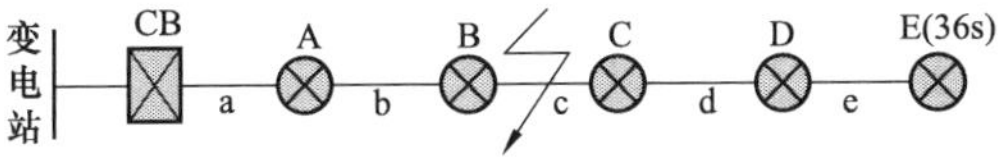

（6）37s（1s+28s+7s+1s）：CB 合闸（重合闸动作时间设定为 1s）。

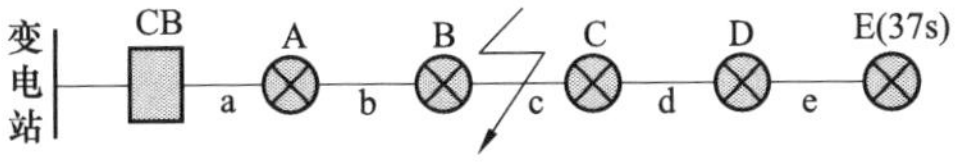

（7）65s（1s+28s+7s+1s+28s）：开关 A 合闸。

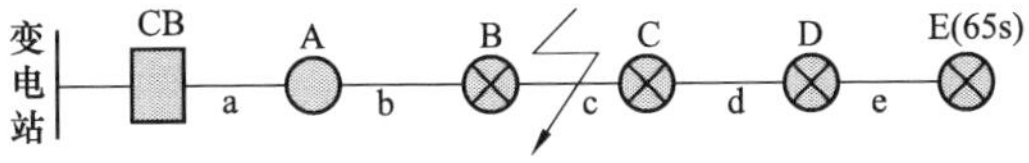

（8）120s：联络开关 E 合闸。

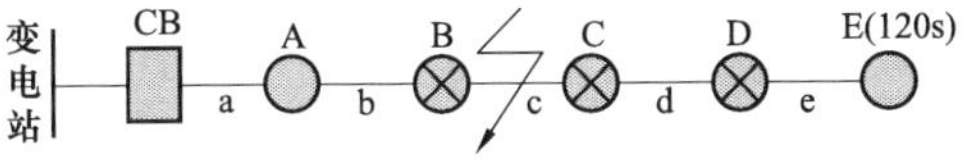

（9）127s（120s+7s）：开关 D 合闸，完成非故障区间供电。

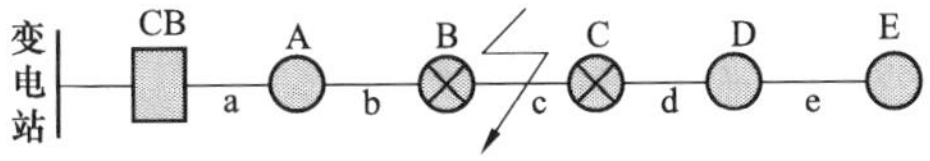

116 智能分布式馈线自动化的技术原理是什么？

答： 判断故障区域依据：若一个配电区域内相邻开关只有一个检测到故障电流且自身为合位，则故障发生在该配电区域内部。故障区域开关判断示意图如图 6-26 所示。

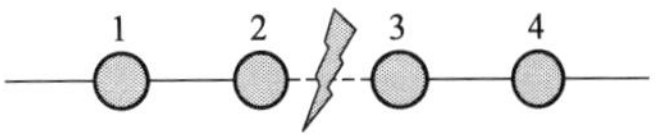

图 6-26 故障区域开关判断示意图

故障区域开关判断一：与开关 2 相邻的开关 1 同时检测到故障电流，而开关 3 未检测故障电流，可判断开关 2 处于故障区域内。

故障区域开关判断二：与开关 3 相邻的开关 2 和开关 4，只有开关 K2 检测到故障电流，而开关 3 和开关 4 未检测到故障电流，可判断开关 3 处于故障区域内。

117 智能分布式馈线自动化的技术特点是什么？

答：（1）不依赖配电自动化主站系统，基于智能终端间对等通信可实现故障的就地定位、隔离，故障处理速度快。

（2）故障隔离后，依赖配电自动化主站系统实现非故障区段的供电（转供电）及恢复正常供电模式。

（3）依赖通信，尤其是智能终端之间的对等通信对通信可靠性要求极高。

118 馈线自动化具有哪些功能？

答：配电网故障停电时，主站系统通过对配电 SCADA 采集的信息进行分析，判定出故障区段，进行故障隔离，根据配电网的运行状态和必要的约束判断条件生成网络重构方案，调度人员可根据实际条件选择手动、半自动或自动方式进行故障隔离并恢复供电。系统能够处理发生的各种配电网故障，并具有同时处理在短时间内多个地点发生故障的能力，快速恢复供电。

（1）馈线故障检测，故障定位、隔离及非故障区段的恢复。

（2）多重事故的处理。

（3）故障处理安全约束。

（4）故障处理控制方式。

（5）配电网馈线运行状态检测。

（6）馈线开关远方控制操作，正常计划调度操作。

（7）统计及记录。

119 馈线自动化的实施原则是什么？

答：配电自动化功能应该在对供电可靠性有进一步要求的区域实施，应具备必要的配电一次网架、设备和通信等基础条件，并与变电站/开关站出线等保护相配合。

（1）对于主站与终端之间具备可靠通信条件，且开关具备遥控功能的区域，可采用集中型全自动式或半自动式。

（2）对于电缆环网等一次网架结构成熟稳定，且配电终端之间具备对等通信条件的区域，可采用就地型智能分布式。

（3）对于不具备通信条件的区域，可采用就地型重合器式。

120 馈线自动化故障处理策略是什么？

答：（1）纯主站方式：这种方式对终端要求低，现场实现简单，但可靠性最差，主站或通信一旦有问题系统就会瘫痪。

（2）主站+就地方式：这种方式可靠性好，主站或通信一旦有问题就地方式会立即投入。

（3）纯就地方式：这种方式可靠性最好，但对终端要求最高，要求具有最高级的接地智能。

121 什么是分段器？ 其特点是什么？

答： 分段器指与电源侧前级开关配合，失压或无电流时自动分闸的开关设备。分段器具有记忆故障电流通过次数的功能，永久故障时，分合预定次数后闭锁在分闸状，隔离故障区段；若未完成预定分合次数，故障已被其他设备切除，则保持在合闸状（经一段延时后恢复到预定状态，为下次故障作准备）。分段器一般由本体、控制、电源、操作和辅助附件等部分组成，由于其控制器能记忆后备保护开关开断故障电流次数，并且当记忆次数达到额定后，隔离故障区段，因此又称过流/脉冲型控制器。

分段器是一种带智能装置的负荷开关，具有负荷开关的开断、关合性能，可以手动操作和自动操作。

特点：分段器切除故障只需要分闸一次，所以切除故障速度快，无安秒特性，与电源侧、负荷侧保护装置容易配合，但是，使用分段器时，最多只能使用 2~3 台，不适用环网线路，安装方便、维护简单、价格低廉。

122 当出现故障时，分段器如何工作？

答： 当线路出现永久性故障电流时，首先是位于出线的重合器或断路器切除故障，分段器将完成一次故障计数。根据分段器所处的线路位置预先设置设定一定的计数次数，当分段器动作达到了规定的计数次数后，在无电流下自动分断，将故障区段隔离出来，非故障区段的供电由重合器或断路器恢复送电。

当线路出现瞬时性故障电流时，分段器计数器的计数次数可以在一定时间后自动将计数清除、复位。

123 分段器可分为哪几种方式？

答： 分段器根据判断故障方式的不同分两种，分别是电压—时间型、过流脉冲计数型。

（1）电压—时间型分段器根据加压、失压时间的长短控制其动作，失压后分闸，加压时合闸或闭锁。一般由带微处理器的分段器故障检测装置根据馈线运行状态控制其分闸、合闸及闭锁。电压—时间型分段器线路如图 6-27 所示。

（2）过流脉冲计数型分段器通常与前级的重合器或断路器配合使用，它不能开断短路故障电流。根据记忆前级开关开断故障电流动作次数，达到预定记忆次数时，在前级开关跳闸的无电流间隙内，分段器分闸，隔离故障区段。前级开关开断故障电流动作次数未达到预

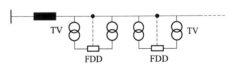

图 6-27　电压时间型分段器线路

定记忆次数时，分段器经一定延时后计数清零，复位至初始状态。

124 什么是重合分段器？ 其组成和工作原理是什么？

答： 重合分段器是一种带有自动重合功能和智能判剧的负荷开关，又称自动配电开

关。重合器在判别线路有电压时自动合闸，无电压时自动分闸。其能分合负荷电流，关合短路电流，但不能开断短路电流。

重合分段器由开关本体，电源变压器 SPS、故障检测器 FDR 和控制器构成。

重合分段器的工作原理：如图 6-28 所示，当 F 点发生瞬时性故障时，断路器 QF 跳闸，RS1 和 RS2 因失压而分闸。当断路器 QF 重合后，RS1 的 FDR1 通过电源变压器 T11 测得电压恢复而使 RS1 合闸；同理，RS2 合闸。若 F 点发生了永久性故障时，RS2 合闸后，断路器 QF 再次跳闸，RS1、RS2 因失压再次分闸，由于 RS2 的 Y 时限大于断路器 QF 的跳闸时间，使 RS2 闭锁在分闸状态，从而隔离故障。

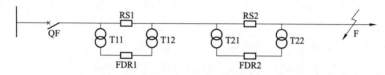

图 6-28　重合分段器的工作原理

安装有重合分段器的线路，不论装设几台重合分段器，通过一次重合就可以隔离故障，两次重合可以恢复供电。

125 什么是重合器？ 优点是什么？

答：重合器是指本身具备故障电流检测和操作顺序控制与执行功能，无须提供附加继电保护和操作装置的开关设备。它能够自动检测通过重合器主回路的电流，故障时按反时限保护自动开断故障电流，并依照预定的延时和顺序进行多次重合。

重合器的优点：在发生瞬间故障时，能够快速切除故障并恢复线路供电。在发生永久性故障时，与变电站的出线断路器（CB）配合，迅速切除故障，把停电范围限制在50%、30%等范围。

126 重合器的基本功能是什么？

答：如果重合器安装在线路上，当线路发生故障后它通过检测装置确认是故障电流时即自动跳闸，一定时间后自动重合。如果故障是瞬时性的，重合成功，线路恢复供电；如果故障是永久性的，重合器重合后再次跳闸。当重合器完成预先整定的重合次数后，重合器就会认为是永久性故障，则自动进行闭锁，不再重合，而保持在分闸状态。待故障排除后，人为的解除闭锁，将重合器合闸，重新恢复运行。

127 重合器分哪几种？ 工作原理是什么？

答：重合器主要有电流型重合器和电压型重合器两种。

（1）电流型重合器。检测到短路故障电流后，再自动重合的称为电流型重合器。这种重合器既能作保护跳闸用，还能实现 1~3 次重合闸。将故障段从最后一段开始逐一排除，直到判别到故障段，因需多次重合故障电流，对电网冲击较大，同时分段越多，需重合的次数越多、时间越长，故分段一般不宜超过三段。电流型重合器适用于分支线和辐射型线路。

（2）电压型重合器。检测到线路失压后即跳闸、来电后延时重合的称为电压型重合器。这种重合器需要变电所内出线断路器配置两次重合功能来完成故障隔离与恢复供电，其中第一次重合为判别故障段，依据各分段点开关合闸的数量确定故障段并将故障段两侧开关闭锁隔离故障；第二次重合为恢复非故障段的供电，整路馈线仅重合一次故障电流，完成故障隔离与恢复供电，时间较长。适用于辐射型或环网型的短线路，实现初级自动化。

128 什么是用户分界开关？ 有什么作用？

答：用户分界开关可分为用户分界断路器和用户分界负荷开关，是为了避免用户侧故障对配电网主干线的影响（即"用户出门"），从而造成的事故扩大。用户分界开关安装在 10kV 配电线路用户进户线的责任分界点处或符合要求的分支线 T 接处，实现对分界点后用户故障的快速隔离，形象地被称为电力系统的"看门狗"。

用户分界开关可实现自动切除单相接地故障、自动隔离相间短路故障、快速查找故障点以及监视用户负荷等功能。

129 配电网的故障处理原则是什么？

答：（1）应根据供电可靠性要求，合理选择故障处理模式，并合理配置主站与终端。

（2）A+、A 类供电区域宜在无须或仅须少量人为干预的情况下，实现对线路故障段快速隔离和非故障段恢复供电。

（3）故障处理应能适应各种电网结构，能够对永久故障、瞬时故障等各种故障类型进行处理。

（4）故障处理策略应能适应配电网运行方式和负荷分布的变化。

（5）配电自动化应与继电保护、备自投、自动重合闸等协调配合。

（6）当自动化设备异常或故障时，应尽量减少事故扩大的影响。

130 配电网故障处理模式如何选择？

答：（1）故障处理模式包括馈线自动化方式与故障监测方式两类，其中馈线自动化可采用集中式、智能分布式、就地型重合器式三类方式。

（2）集中式馈线自动化方式可采用全自动方式和半自动方式。

（3）应根据配电自动化实施区域的供电可靠性需求、一次网架、配电设备等情况合理选择故障处理模式。A+类供电区域宜采用集中式（全自动方式）或智能分布式；A、B 类供电区域可采用集中式、智能分布式或就地型重合器式；C、D 类供电区域可根据实际需求采用就地型重合器式或故障监测方式；E 类供电区域可采用故障监测方式。

131 分布式电源对 FA 有什么影响？ 怎样解决？

答：分布式电源的大量接入是未来配电网的发展趋势。配电自动化是对分布式电源进行调度管理的重要手段。由于分布式电源的接入，使配电网变为功率双向流动的有源网络。有源配电网发生短路故障时，分布式电源向故障点注入短路电流，使故障点下游开关也有短路电流流过。如果分布式电源提供短路电流超过过电流检测整定值，故障点下游开关的配电终端也将报送有故障电流流过的信息，致使传统的故障定位方法失效。

解决方案是要求配电网自动化系统能够测量非故障区段内分布式电源在正常运行时向配电网注入的电流。如果不具备这一条件，为确保安全，可假设区段内的分布式电源在正常运行时向电网注入额定电流。